高等学校机器人工程专业系列教材

机器人控制基础与实践教程

胡凌燕　李建华　陈南江　吴肖龙　李晓航
黄嘉润　王一鸣　付　康　韩学鹏　傅林辉　编著

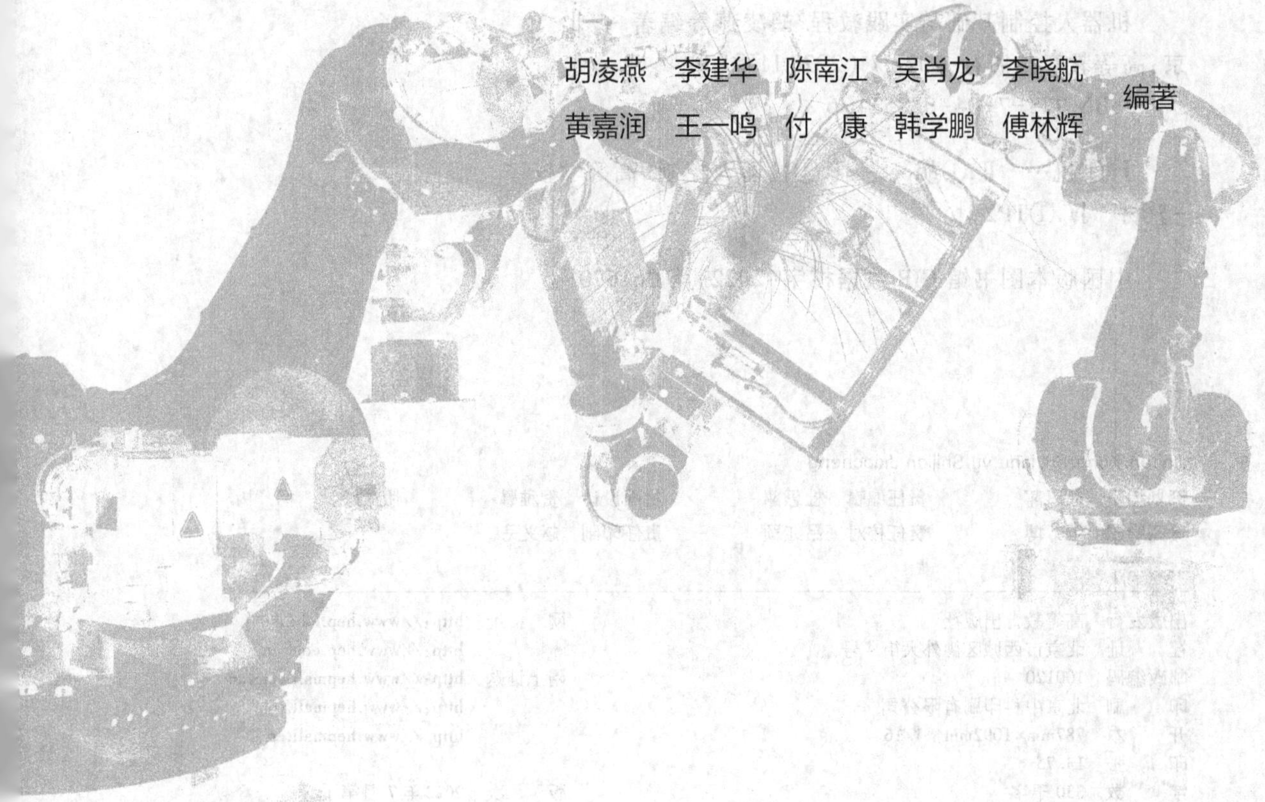

高等教育出版社·北京

内容简介

　　本书系统讲述了有关机器人的基本组成、工作原理和相关案例的仿真。全书共分 9 章,内容包括机器人的基本相关知识,如机器人的基本概念、机器人发展历史及现状、机器人的伦理问题、机器人系统的组成及技术参数等;机器人控制的数学基础;机器人运动学;机器人静力学与动力学;机器人的 PID 控制;机器人工作区间和奇异性的分析;机器人的鲁棒自适应控制;轨迹规划;UR5 机器人。对于第三~九章中的抽象理论知识,本书设计了实际应用案例,将理论与实际紧密结合,促进学生对理论知识的理解和应用。

　　本书适合作为机械类、自动化类、电子信息类以及计算机类等相关专业的教材,也可供机器人行业领域的工程技术人员和从事相关研究的教师或研究人员学习和参考。

图书在版编目(ＣＩＰ)数据

　　机器人控制基础与实践教程/胡凌燕等编著.--北京:高等教育出版社,2022.7（2023.11重印）
　　ISBN 978-7-04-058534-6

　　Ⅰ.①机…　Ⅱ.①胡…　Ⅲ.①机器人控制-高等学校-教材　Ⅳ.①TP24

　　中国版本图书馆 CIP 数据核字(2022)第 061670 号

Jiqiren Kongzhi Jichu yu Shijian Jiaocheng

| 策划编辑　杜惠萍 | 责任编辑　杜惠萍 | 封面设计　贺雅馨 | 版式设计　杨　树 |
| 责任绘图　于　博 | 责任校对　吕红颖 | 责任印制　赵义民 | |

出版发行	高等教育出版社	网　　址	http://www.hep.edu.cn
社　　址	北京市西城区德外大街4号		http://www.hep.com.cn
邮政编码	100120	网上订购	http://www.hepmall.com.cn
印　　刷	北京中科印刷有限公司		http://www.hepmall.com
开　　本	787mm×1092mm　1/16		http://www.hepmall.cn
印　　张	13.75		
字　　数	330 千字	版　　次	2022 年 7 月第 1 版
购书热线	010-58581118	印　　次	2023 年 11 月第 2 次印刷
咨询电话	400-810-0598	定　　价	27.60 元

本书如有缺页、倒页、脱页等质量问题,请到所购图书销售部门联系调换

前　言

机器人控制技术是一项融合机械、电子信息、自动控制以及计算机技术等多门学科的综合性的应用技术。随着时代的发展、社会生产力的进步以及人们对美好生活的向往,机器人技术也逐渐出现在人们的视野当中,从中国古代出现的木鸟、木牛流马,到西方的自动人偶、端茶玩偶,再到现代的波士顿动力机器人、工业机械臂、阿尔法狗等,都是机器人的代名词。

现有的机器人控制方面的教材中,有的偏于科普教育,有的偏于机械,有的过于理论化,能够将控制理论与实践相结合的教材比较少。为了使广大学生更好地学习机器人控制技术,使广大机器人爱好者能够快速掌握机器人的控制原理,掌握机器人控制算法设计,编者在机器人控制方面近十年的科学研究和教学经验的基础上将科研案例编写成教学案例,完成本书。本书内容丰富,除绪论外,包含了机器人相关的基本数学知识、运动学分析及其运动仿真等,还涉及一些现代控制理论的知识。即使一些学生没学过此方面的课程内容,也能够从本书中学习足够的预备知识,从而了解机器人的控制及其设计应用。

本书共分9章。第一章绪论,使读者掌握机器人的基本概念、发展历史及现状、伦理问题、系统组成及技术参数等。第二章机器人控制的数学基础,内容包括刚体的空间描述和坐标变换,这些内容是后续机器人控制的基础。第三章机器人的运动学,内容包含参考坐标系、正向运动学D-H参数法、POE法运动学建模、逆向运动学以及雅可比矩阵等。第四章机器人的静力学和动力学,运用牛顿-欧拉方程和拉格朗日动力学进行主要的静力学和动力学分析。第五章机器人PID控制,并以二自由度机器人和三自由度机器人的控制为案例进行机器人控制的讲解。第六章讲述机器人工作区间和奇异性的分析。第七章机器人的鲁棒自适应控制,包括算法原理、控制器设计及仿真案例。第八章讲述机器人在关节空间和笛卡儿空间中的轨迹规划,使学生更好地掌握三次多项式插值、带有抛物线过渡域的线性轨迹插值的计算方法。第九章以UR5机器人为例讲述机器人的使用方法,使学生在实际操作过程中更加直观地了解机器人的应用,从而做到理论与实际相结合。全书各章节之间既相互联系又相互独立,读者可以根据自己的需要进行选择性阅读。

作者建立了虚拟仿真平台,可以方便没有UR5机器人的读者进行机器人控制实验,如有需要可以联系65612405@qq.com。

本书由胡凌燕、李建华、陈南江担任主编。具体编写分工如下:第一、二章由胡凌燕、黄嘉润编写,第三、四章由李建华、王一鸣、李晓航编写,第五~七章由胡凌燕、付康编写,第八章由陈南江、吴肖龙、韩学鹏编写,第九章由胡凌燕、傅林辉编写。另外,本书的编写过程中还有温沁、李佳奇、王坤、刘国昱、黄旭府、郝爽等参与修订与校对。对参与本书编写的相关人员表示衷心的感谢。

中国科学院深圳先进技术研究院畅志军教授审阅了本书,并提出了宝贵意见和建议,在此表示衷心感谢。

由于时间仓促、作者水平和经验有限,书中错漏之处在所难免,敬请读者指正。

编者

2022 年 1 月

目　录

第一章　绪论 …… 1

1.1　机器人的基本概念 …… 1

1.2　机器人发展历史及现状 …… 3

1.2.1　机器人发展历史 …… 3

1.2.2　机器人发展现状 …… 4

1.2.3　空间机器人 …… 6

1.2.4　工业机器人 …… 7

1.2.5　医疗机器人 …… 9

1.2.6　教育机器人 …… 11

1.2.7　农业机器人 …… 11

1.2.8　社交机器人 …… 12

1.3　机器人的伦理问题 …… 12

1.4　机器人系统的组成及技术参数 …… 13

1.4.1　机器人系统的组成 …… 13

1.4.2　机器人系统的技术参数 …… 14

第二章　机器人控制的数学基础 …… 17

2.1　刚体的空间描述 …… 17

2.1.1　点的位置描述 …… 17

2.1.2　点的齐次坐标 …… 17

2.1.3　向量的齐次坐标 …… 17

2.1.4　坐标系在参考坐标系中的表示 …… 18

2.1.5　刚体的位姿 …… 20

2.2　坐标变换 …… 20

2.2.1　平移的齐次坐标变换 …… 21

2.2.2　旋转的坐标变换 …… 22

2.2.3　平移旋转复合变换 …… 25

2.2.4　逆变换 …… 26

第三章　机器人运动学 …… 27

3.1　机器人的参考坐标系 …… 28
3.2　机器人正向运动学 D-H 参数法 …… 29
3.2.1　确定坐标系的坐标轴 …… 29
3.2.2　机器人的连杆参数 …… 30
3.2.3　建立关节坐标系 …… 30
3.2.4　确定 D-H 参数表 …… 31
3.2.5　n 自由度机器人正向运动学方程 …… 32
3.2.6　案例 1　建立二自由度机器人正向运动学方程 …… 32
3.2.7　案例 2　建立三自由度机器人正向运动学方程 …… 34
3.2.8　案例 3　建立 PUMA-560 机器人正向运动学方程 …… 37
3.2.9　案例 4　采用 D-H 参数法对 DENSO 机器人进行运动学建模分析 …… 38
3.2.10　案例 5　采用 D-H 参数法对 SCARA 机器人进行运动学建模分析 …… 40
3.3　POE 法运动学建模 …… 42
3.3.1　POE 法运动学建模的步骤 …… 42
3.3.2　案例　采用 POE 法对 Phantom Premium 机器人进行运动学建模分析 …… 43
3.4　D-H 参数法和 POE 法对机器人运动学建模的比较 …… 45
3.5　机器人逆向运动学 …… 46
3.5.1　机器人运动学方程的逆解 …… 46
3.5.2　案例 1　PUMA-560 机器人逆向运动学分析 …… 46
3.5.3　案例 2　求二自由度机器人逆向运动学方程 …… 52
3.5.4　案例 3　DENSO 机器人逆向运动学分析 …… 54
3.5.5　案例 4　SCARA 机器人逆向运动学分析 …… 59
3.6　雅可比矩阵 …… 61
3.6.1　机器人的速度雅可比矩阵 …… 61
3.6.2　案例 1　二自由度平面工业机器人雅可比矩阵 …… 61
3.6.3　雅可比矩阵的奇异性 …… 63
3.6.4　案例 2　二自由度机器人雅可比矩阵的奇异性 …… 63

第四章　机器人静力学与动力学 …… 65

4.1　机器人静力学 …… 65
4.1.1　机器人静力学基础 …… 65
4.1.2　机器人静力学能解决的问题 …… 66
4.1.3　案例 1　利用雅可比矩阵计算关节力矩 …… 67
4.1.4　案例 2　二自由度平面关节机器人的静力学分析 …… 67
4.2　坐标系间力和力矩的变换 …… 68
4.2.1　坐标系间力和力矩的变换方法 …… 68

4.2.2 案例 物体在不同坐标系中力与力矩的计算 …… 69
4.3 机器人力和力矩分析 …… 70
4.4 工业机器人动力学分析 …… 70
4.4.1 牛顿-欧拉方程动力学分析 …… 70
4.4.2 拉格朗日方程动力学分析 …… 74
4.4.3 案例 1 二自由度机器人牛顿-欧拉方程动力学建模 …… 76
4.4.4 案例 2 二自由度机器人拉格朗日方程动力学建模 …… 80
4.4.5 案例 3 用拉格朗日方程建立二自由度质心非末端机器人动力学方程 …… 82

第五章 机器人 PID 控制 …… 85

5.1 PID 控制概述 …… 85
5.2 二自由度机器人 PD 控制案例 …… 86
5.2.1 算法原理 …… 86
5.2.2 控制器设计 …… 87
5.2.3 稳定性分析 …… 87
5.2.4 仿真实例 …… 87
5.3 三自由度机器人 PID 控制案例 …… 93
5.3.1 三自由度机器人简介 …… 93
5.3.2 运动学建模 …… 94
5.3.3 动力学建模 …… 95
5.3.4 仿真实例 …… 98

第六章 机器人工作区间和奇异性的分析 …… 103

6.1 工作区间分析 …… 103
6.1.1 工作区间分析原理 …… 103
6.1.2 工作区间分析方法 …… 103
6.1.3 案例 1 Premium 3.0 HF 机器人工作区间分析 …… 105
6.1.4 案例 2 DENSO 机器人工作区间分析 …… 109
6.2 奇异性分析 …… 113
6.2.1 奇异性分析原理 …… 113
6.2.2 奇异性分析方法 …… 114
6.2.3 案例 DENSO 机器人奇异性分析 …… 116
6.2.4 奇异点的规避方法 …… 122

第七章 机器人的鲁棒自适应控制 …… 124

7.1 算法原理 …… 125
7.1.1 自适应控制 …… 125
7.1.2 滑模控制 …… 128

7.2 控制器设计 …… 129
7.2.1 控制律设计 …… 129
7.2.2 稳定性分析 …… 130
7.3 仿真实例 …… 130

第八章 轨迹规划 …… 145

8.1 关节空间中轨迹规划的步骤 …… 146
8.2 采用三次多项式插值函数进行轨迹规划 …… 148
8.2.1 采用三次多项式插值函数进行无中间点的轨迹规划 …… 148
8.2.2 案例 1 使用 MATLAB 实现采用三次多项式插值函数进行轨迹规划 …… 149
8.2.3 案例 2 采用三次多项式插值函数进行轨迹规划计算示例 …… 150
8.2.4 采用三次多项式插值函数进行有中间点的轨迹规划 …… 150
8.2.5 案例 3 在 MATLAB 中采用三次多项式插值函数进行含多个中间点的轨迹规划 …… 151
8.3 采用高阶多项式插值函数进行轨迹规划及其案例 …… 152
8.3.1 采用高阶多项式插值函数进行轨迹规划 …… 152
8.3.2 案例 在 MATLAB 中采用五次多项式插值函数进行轨迹规划 …… 153
8.4 采用带有抛物线过渡域的线性轨迹插值函数进行轨迹规划 …… 155
8.4.1 采用带有抛物线过渡域的线性轨迹插值函数进行无中间点的轨迹规划 …… 155
8.4.2 采用带有抛物线过渡域的线性轨迹插值函数进行有中间点的轨迹规划 …… 156
8.4.3 案例 在 MATLAB 中采用带有抛物线过渡域的线性轨迹插值函数进行轨迹规划 …… 157
8.5 笛卡儿空间中的轨迹规划步骤 …… 162
8.6 直线轨迹规划 …… 163
8.6.1 对位置 p 的三个分量直接进行插补 …… 164
8.6.2 利用驱动函数 $D(\lambda)$ 进行插补 …… 164
8.6.3 案例 对位置直接进行插补 …… 166
8.7 笛卡儿空间中圆弧轨迹规划 …… 170
8.7.1 平面圆弧 …… 170
8.7.2 空间圆弧 …… 170
8.7.3 案例 使用 MATLAB 实现圆弧轨迹规划 …… 173
8.8 笛卡儿空间中样条轨迹规划 …… 176
8.8.1 三次样条插补步骤 …… 176
8.8.2 案例 使用 MATLAB 实现在笛卡儿空间中的三次样条轨迹规划 …… 177
8.9 笛卡儿路径规划的几何问题 …… 180
8.9.1 规划的轨迹无法到达中间点 …… 181
8.9.2 规划的轨迹在奇异点附近关节速度增大 …… 181
8.9.3 规划的轨迹起始点和终止点有不同的解 …… 181

第九章　UR5 机器人 …… 182

9.1　UR5 机器人简介 …… 182

9.1.1　概述 …… 182

9.1.2　硬件构成与基本参数 …… 182

9.1.3　使用中的一些注意事项 …… 183

9.2　UR5 机器人图形用户界面 …… 184

9.2.1　UR5 机器人图形用户界面简述 …… 184

9.2.2　初始化设置 …… 186

9.2.3　基本编程界面 …… 193

9.3　UR5 机器人应用案例 …… 198

9.3.1　案例目标说明 …… 198

9.3.2　基本编程步骤 …… 198

参考文献 …… 206

第一章　绪　　论

【学习目标】

1. 掌握机器人的基本概念与组成成分；
2. 了解机器人的发展历史与分类；
3. 了解机器人的伦理问题与技术组成。

1.1　机器人的基本概念

“机器人”一词是随着捷克斯洛伐克作家 Karel Capek 在 1920年的剧作《罗萨姆的万能机器人》(*Rossum's Universal Robots*)而脍炙人口的。大多数的字典中都将 Karel Capek 列为“机器人”一词的创造者，其创造灵感都是源于捷克语的“robota”和波兰语的“Robotnik”这两个词语。“robota”意为“义务劳动”和“盲从的人”，也就是意指“劳役、苦工”；“Robotnik”意为“工人”。事实上，时至今日大多数的机器人确实在扮演着这样的角色，它们每天都在进行着重复而又固定的工作，例如完成生产线上的装配，工件的焊接等。不过，你很快就会看到，机器人所能胜任的工作要比这些多得多。

关于运用机器人的想法，或者一些用来帮助人类的机器其实在 Capek 兄弟出生以前就存在了。机器人(Robot)是自动执行工作的机器装置。由于在历史长河中有很多聪明的工程师对自动执行工作的机器装置从各个角度进行了研究，所以现在已经无从考证它的起源了。而这些形式一直都在演变着，随着科学技术的进步，以前很多关于机器人遥不可及的梦想在今天都成为现实，或者已经指日可待。

随着科学技术的进步，机器人的概念也变得更加复杂了。在过去，机器人的定义仅仅只是一个灵巧的机械设备，你可以在人类历史的漫长历程中找到类似的设备。早在3 000多年以前，埃及人就开始使用人力控制雕像。而到了 17、18 世纪时，在欧洲出现了各种使用发条作为动力的傀儡。这些傀儡栩栩如生，它们可以写字、弹钢琴，甚至可以“呼吸”。但是正如我们所看到的一样，这些都不能算是真正的机器人，它们不符合我们目前对机器人的定义和理解。

虽然传统的机器人概念是指灵巧的机械自动化设备，但是随着计算设备的发展(计算机微型化之后所带来的工业控制上的便利)，现代机器人的概念已经开始涉及思维、推理、解决问题的能力，甚至情感和意识方面。总之，机器人看起来已经越来越像人类。

如今对于这个问题我们有了更广泛的认识，从而不再仅限于当前的机械能力和计算水平。然而，我们仍然难以想象随着科学和技术的进步，机器人到底会演变成什么样子。

所以现在回到我们最初的问题上来，到底什么是机器人？如何辨别一台机器是机器人还是伪机器人？下面举例说明。

【例 1.1】　图 1.1 和图 1.2 中的机械哪一个是机器人，哪一个不是机器人？

图 1.1　火星探测车（机器人）

图 1.2　假机器人

机器人是一个具有一定自主能力的系统，它存在于物理世界，能够对它所处的环境进行感知，并且可以采取行动来实现某些目标。

图 1.1 所示为火星探测车，其符合机器人的普遍定义，拥有完善的自主的系统，能对火星表面环境进行感知和进行科学实验。

机器人是一个具有自主能力的系统。所谓具有自主能力的系统，是指它的行为取决于自身的决定，而不是由人类来控制。当然，现实中有很多的机器并没有行为的自主权，它们都是由人来控制的。这种行为被称为"遥控"。"遥"代表着有一定距离，所以"遥控"意味着在远处对系统进行控制，它在本地端也有自主控制，只是本地端的命令来自远处的人类。如图 1.2 所示的假机器人，此类机器人的行为是被人类通过遥控器所操控，并无自主权。

当然，真正意义上的机器人可以完成自主的行为，它们也许会接受来自人类的输入和建议，但不是所有的行为都由人类所控制。具有自主能力的机器人，它存在于现实中，能够对它所处的环境进行感知，这就意味着机器人拥有传感器，凭借各种感觉（例如听觉、触觉、视觉、嗅觉等）从这个世界获得信息，并且据此采取行动。能够通过传感器采集外部信息，并采取行动来进行应对是判断一个系统是否为一个自主系统的必要属性。一个对各种信息无动于衷的机器（换而言之，它不能行动，不能做出对这个世界有任何影响的行为）也不能算是机器人。与之相反，一个完全依靠操作者的自主意识来获得信息和知识的机器人则是一个假的机器人。

一个真正的机器人是依靠传感器来感知这个世界的，这与人类以及其他动物类似。因此，如果一个系统没有自我感觉，而是通过操作者的输入来获得信息，它并不是一个真正的机器人。换言之，如果一个系统没有感觉或者不能获得信息，那么它就不能算是一个机器人。

机器人学是一门研究机器人的学科，这门学科研究的范围包括机器人的自主能力、有目的的感知能力以及在物理世界中的行动能力。

1.2 机器人发展历史及现状

1.2.1 机器人发展历史

机器人发展过程中的大事纪要如下：

1920年，捷克斯洛伐克作家 Karel Capek 在剧作中创造出“机器人”这个词。

1939年，美国纽约世博会上展出了西屋电气公司制造的家用机器人“Elektro”。它由电缆控制，可以行走，会说 77 个字，甚至可以抽烟，不过离真正干家务活还差得远。

1942年，美国科幻巨匠阿西莫夫提出“机器人三定律”。虽然这只是科幻小说里的创造，但后来成为学术界默认的研发原则。定律 1 为机器人必须遵循人的命令。定律 2 为机器人不得伤害人，亦不得因不作为而致人伤害。定律 3 为机器人必须保护自己，除非违背定律 1 或定律 2。

1948年，诺伯特·维纳（Norbert Wiener）出版《控制论——关于在动物和机器中控制和通信的科学》，阐述了机器中的通信、控制机能与人的神经、感觉机能的共同规律，率先提出以计算机为核心的自动化工厂。

1954年，美国乔治·戴沃尔（George Devol）发表了《通用重复性机器人》的论文，第一次提出了“工业机器人”和“示教再现”的概念。

1959年，戴沃尔与美国发明家约瑟夫·恩格伯格和他的合作伙伴联手制造出第一台工业机器人（图 1.3）。随后，成立了世界上第一家机器人制造工厂——UNIMATION 公司。由于英格伯格对工业机器人的研发和宣传，他也被称为“工业机器人之父”。

图 1.3 第一台工业机器人

1962年，美国 AMF 公司生产出机器人“VERSTRAN”（意思是多用途搬运），与 UNIMATION 公司生产的机器人“Unimate”一样成为真正商业化的工业机器人，并出口到世界各国，掀起了全世界对机器人的研究热潮，该机器人如图 1.4 所示。

1965年，第二代带传感器、“有感觉”的机器人问世，约翰·霍普金斯大学应用物理实验室研制出机器人“Beast”。机器人“Beast”已经能通过声呐系统、光电管等装置，根据环境校正自己的位置，如图 1.5 所示。

1974年，世界上第一次机器人和小型计算机携手合作，就诞生了美国 Cincinnati Milacron 公司的机器人“T3”，如图 1.6 所示。

1978年，美国 UNIMATION 公司推出通用工业机器人“PUMA”，这标志着工业机器人技术已经完全成熟。机器人“PUMA”是当时最流行的机械臂之一，且多年作为机器人研究对象，至今仍然工作在工厂第一线，如图 1.7 所示。

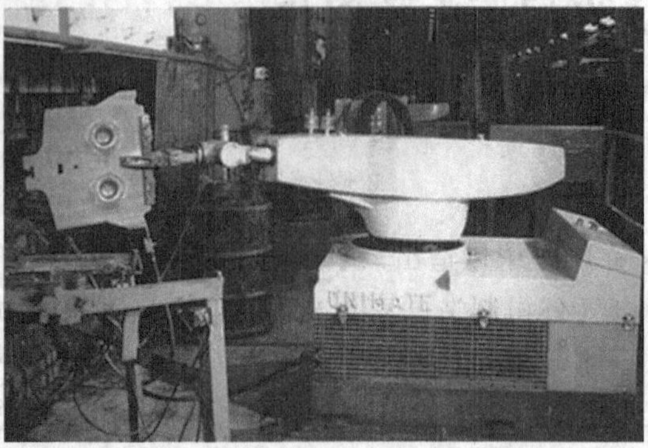

图 1.4 机器人“VERSTRAN”

图 1.5 机器人“Beast”

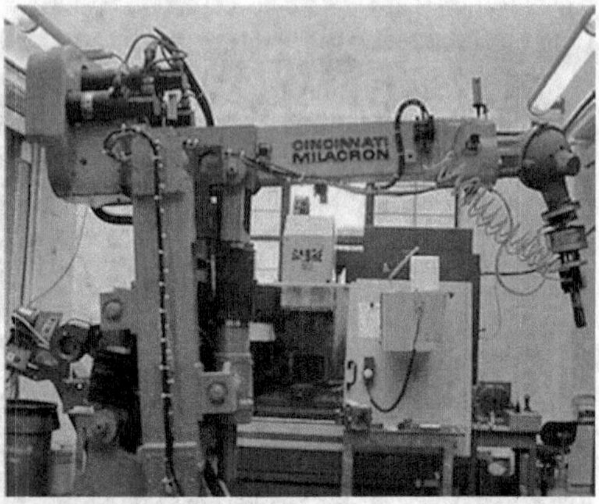

图 1.6 机器人“T3”

图 1.7 机器人“PUMA”

1.2.2 机器人发展现状

(1) 国外发展现状

根据国际机器人联合会(IFR)发布的报告,2021 年,全球工业机器人共计 300 万台在投入使用中,比上一年增长了 10%。2021 年,全球机器人市场规模预计将达到 335.8 亿美元,2016—2021 年的平均增长率约为 11.5%。其中,工业机器人为 144.9 亿美元,服务机器人为 125.2 亿美元,特种机器人为 65.7 亿美元。在所有行业中,工业机器人的销量都有所增长。汽车零部件供应商和电气/电子行业的增长是造成其增长的主要驱动力。此外,全球制造业领域工业机器人使用密度已经达到 113 台/万人,机器换人趋势特征日益明显。

从全球范围内口径进行统计,工业机器人的主要应用行业中,汽车行业所占比例为 38%,汽车行业自动化装备的生产线大部分使用的都是工业机器人。3C 行业所占比例为 30%,其中 3C 产业中少部分生产线在使用协进机器人。

ABB、KUKA(库卡)、FANUC(发那科)、YASKAWA(安川)在机器人产业内部被称为国际四大家。ABB 是瑞士和瑞典的合资公司,总部在欧洲;KUKA 本属于德国,2015年被中国美的集团以 300 亿收购;FANUC、YASKAWA 都是日本公司,也体现了日本在工业机器人领域的优势。

工业机器人产业经过 30 余年的发展,已经形成了一条完整的产业链。工业机器人产业链的上游是核心零部件,包括控制器、伺服系统和减速器三大部分,这三种部件是工业机器人中核心技术之所在;中游是机器人本体制造,FANUC、ABB、KAKU、YASKAWA 四大家族具有明显优势,占据了全球工业机器人市场份额的 40%,而国产厂商因为起步较晚,还处在追赶阶段。下游是系统集成,目前主要集中在汽车行业和 3C 行业,二者几乎占据了整个工业机器人下游应用的半壁江山,在食品饮料、物流、光伏、锂电等长尾市场增速也较快。

在机器人的产业链中,上游的控制器、伺服电机和减速器这个三大核心零部件技术含量最高。三大核心零部件的成本大概会占到一个完整工业机器人的成本的 70% 以上,分别为 15%、20%、35%。系统集成硬件成本较低,比较偏向服务,提供解决方案,而中游机器人本体厂商或采购核心零部件或使用自家的核心零部件,因此成本相差较大,二三线品牌因为不掌握核心零部件技术,盈利水平较低。从盈利能力来看,产业链上游核心零部件、中游机器人本体和下游系统集成的毛利率水平基本符合“微笑曲线”,上游、下游毛利较高,中游本体毛利最低。上游核心零部件的高毛利主要来源于技术壁垒,下游集成高毛利主要来自品牌溢价及客户资源壁垒。

2014年,全球专用服务机器人销量为24 207台,比2013年的21 712台增长了 11.5%,销售额比2013年增加 3%,达到 37.7 亿美元。据统计,从1998年至今,全球共销售 17.2 万台专用服务机器人。在国防机器人中,2014年共销售11 000台,占专用服务机器人销量的 45%,其中无人机成为最重要的应用领域,其销量增加了 7%,达到1 629台。排雷机器人从2013年的 300 台增长到2014年的 350 台。国防机器人的销售额估计为 10.23 亿美元,比2013年增长 13.5%,大约占专用服务机器人总销售额的 27%。

目前国际上比较热门的医疗机器人是美国的“达芬奇”,它主要是负责软组织方面的手术。使用一台医疗机器人“达芬奇”做手术的费用为四五万元,安全系数比较高,因此它在中国大陆销量特别好。而中国的医疗机器人无法在国内占据主导市场,是由于国内医疗机器人产业处于刚起步状态,技术不成熟,而且申请过程比较复杂。

物流机器人系统现有安装量超过2 644台,比 2013 年增加了 27%,占专用服务机器人总销量的 7%。2 164台 AGV(自动导引小车)在制造环境中使用,而 400 台在非制造环境中使用,销量比2013年增长 29%。实际上,机器人系统的真实部署数量要比统计数据还要高很多。

(2) 国内发展状况

当前,我国机器人市场进入稳定增长期。虽然在 2019 年受市场需求波动的影响,我国机器人市场规模出现轻微下滑,但由于率先突破疫情影响,机器人市场呈现加速复苏趋势,大量非接触式服务也为机器人应该提供了更为广阔的应用空间。我国机器人市场需求全球领先,是支撑机器人产业的发展的中坚力量。2021 年,我国机器人市场规模预计将达到 839 亿元,2016—2023 年的平均增长率达到 18.3%。其中工业机器人为 445.7 亿元,服务机器人为 302.6 亿元,特种机器人为 90.7 亿元。

中国已经连续三年成为全球第一大工业机器人市场。在中国,2010年以后工业机器人的需求激增,自2013年开始超过日本,2014年超过欧洲,至2016年,中国的工业机器人全年销量为 8.7 万台,占全球总销售量的 30%,已连续三年成为全球最大的工业机器人消费市场。2016年中国工业机器人销量增速为 26.9%,高于全球工业机器人销量增速 15.9%。

我国的工业自动化水平相较发达国家仍有很大差距,工业机器人市场前景广阔。我国工业机器人保有量仍低于其他各个主要市场。我国工业机器人保有量占全球保有量的比重持续增长。2014年,中国工业机器人保有量为18.9万台,占全球工业机器人保有量的13%;2015年,工业机器人保有量为26.3万台,同比增长38%。按照机器人的使用密度(平均每万名制造业工人所使用的工业机器人数量)为标准,2016年,我国工业机器人使用密度为68台/万人,低于世界平均水平74台/万人,与日本的303台/万人和德国的309台/万人仍存在较大差距。中国的工业机器人密度目前为140台/万人,也远低于美国(217台/万人)、德国(338台/万人)、日本(327台/万人)等发达国家。《机器人产业发展规划(2016—2020年)》指出,要实现机器人在重点行业的规模化应用,2020年我国工业机器人的使用密度应达到150台/万人以上。然后现在2021年,依然没有实现该目标,说明我国制造业自动化率很低,也说明我国工业机器人密度未来有一定的增长空间,从而促进工业机器人需求的增长。

我国服务机器人销售额也呈逐年增长的趋势,专利申请数量全球第一。截至2017年7月,我国服务机器人专利申请数量达41 903件,占全球43%,居于全球第一。2019年我国相关机器人专利数量为162 485项,占全球总数的44%,领先于其后的日本、美国、韩国、德国等国,位居全球第一。2016年,我国服务机器人销售额上升至16.6亿美元,占全球服务机器人销售额的22.13%。2017年,中国服务机器人销售额达到20.6亿美元,全球占比上升至24.24%。2016年中国专业服务机器人销售额约为6.3亿美元,同比增长16.67%。据前瞻产业研究院统计,2017年中国个人/家用服务机器人销售额达到13.2亿美元,同比增长28.16%;中国专业服务机器人销售额达到7.4亿美元,同比增长17.46%。2019年,中国的服务机器人市场规模约为22亿美元,约占全球25%市场份额,中国电子学会预计,随着人口老龄化趋势加快,以及医疗、教育等公共服务领域需求的持续旺盛,2021年我国服务机器人市场规模有望接近40亿美元,年同比增速达到31%。

从综合销售额的增长、技术水平的突破以及机器人行业需求情况和制造业的升级对机器人市场的需求情况等方面来看,我国服务机器人发展势头强劲,企业“机器换人”意识强烈,我国制造业朝着聚集化、智能化等方向进行产业升级,将会进一步推动对机器人的需求。

1.2.3 空间机器人

空间机器人是在太空中应用的机器人,中国在这个领域已经有不少达到世界领先水平的成果,例如“玉兔号”月球探测车,它就是一种星球探测机器人,再比如中国于2021年投入运营的载人空间站,它由一个核心舱、两个实验舱、载人飞船和货运飞船组成,这些模块将通过使用由大臂(10 m)和小臂(5 m)组成的遥控空间机器人操纵系统在飞行轨道上装配。

空间机器人按照应用的具体场景,可以分为三大类:用于太空飞行器上的舱内、外服务机器人(图1.8)、可以独立在宇宙空间自由飞行的自由飞行空间机器人和用于月球、火星等探索的星球探测机器人。服务机器人分为舱内和舱外两种,都是附着在飞行器上的。

舱内服务机器人通常体积小、质量轻、活动范围较小,拥有很高的灵活性和机动性,可以辅助航天员完成舱内工作,例如舱内装配等;与舱内服务机器人相比,舱外服务机器人体格更大,也更有劲,可完成如小型卫星的捕获及维护、目标搬运、在轨装配等任务。

因为太空环境恶劣,舱外服务机器人还可代替或者辅助航天员完成部分舱外活动的任务。比如宇航员可以通过固定在机器人的末端进行太空行走、完成空间站的维修等工作,如图1.9所示。

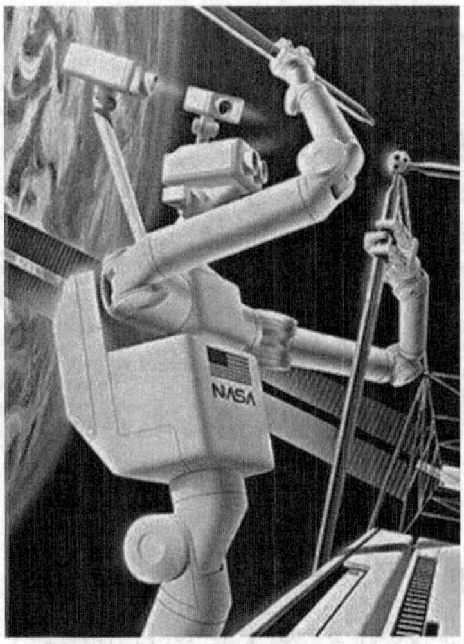
图 1.8 空间机器人(特种机器人)

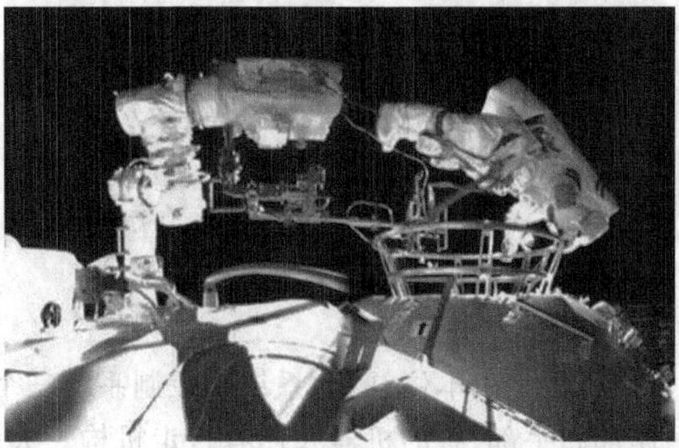
图 1.9 空间站舱外空间机器人

自由飞行空间机器人相较于第一类,其明显的特点是具有自主飞行的能力,一般由作为机器人本体的卫星和搭载其上的机器人组成,可以用来对卫星进行在轨服务,例如进行在轨维修、装配等。如图 1.10 所示,机器人正在维修卫星。

星球探测机器人是指适用于月球或行星表面执行探测任务的一类机器人,一般附有轮子,机器人形体类似于车体,用来进行样品收集、科学仪器的安置以及着陆地点的探测等。图 1.11 所示为“玉兔号”月球探测车。

图 1.10 自由飞行空间机器人

图 1.11 “玉兔号”月球探测车

1.2.4 工业机器人

工业机器人是面向工业领域的多关节机械手或多自由度的机器装置,它能自动执行任务,是靠自身动力和控制能力来实现各种功能的一种机器,如图 1.12、图 1.13 所示。它可以接受人类指挥,也可以按照预先编制的程序运行,现代的工业机器人还可以根据人工智能技术制定的原则或纲领行动。

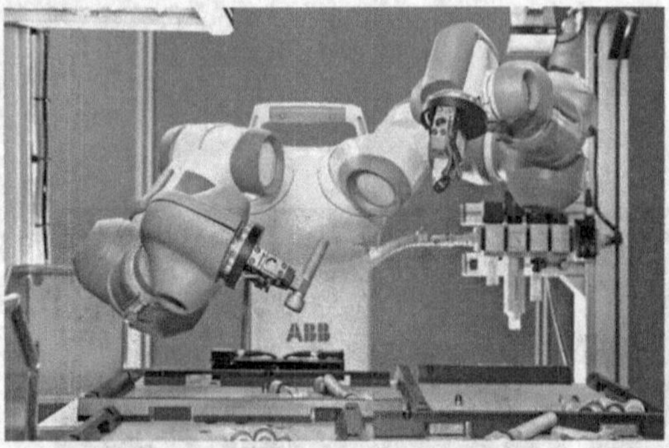

图 1.12 正在装配螺钉的双臂机器人

图 1.13 汽车生产线上的工业机器人

工业机器人由本体、驱动系统和控制系统三个基本部分组成。本体即机座和执行机构,包括臂部、腕部和手部,有的机器人还有行走机构。大多数工业机器人有 3~6 个运动自由度,其中腕部通常有 1~3 个运动自由度;驱动系统包括动力装置和传动机构,用以使执行机构产生相应的动作;控制系统是按照输入的程序对驱动系统和执行机构发出指令信号,并进行控制。图 1.14 所示为典型的工业机器人结构。

工业机器人按臂部的运动形式不同可分为直角坐标型、圆柱坐标型、球坐标型、关节型四种。直角坐标型机器人的臂部可沿三个直角坐标移动;圆柱坐标型机器人的臂部可作升降、回转和伸缩动作;球坐标型机器人的臂部能回转、俯仰和伸缩;关节型机器人的臂部有多个转动关节。

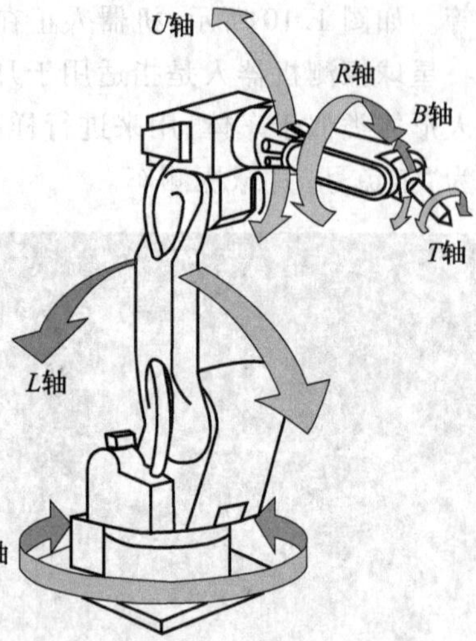

图 1.14 典型的工业机器人结构

工业机器人按执行机构运动的控制机能不同可分为点位型和连续轨迹型。点位型机器人只控制执行机构由一点到另一点的准确定位,适用于机床上、下料,点焊和一般搬运、装卸等工作;连续轨迹型机器人可控制执行机构按给定轨迹运动,适用于连续焊接和涂装等工作。

工业机器人按程序输入方式不同可分为编程输入型和示教输入型两类。编程输入型机器人是将计算机上已编好的作业程序文件,通过 RS232 串口或者以太网等通信方式传送到机器人控制柜。示教输入型机器人的示教方法有两种:一种是由操作者用手动控制器(示教器),将指令信号传给驱动系统,使执行机构按要求的动作顺序和运动轨迹操演一遍;另一种是由操作者直接拖动执行机构,按要求的动作顺序和运动轨迹操演一遍。在示教过程的同时,工作程序的信息即自动存入程序存储器中。在机器人自动工作时,控制系统从程序存储器中检出相应信息,将指令信号传给驱动机构,使执行机构再现示教的各种动作。示教输入程序的工业机器人称为示教再现型工业机器人。

具有"触觉""力觉"或简单"视觉"的工业机器人,能在较为复杂的环境下工作,如具有识别功能或更进一步增加自适应、自学习功能,即成为智能型工业机器人。它能按照人给的"宏指令"自选或自编程序去适应环境,并自动完成更为复杂的工作。

工业机器人有以下显著特点：

1）可编程。生产自动化的进一步发展是柔性启动化。工业机器人可随其工作环境变化的需要而再编程，因此它在小批量、多品种、具有均衡高效率的柔性制造过程中能发挥很好的作用，是柔性制造系统中的一个重要组成部分。

2）拟人化。工业机器人在机械结构上有类似人的腿、腰、大臂、小臂、手腕、手爪等部分，且利用计算机进行控制。此外，智能化工业机器人还有许多类似人类的“生物传感器”，如皮肤型接触传感器、力传感器、负载传感器、视觉传感器、声觉传感器、语言功能等。传感器提高了工业机器人对周围环境的自适应能力。

3）通用性。除了专门设计的专用工业机器人外，一般工业机器人在执行不同的作业任务时具有较好的通用性。比如，更换工业机器人手部末端操作器（手爪、工具等）便可执行不同的作业任务。

4）工业机器人技术涉及的学科相当广泛，归纳起来是机械学和微电子学的结合——机电一体化技术。第三代智能机器人不仅具有获取外部环境信息的各种传感器，而且还具有记忆能力、语言理解能力、图像识别能力、推理判断能力等人工智能，这些都是微电子技术的应用，特别是与计算机技术的应用密切相关。因此，工业机器人技术的发展必将带动其他技术的发展，工业机器人技术的发展和应用水平也可以反映一个国家科学技术和工业技术的发展水平。

工业机器人的轻型化、柔性化和人机协作能力是未来的研发重点。随着研发水平的不断提升、工艺设计的不断创新以及新材料的投入应用，工业机器人正朝着小型化、轻型化、柔性化的方向发展，其精细化操作能力不断增强。同时，随着工业机器人智能水平的提升，其功能从搬运、焊接、装配等操作性任务向加工型任务逐步拓展，人机协作成为工业机器人未来研发的重要方向。人机协作将人的认知能力与机器人的工作效率相结合，使工业机器人的操纵更加安全、简便，从而满足更多应用场景的需要。

1.2.5 医疗机器人

医疗机器人是指用于医院、诊所的医疗或辅助医疗的机器人，是一种智能型服务机器人。它能独自编制操作计划，依据实际情况确定动作程序，然后把动作变为操作机构的运动。医疗机器人是机器人，更是医疗器械。常见的医疗机器人包括手术机器人和康复机器人等。

1. 手术机器人

手术机器人是一种集诸多学科为一体的新型医疗器械，是当前医疗器械信息化、程控化、智能化的一个重要发展方向，在临床微创手术以及战地救护、地震海啸救灾等方面有着广泛的应用前景。

自20世纪90年代起，机器人辅助微创外科手术逐渐成为一个显著的发展趋势。以“伊索”“宙斯”和“达芬奇”为代表的外科手术机器人系统在临床上的成功应用引起了国内外医学界、科技界极大的兴趣，逐渐成为国际机器人领域的前沿和研究热点。“达芬奇”是一种微创手术机器人，其系统融合诸多新兴学科，实现了外科手术微创化、智能化和数字化。“达芬奇”微创手术机器人现在已在全世界广泛应用，手术种类涵盖泌尿科、妇产科、心脏外科、胸外科、肝胆外科、胃肠外科、耳鼻喉科等。“达芬奇”微创手术机器人（Da Vinci）（图1.15）是世界范围应用广泛的一种智能化手术平台，2000年获得美国食品与药品监督管理局（FDA）批准，成为进入临床外科的智能内窥镜微创手术系统。它主要由控制台系统、操作臂系统和成像系统组成。“宙斯”(Zeus)机器人手术系统是由美籍华裔王友仑先生于1998年在美国摩星公司研发成功的。它主要由“伊索”(Aesop)声控内窥镜定位器、“赫米斯”(Hermes)声控中心、“宙斯”机器人手术系统(包括左右机器人、术者操作控制台、视讯控制台等)、“苏格拉底”(Socrates)远程合作系统四部分组成。其中,“宙斯”机器人手术系统包含的“伊索”声控机器人手术辅助系统(Aesop 1000)是由王友仑先生所在的美国摩星公司于1994年10月研发成功,1996年11月第二代Aesop 2000研发成功。目前在中国各大医院使用的多为第三代Aesop 3000,质量约为17 kg,主要由机械手掌、机器人、机械躯体和计算机语音识别系统四部分组成。

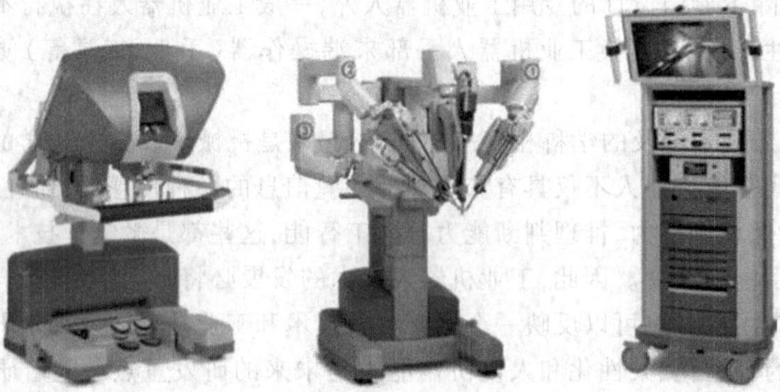

图1.15 “达芬奇”微创手术机器人

与传统电视腹腔镜手术系统相比,手术机器人的优点如下:

1)为主刀医生提供高清晰、立体的手术视野,符合人类工程学,让医生可以清晰、准确地进行组织定位和器械操作。仿真手腕手术器械可以模拟人的手指的灵活度,同时消除不必要的颤动,所以手术器械完全达到人手的灵活度和准确度,可以进行人手不能触及的狭小空间的精细手术操作。

2)减少了主刀医生和其他手术团队成员的配合,更容易实现主刀医生的意图。

3)主刀医生采取坐姿进行系统操作,舒适的坐势有利于长时间复杂的手术。减少麻醉需求量、感染风险、失血量或输血必要、创伤和疤痕等。对于大多数手术而言,病人康复时间大幅缩短,可快速恢复日常作息。

手术机器人有如下不足之处:

1)手术机器人触觉反馈还不完善,容易扯破易碎组织,也不能感觉打结的松紧度,操作者只能通过屏幕观察组织在力的作用下的变形程度来判断力的大小,或者事先设定器械末端的应力,以防用力过大。

2)整套设备的体积过于庞大,安装、调试比较复杂,需要专用的手术室;系统的技术复杂,在使用过程中可能发生各种机械故障,如死机等,处置难度大,常中途改成常规手术完成。

3)系统的学习时间较长,还不够拟人化,医师与系统的配合需要长时间的磨合。手术前的准备及手术中更换器械等操作耗时较长。

4)设备购置费用高。

5)用手术机器人进行手术比常规手术的成本明显增加。

6)手术机器人还要定期预防性维修,维护成本巨大。

2. 康复机器人

康复机器人是工业机器人和医用机器人的结合。20 世纪 80 年代是康复机器人研究的起步阶段,美国、英国和加拿大在康复机器人方面的研究处于世界领先地位。1990年以后,康复机器人的研究进入全面发展时期。目前,康复机器人的研究主要集中在康复机械手、医院机器人系统、智能轮椅、假肢和康复治疗机器人等方面。图 1.16 所示为一种下肢康复机器人。

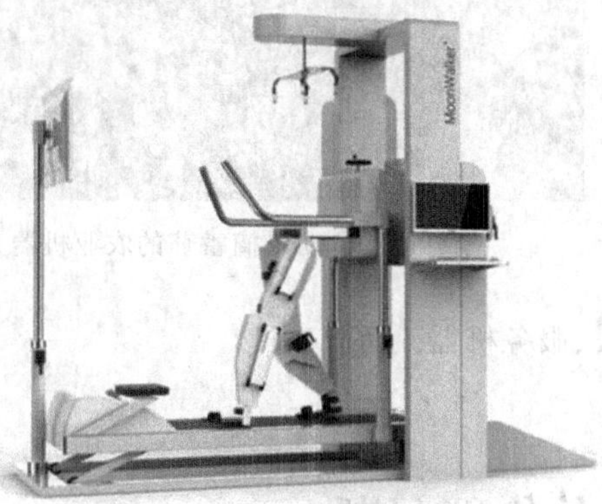

图 1.16 下肢康复机器人

图 1.17 教育机器人

1.2.6 教育机器人

教育机器人分为面向大学生和面向中小学生的机器人。教育机器人主要用于教学和比赛,又可分为学习型机器人与比赛型机器人。学习型机器人提供多种编程平台,并允许用户自由拆卸、组合以及自行设计某些部件;比赛型机器人一般提供一些标准的器件和程序,只能够进行少量的改动,适用于水平不高的爱好者,参加各种竞赛使用。图 1.17 所示是一种教育机器人,可用于教学。

由于知识层面的不同,面向大学生与面向中小学生的教育机器人有很大的差别。大学生可以根据在大学所学的编程知识去编译自己想要实现的任何代码或者指令,甚至自己设计机器人;中小学生由于受到编译能力的限制,多数是使用已编译好的命令来进行指令模拟,或者利用一些模块化的单元,拼合成机器人。

1.2.7 农业机器人

农业机器人是一种可由不同程序软件控制以适应各种作业,能感觉并适应作物种类或环境变化,有检测(如视觉等)和演算等人工智能的新一代自动操作机械,如图 1.18 所示的能自动采摘番茄的农业机器人。

农业机器人出现后,发展迅速,许多国家开始了农业机器人的研究,研制了多种类型的农业机器人。目前日本在农业机器人的研究领域居于世界各国之首。在进入 21 世纪以后,新型多功能农业机器人得到日益广泛的应用,智能化机器人也越来越多地代替手工劳动完成各种农活,第二次农业革命将深入发展。区别于工业机器人,农业机器人是一种新型多功能农业机械。农业机器人的广泛应用改变了传统的农业劳动方式,降低了农民的劳动强度,促进了现代农业的发展。农业机器人包括施肥机器人、大田除草机器人、菜田除草机器人、采摘柑橘机器人、采摘蘑菇机器人、分拣果实机器人、番茄收获机器人、采摘草莓机器人等。

1.2.8 社交机器人

社交机器人是一种自主机器人，能够遵循符合自己身份的社交行为和规范，与人类或其他自主的实体进行互动与沟通。自主是社交机器人的一个必要条件。完全被遥控的机器人不能视为有社交功能，因为不能自己做决定，只是幕后操控者的延伸。

图 1.18 自动采摘番茄的农业机器人

除了以上机器人以外，还有一些其他类型的机器人，比如人形机器人阿特拉斯、家用机器人、服务机器人等。

1.3 机器人的伦理问题

机器人的伦理问题主要包括智能机器人的权利、军用机器人的安全使用等问题。

世界各国都有学者在研究机器人或者智能系统的伦理问题。2005年，欧洲机器人研究网络设立“机器人伦理学研究室”，它的目标是拟定“机器人伦理学路线图”。它主要是为机器人的研究开发提供一种参考性的发展进路，韩国在2007年通过立法出台了规范机器人伦理的“机器人宪章”。日本千叶大学在当年也制定了关于智能机器人研究的伦理规定——“千叶大学机器人宪章”。

由于智能机器人越来越接近人类，把智能机器人看作人完全是合理的推论。既然如此，智能机器人要求权利也是合情合理的。虽然至今仍有许多学者认为机器人是“机器”而不是“人”，但智能机器人与人类的差别正在逐新缩小，有的科学家正在研究拥有生物大脑的机器人。拥有生物大脑的机器人将会有着越来越多的、甚至可以与人脑媲美的神经元数量，也可以拥有学习能力与自我意识。这样拥有生物大脑的机器人更像人类。美国未来学家雷·库兹韦尔（Ray Kurzweil）甚至预言，拥有自我意识的非生物体（机器人）将于2029年出现，并于21世纪30年代成为常态，它们将具备各种微妙的、与人类似的情感。

事实上，今天各种各样的机器人已经走进了人们的生活。机器人可以满足人类的许多需要，除了可以打扫卫生、照顾老人和孩子之外，机器人甚至还可以在一定程度上满足人类的情感需要。比如，美国麻省理工学院的机器人专家布雷西亚（Cynthia Breazeal）等人从事开发“社交机器人”（sociable robot），这种机器人可以与人交流，以人的方式与人相处，与它互动就像跟人类互动一样。包括日本、美国在内的一些发达国家开发出来的机器人玩具很受小朋友的喜欢，甚至与小朋友产生了类似人类的情感。针对成人开发的情侣机器人也开始出现在市场上。

毫无疑问，未来人类与机器人之间的关系将会越来越密切，那么机器人是否应该拥有法律赋予的权利就被更多人提出。

机器人大量应用于军事等可能使战争和冲突更容易发生，这就引起了机器人安全使用的问题。因为机器人的应用可以大幅度减少人员的伤亡，甚至是零伤亡，机器人的快速进攻可以使对方几乎无法组织有效的抵抗,也可以对一些弱小的反抗者进行毁灭性的打击,所以机器人被用于军事上具有很大优势。那么是否应该研究军用机器人呢?

一方面,军用机器人可能减少人员的伤亡,因为机器人可以攻击少数的政治目标,不会造成大量的人员伤亡。而且,对敌方卫星或无人操作平台的破坏可以使其无法进行还击。这种武力战争可以不用付出人员代价或者减少人员伤亡的代价,很多人支持军用机器人使用。

另一方面,军用机器人潜在的危险就是军用机器人可能被恐怖分子利用,甚至发展为机器人恐怖主义。越来越先进的、造价越来越低的军用机器人,越来越容易被恐怖分子利用。那么我们应该如何控制军用机器人对人类的巨大破坏力,或者限制它们的行动范围呢?有人提出一个简单的原则:人与人作战,机器人与机器人作战。但是,这种原则在战场上很难实现。

军用机器人实际上就是一种武器,我们无法预料军用机器人在未来的战争中会多大程度地影响战事的发展,如果被使用,则通过一些技术手段、法律或协议对其进行一定的限制显然是非常必要的。

关于其他的机器人伦理问题,大家可以去参阅一些资料,提出自己的想法。

1.4 机器人系统的组成及技术参数

1.4.1 机器人系统的组成

图 1.19 所示为汇川 SCARA IRS111-20 系列机器人的组成。机器人主要由机器人本体、传感器、驱动装置及控制器等组成。

1. 机器人本体

机器人本体就是指工业机器人的机械部分,是工业机器人的操作机构,即机器人的原样和自身。机器人本体的基本结构由传动部件、机身及行走机构、臂部、腕部及手部等五部分组成。

2. 传感器

传感器是实时检测机器人的运动及工作情况的部件。传感器可以将机器人的状态信息根据需要反馈给控制系统,与设定信息进行比较后,对执行机构进行调整,以保证机器人的动作符合预定的要求。作为检测装置的传感器大致可以分为两类:一类是内部信息传感器,用于检测机器人各部分的内部状况,如各关节的位置、速度、加速度等,并将所测得的信息作为反馈信号送至控制器,形成闭环控制。一类是外部信息传感器,用于获取有关机器人的作业对象及外界环境等方面的信息,以使机器人的动作能适应外界情况的变化,使之达到更高层次的自动化,甚至使机器人具有某种"感觉",向智能化发展。例如视觉、声觉、触觉等外部传感器给出工作对象、工作环境的有关信息,利用这些信息构成一个大的反馈回路,从而将大大提高机器人的工作精度及工作能力。

3. 驱动装置及控制器

机器人的驱动装置是驱使执行机构运动的部件,按照控制系统发出的指令,借助于动力元件使机器人进行动作。它输入的是电信号,输出的是线、角位移量。机器人使用的驱动装置主要是电力驱动装置,如步进电机、伺服电机等,此外也有机器人采用液压、气动等驱动装置。

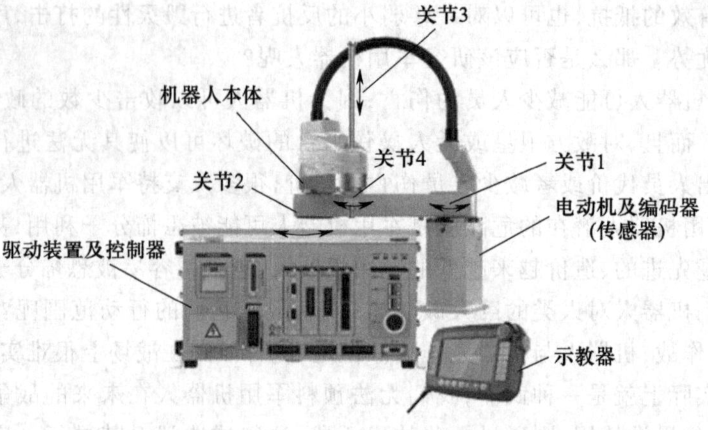

图 1.19　汇川 SCARA IRS111-20 系列机器人的组成

控制器有两种控制形式:一种是集中式控制,即机器人的全部控制由一台微型计算机完成;另一种是分散(级)式控制,即采用多台微机来分担机器人的控制,如当采用上、下两级微机共同完成机器人的控制时,主机常用于负责系统的管理、通信、运动学和动力学计算,并向下级微机发送指令信息;作为下级从机,各关节分别对应一个 CPU,进行插补运算和伺服控制处理,实现给定的运动,并向主机反馈信息。根据作业任务要求的不同,机器人的控制方式又可分为点位控制、连续轨迹控制和力(力矩)控制。

1.4.2　机器人系统的技术参数

机器人的种类、用途以及用户要求都不尽相同。但机器人的主要技术参数应包括自由度、定位精度和重复定位精度、工作范围、最大工作速度、承载能力以及节拍时间等。表 1.1 列出了汇川 SCARA IRS111-20 系列机器人的技术参数。

表 1.1　汇川 SCARA IRS111-20 系列机器人的技术参数

项目		IRS111-20-60Z18TS3	IRS111-20-70Z18TS3	IRS111-20-80Z42TS3	IRS111-20-100Z42TS3
安装方式		台面安装			
机械臂长/mm	第 1+2 机械臂	600	700	800	1 000
最大工作速度	第 1+2 关节/(mm/s)	6 800	7 450	9 940	11 250
	第 3 关节/(mm/s)	1 010	1 010	1 010	1 010
	第 4 关节/(°/s)	1 400	1 400	1 400	1 400
本体质量(不含电缆)/kg		42	43	50	53
重复定位精度	第 1+2 关节/mm	±0.02	±0.02	±0.025	±0.025
	第 3 关节/mm	±0.01	±0.01	±0.01	±0.01
	第 4 关节	±0.01°	±0.01°	±0.01°	±0.01°

续表

项目		IRS111-20-60Z18TS3	IRS111-20-70Z18TS3	IRS111-20-80Z42TS3	IRS111-20-100Z42TS3
最大运动范围	第 1 关节	±132°	±132°	±132°	±132°
	第 2 关节	±152°	±152°	±152°	±152°
	第 3 关节/mm	180	180	420	420
	第 4 关节	±360°	±360°	±360°	±360°
可搬运质量(负载)/kg	额定值	10	10	10	10
	最大值	20	20	20	20
节拍时间①/s		0.42	0.42	0.45	0.47
第 4 关节容许转动惯量②	额定值/(kg·m²)	0.05	0.05	0.05	0.05
	最大值/(kg·m²)	0.45	0.45	0.45	0.45
电源功率		1.4 kVA，单相 220 V	1.4 kVA，单相 220 V	1.4 kVA，单相 220 V	1.4 kVA，单相 220 V
第 3 关节压入力/N		250	250	250	250
原点复位		无需原点复位	无需原点复位	无需原点复位	无需原点复位
用户配线		9(9pin D-sub)、15(15pin D-sub)			
用户配管		ϕ6 mm 空气管 2 根，耐压：0.59 MPa(6 kgf/cm²;86 psi)			
		ϕ4 mm 空气管 2 根，耐压：0.59 MPa(6 kgf/cm²;86 psi)			
安装环境		标准型			

① 负载 2 kg 下，机器人往返走一个门型指令所需要的时间（水平运动 300 mm，垂直运动 25 mm）；

② 负载重心与第 4 关节中心位置重合时，若重心位置偏离第 4 关节中心位置，则允许转动惯量有所降低。

1. 自由度

自由度是机器人非常重要的一个参数。一般一个可活动关节代表的就是一个自由度，无论这个关节是可以弯曲、伸缩或者是旋转，都算一个自由度。一个机器人的自由度越多，则运算方式越复杂，但是可操作的空间也就越多，机器人自身可以做更多的姿态，更为灵活，但是成本和计算量也会随之增加。如图 1.19 所示的机器人是四自由度机器人，含 4 个关节。

2. 定位精度和重复定位精度

定位精度是指机器人到达的位置与目标位置之间的误差。定位精度越小，机器人性能越好。重复定位精度是指机器人在做重复性定位时，使其多次重复同样的动作，最终达到同样位置的重复能力。重复定位精度是机器人极为重要的性能指标。如表 1.1 中所示，汇川SCARA IRS111-20-60Z18TS3 和 IRS111-20-70Z18TS3 机器人的第 1+2 关节合成运动重复定位精度为±0.02 mm，第 3 关节重复定位精度为±0.01 mm，第 4 关节重复定位精度为±0.01°。

3. 工作范围

工作范围也称为工作区间，由于受到杆长以及自由度的限制，机器人的末端或者是其中某个关节只能达到部分空间位置，而这些所能达到的空间位置的集合为工作区间。它可以看作是机器人末端或者是某个关节能达到的空间，在这个空间之外都是机器人末端所不能达到的。工作区间的大小取决于自由度的方向、数量以及杆长，如图 1.20 所示为汇川 SCARA IRS111-20 系列机器人的工作范围。倘若在设计系统时不考虑系统的工作区间，很有可能造成系统混乱，甚至机器人失控。

4. 最大工作速度

工作速度是指机器人在工作载荷条件下匀速运动的过程中，机械接口中心或者工具中心在单位时间内所移动的距离或者转动的角度。最大工作速度是指不影响机器人性能的情况下所能达到的最大工作速度，在机械生产中是影响生产效率的重要指标。汇川 SCARA IRS111-20-60Z18TS3 机器人第 1+2 关节合成最大工作速度为 6 800mm/s，第 3 关节最大工作速度是 1 010 mm/s，第 4 关节最大工作速度是 1 400°/s。

5. 承载能力

承载能力是在正常操作、机器人的性能不降低的情况下，机器人末端可以承受的最大载荷。汇川 SCARA IRS111-20 系列机器人的负载是 20 kgf(1 kgf≈10 N)。

6. 节拍时间

在精益生产中节拍时间是指为了满足客户需求生产一个完整产品的节奏，即指完成一个产品所需的平均时间。在机械加工生产线的设计中，节拍时间是一个很重要的参数。

节拍时间 T 可按下式求得：

$$T=\frac{\rho}{Q}$$

式中：T——节拍时间，s；

ρ——净操作时间，s；

Q——客户要求数。

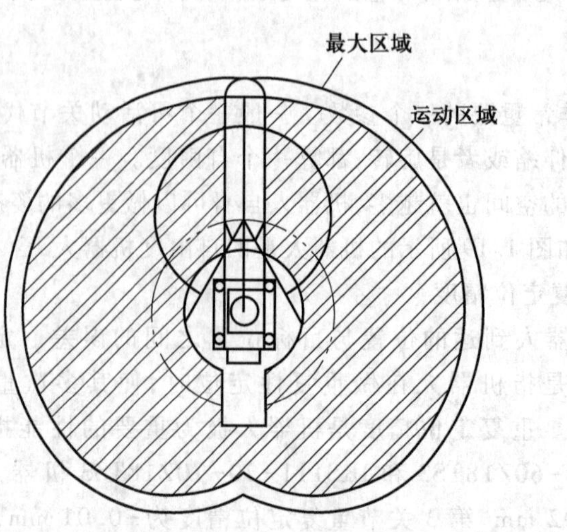

图 1.20 汇川 SCARA IRS111-20 系列机器人的工作范围

第二章　机器人控制的数学基础

【学习目标】

1. 能够正确描述刚体在不同坐标系下的位置和姿态；
2. 能够写出刚体在不同坐标系下的变换矩阵。

2.1　刚体的空间描述

2.1.1　点的位置描述

直角坐标系 $OXYZ$ 中任一点 P 的位置可用 3×1 的位置向量表示：

$$P=[P_X \quad P_Y \quad P_Z]^{\mathrm{T}} \tag{2.1}$$

式中：P_X、P_Y、P_Z 是点 P 在坐标系 $OXYZ$ 中的三个坐标，如图 2.1 所示。

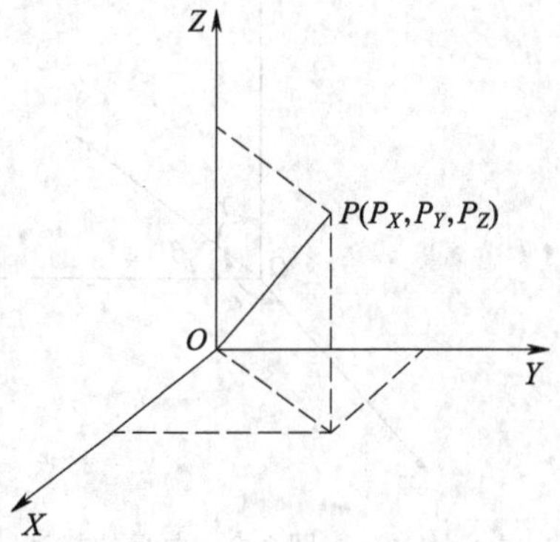

图 2.1　点的位置描述

2.1.2　点的齐次坐标

将一个 n 维空间的点用 $n+1$ 维坐标表示，则该 $n+1$ 维坐标称为该 n 维空间点的齐次坐标。其中第 $n+1$ 个分量(元素)是比例因子，设该比例因子用 ω 表示。当取 $\omega=1$ 时，点的齐次坐标规格化表示形式如下：

$$P=[P_X \; P_Y \; P_Z \quad 1]^{\mathrm{T}} \tag{2.2}$$

如图 2.1 中直角坐标系 $OXYZ$ 中空间任一点 P 的位置可表示 4×1 的齐次坐标表示。

说明：齐次坐标的表示不是唯一的。如果将其各元素同乘以一个非零因子 ω，仍表示同一点 P，即

$$P=[P_X \quad P_Y \quad P_Z \quad 1]^{\mathrm{T}}=[A_X \quad A_Y \quad A_Z \quad \omega]^{\mathrm{T}} \tag{2.3}$$

$$P_X=A_X/\omega, P_Y=A_Y/\omega, P_Z=A_Z/\omega$$

但一般来说，规格化表示形式是将 $\omega=1$ 代入式(2.3)，得到式(2.2)。

2.1.3　向量的齐次坐标

一个起始于坐标系原点的向量，实际上可以用其终点的齐次坐标来表示。如图 2.1 中向量 $\overrightarrow{OP}$ 可以写成：

$$P=[P_X \quad P_Y \quad P_Z \quad 1]^{\mathrm{T}}=[A_X \quad A_Y \quad A_Z \quad \omega]^{\mathrm{T}}$$

$$P_X=A_X/\omega, \quad P_Y=A_Y/\omega, \quad P_Z=A_Z/\omega$$

由上式可知，随着 ω 值的变化，向量的大小也会发生变化。如果 ω 大于 1，则所有向量的分量都增大；如果 ω 值小于 1，则所有向量的分量都缩小。但当 $\omega=0$ 时，$[A_X \quad A_Y \quad A_Z \quad \omega]^{\mathrm{T}}$ 表示了一个长度无穷大的向量，它的方向即为该向量所表示的方向，这就意味着方向向量可以由比例因子 $\omega=0$ 的向量来表示，这里向量的长度并不重要，而其方向应该由该向量的其他三个分量来表示，本书中将采用这种方法表示方向向量。

如图 2.2 所示的坐标系，若用齐次坐标来描述 X、Y、Z 坐标轴的方向，则有

$$X=[1 \quad 0 \quad 0 \quad 0]^{\mathrm{T}}, Y=[0 \quad 1 \quad 0 \quad 0]^{\mathrm{T}}, Z=[0 \quad 0 \quad 1 \quad 0]^{\mathrm{T}},$$

对于 4×1 向量 $[a \quad b \quad c \quad \omega]^{\mathrm{T}}$，当 $\omega=0$ 且 $a^2+b^2+c^2=1$ 时，$[a \quad b \quad c \quad 0]^{\mathrm{T}}$ 表示某向量的方向；当 ω 不为 0 时，该向量表示空间某点的位置。

如图 2.2 中的向量 v 可以用 4×1 的齐次坐标表示：

$$v=[\cos\alpha \quad \cos\beta \quad \cos\gamma \quad 0]^{\mathrm{T}}$$

其中，α、β、γ 分别为向量与 X、Y、Z 轴的夹角。

【例 2.1】　写出图 2.3 中向量 t 的齐次坐标。

解：对于向量 t，$\cos\alpha=0$，$\cos\beta=\cos\gamma=0.707$。

$$t=[0 \quad 0.707 \quad 0.707 \quad 0]^{\mathrm{T}}$$

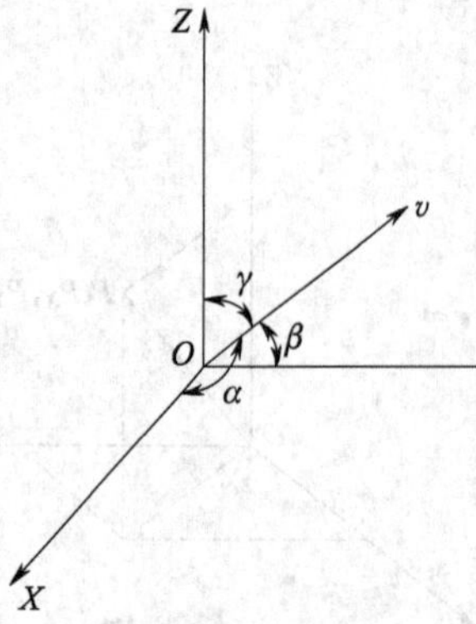

图 2.2　向量的描述

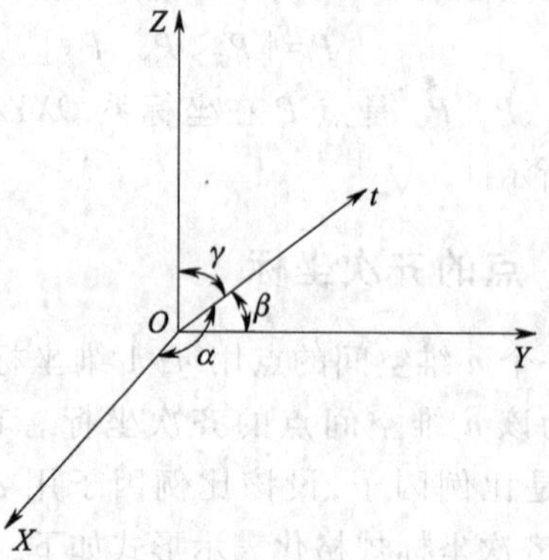

图 2.3　向量 $t(\alpha=90°, \beta=\gamma=45°)$

2.1.4　坐标系在参考坐标系中的表示

要具体描述一个坐标系相对另一个参考坐标系的位姿，必须给出该坐标系坐标轴方向及其原点的位置。因此，这个坐标系的位姿就可以由 3 个表示方向的向量和一个表示其原点位置的向量来表示。在这 4 个向量中的前 3 个向量是 3 个坐标轴的方向向量，因此 $\omega=0$；第 4 个向量表示该坐标系原点相对于参考坐标系的位置，因此 $\omega=1$。

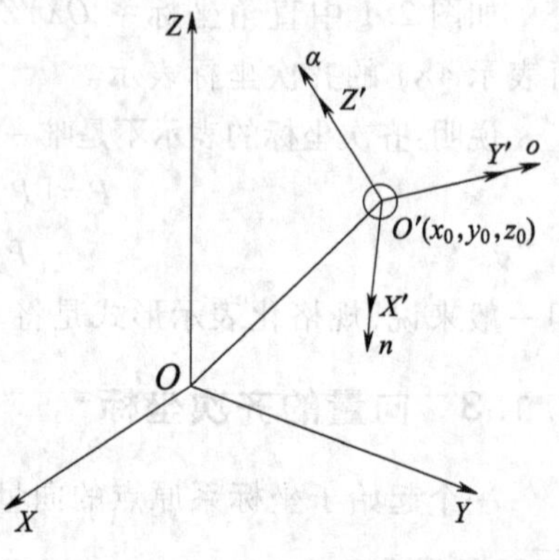

图 2.4　坐标系在参考坐标系的位姿

如图 2.4 所示，$OXYZ$ 为参考坐标系，坐标系 $O'X'Y'Z'$ 的位姿可由 3 个表示方向的向量（n、o、a）和 1 个表示原点

位置的向量来表示。其中 3 个表示方向的向量分别为坐标系 $O'X'Y'Z'$ 各坐标轴的向量 X'、Y'、Z' 的齐次坐标，而位置向量为坐标原点 $O'(x_0、y_0、z_0)$ 在坐标系 $OXYZ$ 中的齐次坐标。向量 X'、Y'、Z' 轴的齐次坐标分别为 $X'=[n_X\ \ n_Y\ \ n_Z\ \ 0]^{\mathrm{T}}$，$Y'=[o_X\ \ o_Y\ \ o_Z\ \ 0]^{\mathrm{T}}$，$Z'=[a_X\ \ a_Y\ \ a_Z\ \ 0]^{\mathrm{T}}$，点 O' 的齐次坐标 $O'=[x_0\ \ y_0\ \ z_0\ \ 1]^{\mathrm{T}}$。$O'X'Y'Z'$ 坐标系相对于参考坐标系 $OXYZ$ 可表示为

$$T=\begin{bmatrix} n_X & o_X & a_X & x_0 \\ n_Y & o_Y & a_Y & y_0 \\ n_Z & o_Z & a_Z & z_0 \\ 0 & 0 & 0 & 1 \end{bmatrix}$$

【例 2.2】 如图 2.5a 所示，以 $O_AX_AY_AZ_A$ 为参考坐标系，设 O_B 在坐标系 $O_AX_AY_AZ_A$ 中的坐标为(-2,1,-1)。求坐标系 $O_BX_BY_BZ_B$ 相对于坐标系 $O_AX_AY_AZ_A$ 的表示。

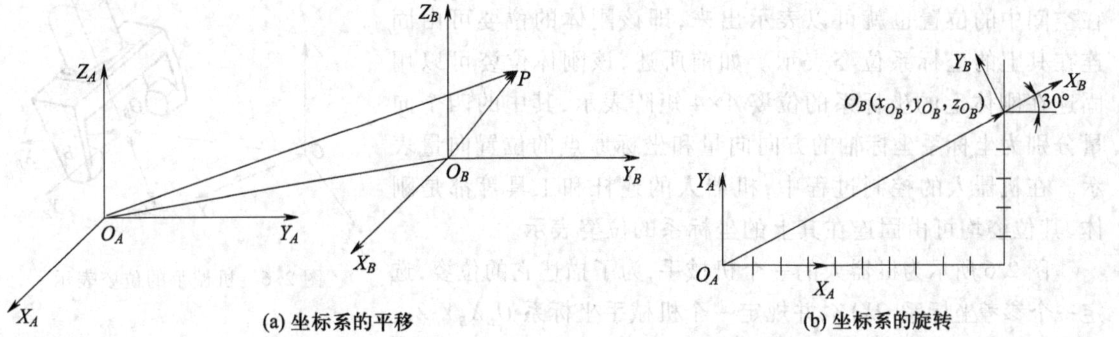

(a) 坐标系的平移 (b) 坐标系的旋转

图 2.5 坐标系的变化

解：

X_B 的方向向量 $[\cos 0°\ \ \cos 90°\ \ \cos 90°\ \ 0]^{\mathrm{T}}=[1\ \ 0\ \ 0\ \ 0]^{\mathrm{T}}$

Y_B 的方向向量 $[\cos 90°\ \ \cos 0°\ \ \cos 90°\ \ 0]^{\mathrm{T}}=[0\ \ 1\ \ 0\ \ 0]^{\mathrm{T}}$

Z_B 的方向向量 $[\cos 90°\ \ \cos 90°\ \ \cos 0°\ \ 0]^{\mathrm{T}}=[0\ \ 0\ \ 1\ \ 0]^{\mathrm{T}}$

坐标系 $O_BX_BY_BZ_B$ 原点的位置向量 $[-2\ \ 1\ \ -1\ \ 1]^{\mathrm{T}}$

所以，坐标系 $O_BX_BY_BZ_B$ 的 4×4 矩阵表达式为

$$T=\begin{bmatrix} 1 & 0 & 0 & -2 \\ 0 & 1 & 0 & 1 \\ 0 & 0 & 1 & -1 \\ 0 & 0 & 0 & 1 \end{bmatrix}$$

【例 2.3】 如图 2.5b 所示，写出坐标系 $O_BX_BY_BZ_B$ 相对于坐标系 $O_AX_AY_AZ_A$ 的位姿表示。其中，坐标系 $O_BX_BY_BZ_B$ 相对于坐标系 $O_AX_AY_AZ_A$ 有一个 30° 的偏转，坐标系 $O_AX_AY_AZ_A$ 和 $O_BX_BY_BZ_B$ 的 Z 轴都垂直于画面，$x_{O_B}=10$，$y_{O_B}=5$，$z_{O_B}=0$。

解：

X_B 的方向向量 $[\cos 30°\ \ \cos 60°\ \ \cos 90°\ \ 0]^{\mathrm{T}}=[0.866\ \ 0.500\ \ 0.000\ \ 0]^{\mathrm{T}}$

Y_B 的方向向量 $[\cos 120°\ \ \cos 30°\ \ \cos 90°\ \ 0]^{\mathrm{T}}=[-0.500\ \ 0.866\ \ 0.000\ \ 0]^{\mathrm{T}}$

Z_B 的方向向量 $[\cos 90°\ \ \cos 90°\ \ \cos 0°\ \ 0]^{\mathrm{T}}=[0.000\ \ 0.000\ \ 1.000\ \ 0]^{\mathrm{T}}$

坐标系 $O_BX_BY_BZ_B$ 原点的位置向量　$[10\quad 5\quad 0\quad 1]^T$

所以，坐标系 $O_BX_BY_BZ_B$ 的 4×4 矩阵表达式为

$$T=\begin{bmatrix}0.866 & -0.500 & 0.000 & 10.0\\ 0.500 & 0.866 & 0.000 & 5.0\\ 0.000 & 0.000 & 1.000 & 0.0\\ 0 & 0 & 0 & 1\end{bmatrix}$$

2.1.5　刚体的位姿

一个刚体在空间中的表示可以通过在它上面固连一个坐标系，再将该固连的坐标系在空间中表示出来。由于这个坐标系一直固连在刚体上，所以该刚体相对于坐标系的位姿是固定可知的。只要这个坐标系可以在空间中表示出来，那么这个刚体在空间中的位置也就可以表示出来，即该刚体的位姿可由固连在其上的坐标系位姿表示。如前所述，该刚体位姿可以用固连在刚体上的坐标系的位姿 4×4 矩阵表示，其中的四个向量分别为坐标系坐标轴的方向向量和坐标原点的位置向量表示。在机器人的控制过程中，机器人的连杆和工具等都是刚体，其位姿均可由固连在其上的坐标系的位姿表示。

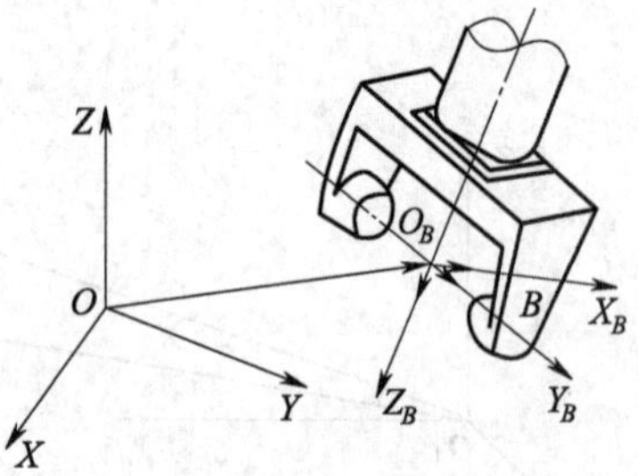

图 2.6　机械手的位姿表示

图 2.6 所示为机器人的一个机械手，为了描述它的位姿，选定一个参考坐标系 $OXYZ$，并规定一个机械手坐标系 $O_BX_BY_BZ_B$。如果把坐标系 $O_BX_BY_BZ_B$ 的原点设置在机械手两个手指间的中心处，该坐标系原点 O_B 的坐标为 $(x_{O_B}, y_{O_B}, z_{O_B})$，描述机械手姿态的三个方向向量如下：关节轴 Z_B 的正方向为机械手接近物体的方向，并称之为接近向量 a；Y_B 轴为两指连线，称为方向向量 o，方向可以任意定。X_B 轴方向根据向量 o 和 a 构成的右手定则确定，并称为法线向量 n，$n=o\times a$。

因此，机械手的位姿可以表示为

$$B=\begin{bmatrix}n_X & o_X & a_X & x_{O_B}\\ n_Y & o_Y & a_Y & y_{O_B}\\ n_Z & o_Z & a_Z & z_{O_B}\\ 0 & 0 & 0 & 1\end{bmatrix}$$

式中：n_X, n_Y, n_Z ——坐标系 $O_BX_BY_BZ_B$ 的 X_B 轴相对坐标系 $OXYZ$ 的三个方向余弦；

o_X, o_Y, o_Z ——坐标系 $O_BX_BY_BZ_B$ 的 Y_B 轴相对坐标系 $OXYZ$ 的三个方向余弦；

a_X, a_Y, a_Z ——坐标系 $O_BX_BY_BZ_B$ 的 Z_B 轴相对坐标系 $OXYZ$ 的三个方向余弦；

$x_{O_B}, y_{O_B}, z_{O_B}$ ——坐标系 $O_BX_BY_BZ_B$ 的原点 O_B 在坐标系 $OXYZ$ 中的坐标分量。

2.2　坐标变换

坐标变换是指空间实体的位置描述，是从一个坐标系变换到另一个坐标系的过程。坐标变换

实际上就是坐标系状态的变化,即坐标系位姿的变化。刚体的运动实际上就是刚体位姿的变化,而刚体的位姿可以由固连在刚体上的坐标系位姿表示,因此刚体的运动实际上就是其对应坐标系的运动,可以用坐标变换来表示。

刚体的运动可以由平移和转动组成,为了能用同一矩阵表示平移和转动,有必要引入齐次坐标变换矩阵。

2.2.1 平移的齐次坐标变换

先介绍点在空间直角坐标系中平移的齐次坐标变换。下面举例说明。

【例 2.4】 如图 2.7 所示,在空间中某一点 A 的坐标为 (x,y,z),当它平移到 A' 时,求解 A' 的坐标。

解: 设 A' 的坐标为 (x',y',z'),齐次坐标表达式为 $[x' \quad y' \quad z' \quad 1]^{\mathrm{T}}$。$A$ 的坐标为 (x,y,z),齐次坐标表达式为 $[x \quad y \quad z \quad 1]^{\mathrm{T}}$。

其中:

$$\begin{cases} x' = x+\Delta x \\ y' = y+\Delta y \\ z' = z+\Delta z \end{cases}$$

或写成矩阵形式:

$$\begin{bmatrix} x' \\ y' \\ z' \\ 1 \end{bmatrix} = \begin{bmatrix} 1 & 0 & 0 & \Delta x \\ 0 & 1 & 0 & \Delta y \\ 0 & 0 & 1 & \Delta z \\ 0 & 0 & 0 & 1 \end{bmatrix} \begin{bmatrix} x \\ y \\ z \\ 1 \end{bmatrix}$$

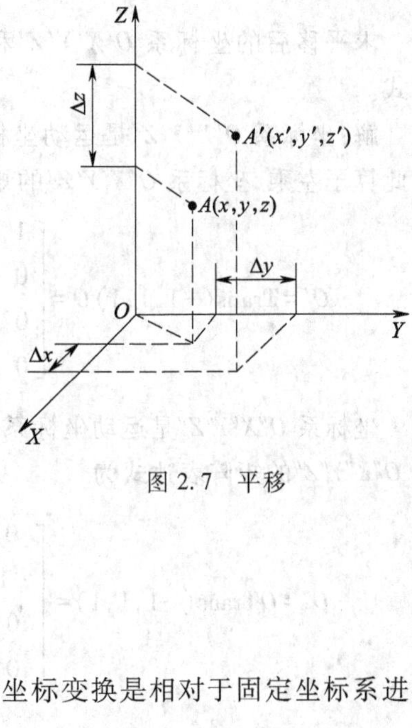

图 2.7 平移

也可以简写为

$$A' = \mathrm{Trans}(\Delta x, \Delta y, \Delta z)A$$

式中:$\mathrm{Trans}(\Delta x, \Delta y, \Delta z)$ 表示齐次坐标变换的平移算子,且

$$\mathrm{Trans}(\Delta x, \Delta y, \Delta z) = \begin{bmatrix} 1 & 0 & 0 & \Delta x \\ 0 & 1 & 0 & \Delta y \\ 0 & 0 & 1 & \Delta z \\ 0 & 0 & 0 & 1 \end{bmatrix}$$

算子中第 4 列前 3 个元素表示沿各坐标轴的移动量。若坐标变换是相对于固定坐标系进行的,则算子左乘。

平移的齐次变换公式同样适用于坐标系的变化,如图 2.8 所示。

如坐标系 $O_A X_A Y_A Z_A$ 平移到坐标系 $O_B X_B Y_B Z_B$,变换矩阵同上,相当于点 O_A 平移到点 O_B。

当然不是所有的运动都是相对于固定坐标系进行的,也有相对于自身坐标系(运动坐标系)进行的,则此时应该用算子右乘,下面举例说明。

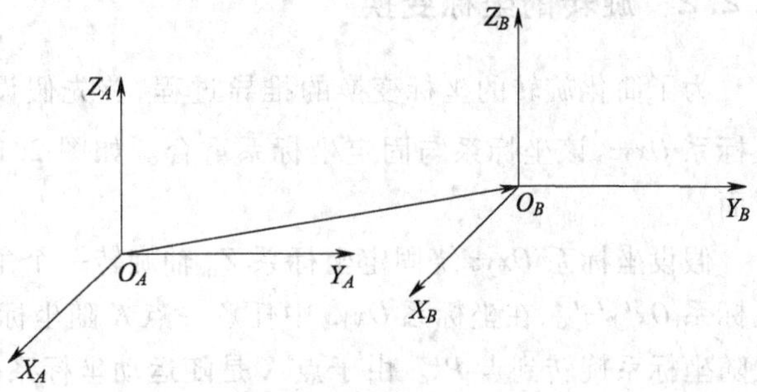

图 2.8 坐标系的平移

【例 2.5】　如图 2.9 所示的坐标系 $OXYZ$ 的变换，该坐标系的原点 O 在固定坐标系 $O_0X_0Y_0Z_0$ 中的坐标为(2,1,1)。针对下面两种情况：① 运动坐标系 $OXYZ$ 相对于固定坐标系 $O_0X_0Y_0Z_0$ 的 X_0、Y_0、Z_0 轴分别平移(-1,1,1)，得到坐标系 $O'X'Y'Z'$；② 运动坐标系相对于自身的 X、Y、Z 轴分别平移(-1,1,1)，得到坐标系 $O''X''Y''Z''$。已知

$$O=\begin{bmatrix}0 & -1 & 0 & 2\\ -1 & 0 & 0 & 1\\ 0 & 0 & -1 & 1\\ 0 & 0 & 0 & 1\end{bmatrix}$$

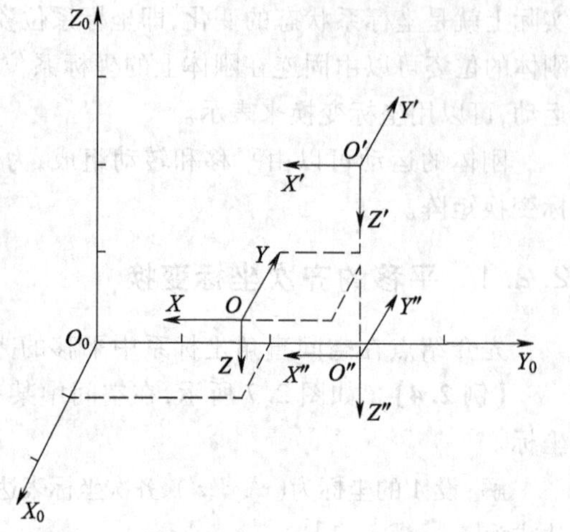

图 2.9　坐标系 $OXYZ$ 的变换

求平移后的坐标系 $O'X'Y'Z'$ 和 $O''X''Y''Z''$ 的表达式。

解： 坐标系 $O'X'Y'Z'$ 是运动坐标系 $OXYZ$ 相对于固定坐标系 $O_0X_0Y_0Z_0$ 作平移变换得来的，因此算子左乘，坐标系 $O'X'Y'Z'$ 的矩阵表达式为

$$O'=\text{Trans}(-1,1,1)O=\begin{bmatrix}1 & 0 & 0 & -1\\ 0 & 1 & 0 & 1\\ 0 & 0 & 1 & 1\\ 0 & 0 & 0 & 1\end{bmatrix}\begin{bmatrix}0 & -1 & 0 & 2\\ -1 & 0 & 0 & 1\\ 0 & 0 & -1 & 1\\ 0 & 0 & 0 & 1\end{bmatrix}=\begin{bmatrix}0 & -1 & 0 & 1\\ -1 & 0 & 0 & 2\\ 0 & 0 & -1 & 2\\ 0 & 0 & 0 & 1\end{bmatrix}$$

坐标系 $O''X''Y''Z''$ 是运动坐标系 $OXYZ$ 沿自身坐标系作平移变换得来的，因此算子右乘，坐标系 $O''X''Y''Z''$ 的矩阵表达式为

$$O''=O\text{Trans}(-1,1,1)=\begin{bmatrix}0 & -1 & 0 & 2\\ -1 & 0 & 0 & 1\\ 0 & 0 & -1 & 1\\ 0 & 0 & 0 & 1\end{bmatrix}\begin{bmatrix}1 & 0 & 0 & -1\\ 0 & 1 & 0 & 1\\ 0 & 0 & 1 & 1\\ 0 & 0 & 0 & 1\end{bmatrix}=\begin{bmatrix}0 & -1 & 0 & 1\\ -1 & 0 & 0 & 2\\ 0 & 0 & -1 & 0\\ 0 & 0 & 0 & 1\end{bmatrix}$$

2.2.2　旋转的坐标变换

为了简化旋转的坐标变换的推导过程，首先假设有一个固定坐标系 $O_0X_0Y_0Z_0$，有一个运动坐标系 $Oxyz$，该坐标系与固定坐标系重合。如图 2.10 所示，其中 Z_0 轴和 z 轴重合，且都垂直于纸面。

假设坐标系 $Oxyz$ 绕固定坐标系 Z_0 轴旋转一个角度 θ，由图 2.11 所示的坐标系 $Oxyz$ 旋转为坐标系 $Ox'y'z'$。在坐标系 $Oxyz$ 中任意一点 K 随坐标系旋转到点 K'，其在 xOy 平面上的投影点 P 也随坐标系旋转到点 P'。由于点 K 是随运动坐标系一起旋转的，因此点 K 在坐标系 $Ox'y'z'$ 中的坐标是保持不变的，但在固定坐标系 $O_0X_0Y_0Z_0$ 中的坐标改变了。

现要求旋转后点 K 相对于固定坐标系的新坐标。

【解析】 因为 Z_0 轴和 z' 轴重合，且垂直于 $X_0O_0Y_0$（平面 xOy），因此点 K 的 Z_0 轴坐标不变，即 $K'_{Z_0}=K_{Z_0}$。故只需要考虑点 K' 和点 K 在平面 xOy 和 $x'Oy'$ 上的投影点 P' 和 P 的变换关系即可。

解：OP 与 x 轴的夹角和 OP' 与 x' 轴的夹角相等，设该夹角为 φ，且 $OP=OP'=r$。

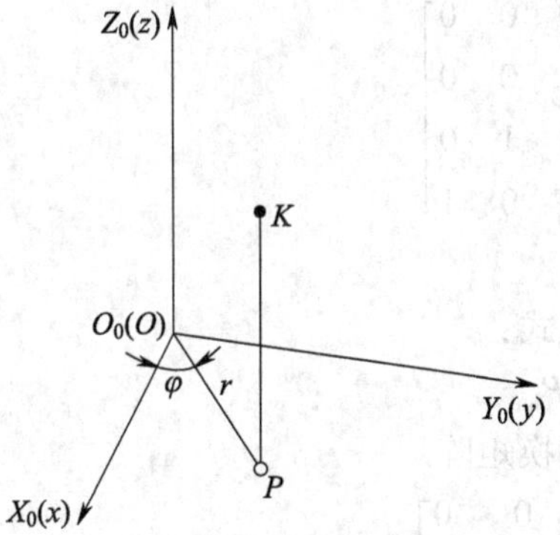

图 2.10 坐标系旋转前点 K 及其在 xOy 面上的投影 P

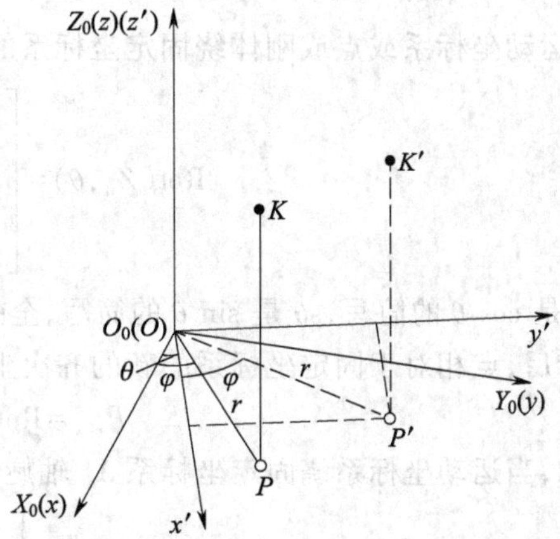

图 2.11 坐标系 $Oxyz$ 中的点 K 随坐标系旋转到点 K'

据图 2.11 中的几何关系可得：

点 K' 和 P' 在坐标系 $O_0X_0Y_0Z_0$ 中的 X_0 轴坐标

$$\begin{aligned}K'_{X_0}=P'_{X_0}&=r\cos(\theta+\varphi)\\&=r(\cos\theta\cos\varphi-\sin\theta\sin\varphi)\\&=r\left(\frac{P'_{x'}}{r}\cos\theta-\frac{P'_{y'}}{r}\sin\theta\right)\\&=P'_{x'}\cos\theta-P'_{y'}\sin\theta\end{aligned}$$

点 K' 和 P' 在坐标系 $O_0X_0Y_0Z_0$ 中的 Y_0 轴坐标

$$\begin{aligned}K'_{Y_0}=P'_{Y_0}&=r\sin(\theta+\varphi)\\&=r(\sin\theta\cos\varphi+\sin\varphi\cos\theta)\\&=r\left(\frac{P'_{x'}}{r}\sin\theta+\frac{P'_{y'}}{r}\cos\theta\right)\\&=P'_{x'}\sin\theta+P'_{y'}\cos\theta\end{aligned}$$

点 P' 在坐标系 $OX_0Y_0Z_0$ 中的 Z_0 轴坐标

$$P'_{Z_0}=P'_{z'}$$

写成坐标变换的形式：
$$\begin{bmatrix}P'_{X_0}\\P'_{Y_0}\\P'_{Z_0}\end{bmatrix}=\begin{bmatrix}\cos\theta&-\sin\theta&0\\\sin\theta&\cos\theta&0\\0&0&1\end{bmatrix}\begin{bmatrix}P'_{x'}\\P'_{y'}\\P'_{z'}\end{bmatrix}$$

写成齐次坐标的形式：
$$\begin{bmatrix} P'_{X_0} \\ P'_{Y_0} \\ P'_{Z_0} \\ 1 \end{bmatrix} = \begin{bmatrix} \cos\theta & -\sin\theta & 0 & 0 \\ \sin\theta & \cos\theta & 0 & 0 \\ 0 & 0 & 1 & 0 \\ 0 & 0 & 0 & 1 \end{bmatrix} \begin{bmatrix} P'_{x'} \\ P'_{y'} \\ P'_{z'} \\ 1 \end{bmatrix}$$

因此，当运动坐标系或点或刚体绕固定坐标系的 Z_0 轴旋转时，变换矩阵

$$\mathrm{Rot}(Z_0,\theta)=\begin{bmatrix} c\theta & -s\theta & 0 & 0 \\ s\theta & c\theta & 0 & 0 \\ 0 & 0 & 1 & 0 \\ 0 & 0 & 0 & 1 \end{bmatrix}$$

其中：$c\theta$ 是 $\cos\theta$ 的简写，$s\theta$ 是 $\sin\theta$ 的简写，全书后同。

坐标旋转后，点相对于固定坐标系的新的齐次坐标表达式：

$$P_{\mathrm{new}}=\mathrm{Rot}(Z_0,\theta)\,P_{\mathrm{old}}$$

同理可求，当运动坐标系绕固定坐标系 X_0 轴旋转时，变换矩阵

$$\mathrm{Rot}(X_0,\theta)=\begin{bmatrix} 1 & 0 & 0 & 0 \\ 0 & c\theta & -s\theta & 0 \\ 0 & s\theta & c\theta & 0 \\ 0 & 0 & 0 & 1 \end{bmatrix}$$

同理可求，当运动坐标系或点或刚体绕固定坐标系 Y_0 轴旋转时，变换矩阵

$$\mathrm{Rot}(Y_0,\theta)=\begin{bmatrix} c\theta & 0 & -s\theta & 0 \\ 0 & 1 & 0 & 0 \\ s\theta & 0 & c\theta & 0 \\ 0 & 0 & 0 & 1 \end{bmatrix}$$

与平移运动类似，当相对于固定坐标系进行旋转运动时，新的坐标采用算子左乘。当不是相对于固定坐标系进行旋转运动，即是相对于自身坐标系（运动坐标系）旋转时，应该用算子右乘。

【例 2.6】 如图 2.12 所示的单臂操作手，手腕也具有一个自由度。已知手部位姿起始矩阵为

$$O_1=\begin{bmatrix} 0 & 1 & 0 & 2 \\ 1 & 0 & 0 & 6 \\ 0 & 0 & -1 & 2 \\ 0 & 0 & 0 & 1 \end{bmatrix}$$

若手臂绕 Z_0 轴旋转 90°，则手部坐标系 $O_1X_1Y_1Z_1$ 到达坐标系 $O_2X_2Y_2Z_2$；若手臂不动，仅手部绕手腕 Z_1 轴旋转 90°，则手部坐标系 $O_1X_1Y_1Z_1$ 到达坐标系 $O_3X_3Y_3Z_3$。分别写出坐标系 $O_2X_2Y_2Z_2$ 及 $O_3X_3Y_3Z_3$ 的矩阵表达式。

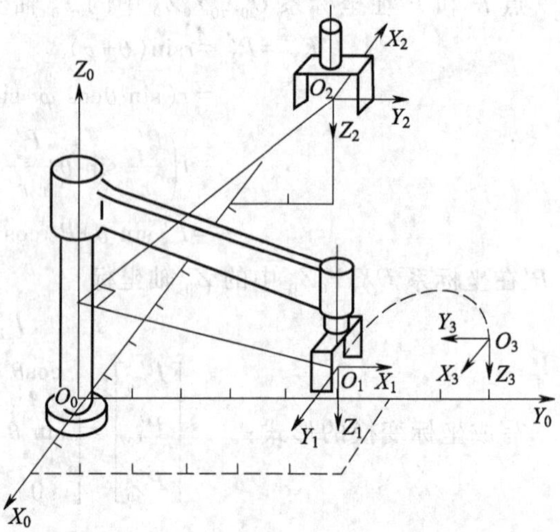

图 2.12 手臂转动和手腕转动

解:手臂绕定轴转动就是相对于固定坐标系作旋转变化,算子左乘,则有

$$O_2=\mathrm{Rot}(Z_0,90^\circ)O_1=\begin{bmatrix}\cos 90^\circ & -\sin 90^\circ & 0 & 0\\ \sin 90^\circ & \cos 90^\circ & 0 & 0\\ 0 & 0 & 1 & 0\\ 0 & 0 & 0 & 1\end{bmatrix}\begin{bmatrix}0 & 1 & 0 & 2\\ 1 & 0 & 0 & 6\\ 0 & 0 & -1 & 2\\ 0 & 0 & 0 & 1\end{bmatrix}$$

$$=\begin{bmatrix}0 & -1 & 0 & 0\\ 1 & 0 & 0 & 0\\ 0 & 0 & 1 & 0\\ 0 & 0 & 0 & 1\end{bmatrix}\begin{bmatrix}0 & 1 & 0 & 2\\ 1 & 0 & 0 & 6\\ 0 & 0 & -1 & 2\\ 0 & 0 & 0 & 1\end{bmatrix}$$

$$=\begin{bmatrix}-1 & 0 & 0 & -6\\ 0 & 1 & 0 & 2\\ 0 & 0 & -1 & 2\\ 0 & 0 & 0 & 1\end{bmatrix}$$

$$O_3=O_1\mathrm{Rot}(Z_1,90^\circ)=\begin{bmatrix}0 & 1 & 0 & 2\\ 1 & 0 & 0 & 6\\ 0 & 0 & -1 & 2\\ 0 & 0 & 0 & 1\end{bmatrix}\begin{bmatrix}\cos 90^\circ & -\sin 90^\circ & 0 & 0\\ \sin 90^\circ & \cos 90^\circ & 0 & 0\\ 0 & 0 & 1 & 0\\ 0 & 0 & 0 & 1\end{bmatrix}$$

$$=\begin{bmatrix}0 & 1 & 0 & 2\\ 1 & 0 & 0 & 6\\ 0 & 0 & -1 & 2\\ 0 & 0 & 0 & 1\end{bmatrix}\begin{bmatrix}0 & -1 & 0 & 0\\ 1 & 0 & 0 & 0\\ 0 & 0 & 1 & 0\\ 0 & 0 & 0 & 1\end{bmatrix}$$

$$=\begin{bmatrix}1 & 0 & 0 & 2\\ 0 & -1 & 0 & 6\\ 0 & 0 & -1 & 2\\ 0 & 0 & 0 & 1\end{bmatrix}$$

2.2.3 平移旋转复合变换

复合变换是由相对于固定坐标系或者当前运动坐标系的一系列沿轴平移变换和绕轴旋转变换组成的。任何变换都可以分解为按照一定顺序的若干次平移变换和旋转变换。

通过下面的例子来探讨如何处理复合变换。假定运动坐标系 $O_1X_1Y_1Z_1$ 相对于固定坐标系 $OXYZ$ 进行了下面三个变换:

1) 绕 X 轴旋转 θ;

2) 接着分别沿 X、Y、Z 轴平移 l_1、l_2、l_3;

3) 最后绕 Y 轴旋转 φ。

假设点 P 固连在运动坐标系上,开始时运动坐标系的原点与固定坐标系的原点重合,即点 O_1 与点 O 重合,随着坐标系 $O_1X_1Y_1Z_1$ 相对于固定坐标系旋转或者平移,坐标系 $O_1X_1Y_1Z_1$ 中的点 P 相对于固定坐标系的坐标也跟着改变。

如前面所述,第 1 次变换后点 P 相对于固定坐标系的坐标可用下列方程计算:

$$P_1 = \mathrm{Rot}(X,\theta)P$$

其中，P_1 是第 1 次变换后该点相对于固定坐标系的坐标，第 2 次变换后该点相对于参考坐标系的坐标为

$$P_2 = \mathrm{Trans}(l_1,l_2,l_3)P_1 = \mathrm{Trans}(l_1,l_2,l_3)\mathrm{Rot}(X,\theta)P$$

同样第 3 次变换后该点相对于参考坐标系的坐标为

$$P_3 = \mathrm{Rot}(Y,\varphi)P_2 = \mathrm{Rot}(Y,\varphi)\mathrm{Trans}(l_1,l_2,l_3)\mathrm{Rot}(X,\theta)P$$

可见每次变换后该点相对于固定坐标系的坐标都是通过用相应的每个变换矩阵左乘该点最初在固定坐标系中的坐标得到的。

同时还应注意，因为这里每次都是相对于固定坐标系变换，所以变换矩阵都是左乘的。如果是相对于自身坐标系变换，则是右乘。

2.2.4 逆变换

想将被变换的坐标系变回到原来的坐标系，可用变换矩阵的逆变换来实现。如通过变换矩阵 T，使坐标系 C 变换为坐标系 X，即 $X=TC$，求 C，则

$$T^{-1}X = T^{-1}TC = C$$

【例 2.7】 坐标系 $O_1X_1Y_1Z_1$ 先绕固定坐标系 $OXYZ$ 的 X 轴旋转 90°，然后沿当前坐标系 $O_1X_1Y_1Z_1$ 的 Z_1 轴平移 3 cm，然后再绕固定坐标系 $OXYZ$ 的 Z 轴旋转 90°，最后沿当前坐标系 $O_1X_1Y_1Z_1$ 的 Y_1 轴平移 5 cm。

(1) 写出描述该运动的方程，

(2) 求固连在坐标系 $O_1X_1Y_1Z_1$ 中的点 P (1,5,4)相对于固定坐标系 $OXYZ$ 的最终位置。

解：(在本例中相对于固定坐标系 $OXYZ$ 和当前坐标系 $O_1X_1Y_1Z_1$ 的运动是交替进行的。)

首先绕固定坐标系 $OXYZ$ 的 X 轴旋转 90°，变换算子为

$$T_1 = \mathrm{Rot}(X,90°)$$

然后沿当前坐标系 $O_1X_1Y_1Z_1$ 的 Z_1 轴平移 3 cm，右乘

$$T_2 = \mathrm{Rot}(X,90°)\mathrm{Trans}(0,0,3)$$

然后再绕固定坐标系 $OXYZ$ 的 Z 轴旋转 90°，

$$T_3 = \mathrm{Rot}(Z,90°)\mathrm{Rot}(X,90°)\mathrm{Trans}(0,0,3)$$

最后沿当前坐标系 $O_1X_1Y_1Z_1$ 的 Y_1 轴平移 5 cm，

$$T_4 = \mathrm{Rot}(Z,90°)\mathrm{Rot}(X,90°)\mathrm{Trans}(0,0,3)\mathrm{Trans}(0,5,0)$$

$$P_4 = T_4P = \mathrm{Rot}(Z,90°)\mathrm{Rot}(X,90°)\mathrm{Trans}(0,0,3)\mathrm{Trans}(0,5,0)P$$

$$P_4 = \begin{bmatrix}0 & -1 & 0 & 0\\1 & 0 & 0 & 0\\0 & 0 & 1 & 0\\0 & 0 & 0 & 1\end{bmatrix}\begin{bmatrix}1 & 0 & 0 & 0\\0 & 0 & -1 & 0\\0 & 1 & 0 & 0\\0 & 0 & 0 & 1\end{bmatrix}\begin{bmatrix}1 & 0 & 0 & 0\\0 & 1 & 0 & 0\\0 & 0 & 1 & 3\\0 & 0 & 0 & 1\end{bmatrix}\begin{bmatrix}1 & 0 & 0 & 0\\0 & 1 & 0 & 5\\0 & 0 & 1 & 0\\0 & 0 & 0 & 1\end{bmatrix}\begin{bmatrix}1\\5\\4\\1\end{bmatrix}$$

$$= \begin{bmatrix}7\\1\\10\\1\end{bmatrix}$$

第三章　机器人运动学

【学习目标】

1. 机器人正向运动学求解。对于一个六自由度机器人,可以通过读取关节编码器的信息获取各个关节角度,根据各关节角度求解机器人末端的位置与姿态。

2. 机器人逆向运动学求解。对机器人进行控制时,根据指定机器人末端到达的位置和姿态,求解各个关节角度。

机器人运动学研究机器人各关节与末端的运动规律,它不研究考虑产生运动的力和力矩,而只研究机器人关节及末端的位置、速度、加速度和位置变量对时间(或其他变量)的高级导数。机器人运动学可以分为正向运动学和逆向运动学。

假设一个机器人的构型及其所有的连杆长度和关节变量都是已知的,根据这些已知的连杆长度和关节变量计算机器人末端(手部)的位置和姿态就称为正向运动学建模。也就是说,如果已知所有机器人的关节变量和连杆参数,用正向运动学方程就能计算任意时刻机器人末端(手部)的位姿。

对于一个确定结构的机器人(连杆参数已知),如果想要将机器人末端(手部)以一个期望的姿态作业,就必须知道机器人的每一个关节的变量。通过控制器对每一个关节的驱动装置(通常是电动机)进行控制,使每个关节运动到指定的位置,这样就能使机器人末端(手部)达到所期望的位姿,这就是逆向运动学。也就是说,这里不是把已知的机器人关节变量代入正向运动学方程中,而是要设法找到这些方程的逆解,根据机器人末端(手部)的位姿,求得每个关节变量,从而使机器人到达期望的位置上并以期望的姿态作业。

在实际的机器人控制过程中逆向运动学方程更为重要。因为我们经常需要机器人的控制器根据机器人末端(手部)的位姿计算每个关节变量,从而对相应的关节进行控制,并以此来控制机器人到达期望的末端位姿。所以,逆向运动学分析对机器人的控制更重要,有了逆向运动学求解,才能确定每个关节变量,从而使机器人到达期望的位姿。

机器人正、逆向运动学的求解过程如图 3.1 所示。

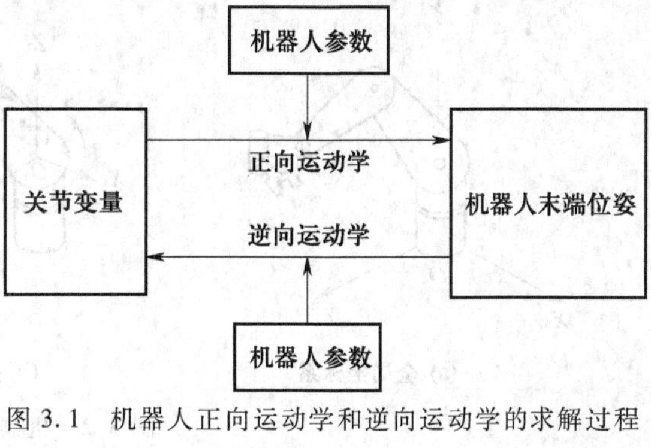

图 3.1　机器人正向运动学和逆向运动学的求解过程

对机器人进行正、逆向运动学分析的意义如下:通过对机器人进行正向运动学分析,能够根据各关节变量的情况实时获得机器人运动过程中的末端位姿;通过对机器人进行逆向运动学分析,能够根据连杆参数和末端位姿,求解出各关节变量，此时如果有多解，则需要选出最接近当前机器人关节角度的一组角度，作为机器人的运动命令信号，以满足机器人的末端位姿控制要求。

对机器人进行运动学分析存在多种理论建模方法，常用方法有适用于机器人自由度比较少的几何法、用连杆的参数来描述机构的运动关系的 D-H 参数法、用旋量描述的指数积(POE)法等。POE 法在建立正向运动学模型的过程比 D-H 参数法更简单明了，但是求逆解的解算过程比 D-H 参数法更复杂。本书主要详细讲解 D-H 参数法、POE 法对机器人运动学建模的过程，并以项目为案例说明在实际机器人控制过程中如何对机器人进行建模。

3.1　机器人的参考坐标系

要对机器人关节、末端、工具、操作对象等位姿进行描述，首先要建立各自的坐标系。机器人可以相对于不同的坐标系运动，在不同的坐标系中的运动描述都不同。通常用来描述机器人运动的参考坐标系有全局坐标系、关节坐标系和工具坐标系三种。

全局坐标系是一种通用的坐标系，一般定义在机器人的基座上（所以全局坐标系又称固定坐标系），如图 3.2a 所示。在此情况下，通过机器人关节的同时运动来协调产生沿三个主轴方向的运动。这一坐标系通常用来定义机器人相对于其他物体的运动、与机器人通信的其他部件的位置以及运动轨迹。

关节坐标系用来描述机器人每个独立关节的运动，如图 3.2b 所示。在这种情况下，每个关节各自单独运动，由于所用关节的类型不同，机器人的动作也各不相同，例如如果是旋转关节运动，那么机器人的手将绕该关节轴作圆周运动。

工具坐标系描述机器人手的运动，该坐标系固连在机器人手上，因此所有的运动均是相对于这个坐标系的。与通用的全局坐标系不同，本地的工具坐标系随机器人一起运动。假设机器人手的指向如图 3.2c 所示。工具坐标系是一个运动的坐标系，当机器人运动时它也随之不断改变，因此随之产生的相对于它的运动也不同，它取决于手臂的位置和工具坐标系的姿态。在机器人编程中工具坐标系是极其有用的，使用工具坐标系便于对机器人靠近、离开物体或者安装零件进行编程。

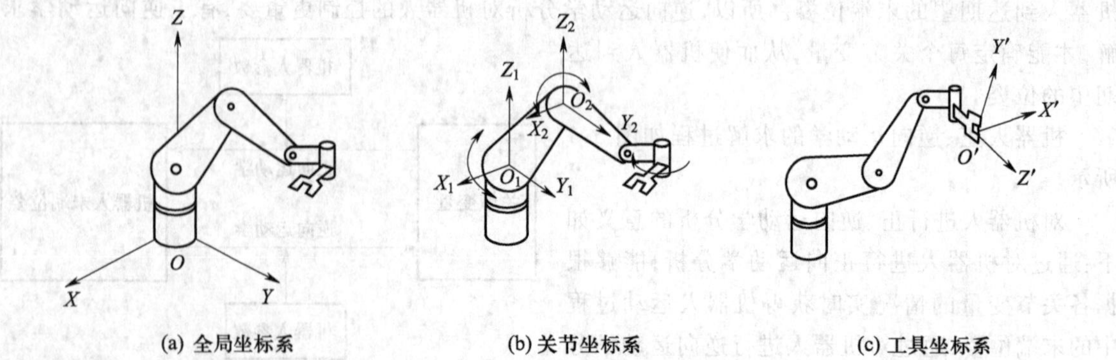

图 3.2　机器人的参考坐标系

3.2 机器人正向运动学 D-H 参数法

1995 年，J. Denavit 和 R. S. Hartenberg 提出了 D-H 参数法，并用该方法建立机器人的运动学方程。D-H 参数法把连杆的坐标系建立在关节处，该方法采用齐次变换矩阵描述相邻连杆之间的空间变换关系。目前，很多建立坐标系的方法均称为 D-H 参数法（简称 D-H 法），但是在实现的细节上有所不同。主流通用的有两种：一种是把坐标系建立在关节处，也就是连杆的起始端；另外一种是把坐标系建立在连杆的末端，也就是下一个关节处。对于同一个机器人而言，两者建立的 D-H 参数表是不一样的，这是由于两者的变换方式不同而导致的。其中，第一种方式在变换过程中是先变换 Z 轴再变换 X 轴，而第二种方式在变换过程中是先变换 X 轴再变换 Z 轴。本书中采用第一种方式建立 D-H 坐标系。

机器人一般由一系列关节和连杆按任意的顺序连接而成。这些关节可能是滑动，或者是旋转的，它们可能处于不同的平面，旋转轴之间可能存在偏差；连杆也可以是任意长度的，包括零，它可能被扭曲或弯曲，也可能位于任意的平面上。所以，任何一组关节和连杆都可以构成机器人，我们必须能对任何机器人进行建模和分析。

对机器人进行运动学建模之前，需要给每个关节指定一个坐标系，然后确定从一个关节到下一个关节，也就是一个坐标系到下一个坐标系的变换矩阵。将从基座（固定坐标系）到第 1 个坐标系，再从第 1 个坐标系到第 2 个坐标系，直至最后一个坐标系的变换矩阵结合起来就得到了机器人从固定坐标系到最后一个坐标系的总变换矩阵。

下面将说明 D-H 参数法建模的过程。首先必须为每个关节指定参考坐标系，然后确定如何实现任意两个相邻坐标系之间的变换，最后写出机器人的总变换矩阵。

3.2.1 确定坐标系的坐标轴

为了用 D-H 参数法表示，对机器人建模所要做的第一件事情，就是为每个关节指定一个本地的参考坐标系，因此对于每一个关节必须指定一个 Z 轴和 X 轴，Y 轴根据相应的右手定则就可以确定，Y 轴总是垂直于 X 轴和 Z 轴。以下是给每个关节指定本地参考坐标系的步骤：

假设机器人有任意多的连杆和关节以任意的形式构成，图 3.3 表示了三个顺序的关节和两个连杆：关节 i-1、关节 i、关节 i+1 和连杆 i-1、连杆 i。它们是比较典型的，可以表示实际机器人的任何关节。这些关节可能是旋转的，也可能是滑动的，或者两者都是。

1）确定坐标系的 Z 轴。所有关节都需要首先指定 Z 轴。如果关节是旋转的，那么旋转轴设为 Z 轴，正方向按右手定则确定；如果关节是滑动的，那么 Z 轴设在沿关节的直线运动的方向。设定关节 n 的坐标系为 $O_{n-1}X_{n-1}Y_{n-1}Z_{n-1}$，则关节 n 的 Z 轴编号为Z_{n-1}。如图 3.3 中，关节 i 绕Z_{i-1} 轴旋转，关节 i+1 绕 Z_i 轴旋转。对于旋转关节，绕 Z 轴的旋转角 θ 是关节变量；对于滑动关节，沿 Z 轴的运动长度 d 是关节变量。对于关节 n，其关节变量为 θ_n，或者 d_n。

2）确定坐标系的 X 轴。通常两个相邻的关节可能平行或相交或者根本就不在一个平面上。一般来说，相邻关节的两个 Z 轴之间有一条距离最短的公垂线，它正交于两个 Z 轴，通常将这条距离最短的公垂线方向设为 X 轴。注意两个相邻关节之间的公垂线不一定相交或共线，因此两

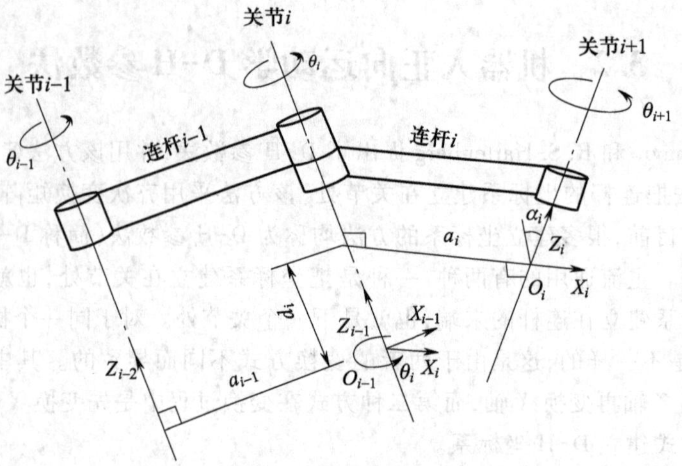

图 3.3 D-H 参数法坐标系示意图

个相邻坐标系原点的位置也可能不在同一个位置上。如图 3.3 所示,将 Z_{i-1} 轴和 Z_i 轴的公垂线 a_i 的直线方向设定为 X_i 轴的方向。

如果两个关节的 Z 轴平行,那么它们之间有无数条公垂线,这时可挑选与前一关节的公垂线共线的一条公垂线。如图 3.3 所示,Z_{i-2} 轴和 Z_{i-1} 轴平行,则可以随意选一条公垂线,只要方便简化模型即可,这里定 a_{i-1} 这条直线方向为 X_{i-1} 轴的方向。

如果两个相邻关节的 Z 轴是相交的,那么它们之间没有公垂线,这时可将垂直于两条轴线构成的平面的直线方向定为 X 轴的方向,也就是说其公垂线是同时垂直于两条 Z 轴的直线。这样做的目的也是使得模型简化。

确定好 Z 轴和 X 轴后,按照右手定则就可以确定 Y 轴。这样就可以给每个关节确定其对应的坐标系了。

3.2.2 机器人的连杆参数

在图 3.3 中,确定了关节坐标系。下面确定机器人连杆参数。

1) 连杆长度 a_i:两个关节轴线沿公垂线的距离 a_i 称为连杆长度。

2) 连杆扭角 α_i:垂直于 a_i 的平面内,两个 Z 轴的夹角称为连杆扭角 α_i。

3) 连杆转角 θ_i:垂直于关节 i 轴线的平面内两个相邻公垂线的夹角。如图 3.3 所示,θ_i 是 Z_{i-1} 轴和 Z_{i-2} 轴的公垂线与 Z_i 轴和 Z_{i-1} 轴的公垂线在垂直于 Z_{i-1} 轴平面内的夹角。对于旋转关节,θ_i 是关节变量。

4) 连杆偏距 d_i:沿关节轴线 i,两个公垂线 a_{i-1} 和 a_i 的距离。对于移动关节,d_i 是关节变量。

3.2.3 建立关节坐标系

采用 D-H 参数法建立坐标系的步骤如下:

1) 根据关节的旋转轴设定为 Z 轴并进行编号,例如 $Z_0, Z_1, \cdots, Z_n$。

2) 选择坐标系 $O_0X_0Y_0Z_0$ 时,将原点定位在关节中心,并确定 X_0 轴,再根据右手定则确定 Y_0 轴。如果可行的话,将坐标系 $O_0X_0Y_0Z_0$ 与固定坐标系设为重合,以便后续分析。对 $i=1,2,\cdots,$

n-1,执行步骤 3)到步骤 5)。

3) 将坐标系 $O_iX_iY_iZ_i$ 的原点设于Z_{i-1}轴和Z_i 轴的公垂线与 Z_i 轴的交点。如果Z_i 轴和Z_{i-1}轴平行,且关节 i 是转动型的,则将关节 i 的中心设为坐标系 $O_iX_iY_iZ_i$ 的原点;如果关节 i 是移动型的,则将原点O_i 定位在关节延展范围的某一参考点。

4) 沿着Z_{i-1}轴和Z_i 轴的公垂线方向设为X_i 轴,正向为从关节 i 指向关节 i+1 的方向。

5) 用右手定则选择Y_i 轴。

6) 最后一个坐标系为末端系或者工具坐标系。如果关节 n 是转动型的,按照Z_{n-1}轴设置Z_n轴;如果关节 n 是移动型的,则任意选择Z_n轴。X_n轴的设定根据步骤 4)进行。

3.2.4 确定 D-H 参数表

对机器人建立关节坐标系之后,按照下述 4 个步骤建立 D-H 参数表。

1) 绕Z_{i-1}轴旋转 θ_i,使得X_{i-1}轴和 X_i 轴互相平行。因为 a_{i-1}和 a_i 都是垂直于Z_{i-1}轴,所以绕Z_{i-1}轴旋转 θ_i 可以使得X_{i-1}轴和X_i 轴互相平行。

2) 沿着Z_{i-1}轴平移 d_i,使得X_{i-1}轴和X_i 轴共线。因为X_{i-1}轴和X_i 轴已经平行且都垂直于Z_{i-1}轴,则沿Z_{i-1}轴移动可以使它们重叠在一起。

3) 沿着已经转过 θ_i 的X_{i-1}轴平移 a_i,使得坐标系 $O_{i-1}X_{i-1}Y_{i-1}Z_{i-1}$和坐标系 $O_iX_iY_iZ_i$ 的原点重合。

4) 将Z_{i-1}轴绕X_i 轴旋转 α_i,使得Z_{i-1}轴与Z_i 轴重合。此时,坐标系 $O_{i-1}X_{i-1}Y_{i-1}Z_{i-1}$和坐标系 $O_iX_iY_iZ_i$ 完全重合,此时就成功地将坐标系 $O_{i-1}X_{i-1}Y_{i-1}Z_{i-1}$变换为坐标系 $O_iX_iY_iZ_i$。

根据以上 4 个变换步骤,可以列出机器人的 D-H 参数表,见表 3.1。

表 3.1 机器人的 D-H 参数表

	θ	d	a	α
坐标系 $O_{i-1}X_{i-1}Y_{i-1}Z_{i-1}$→坐标系 $O_iX_iY_iZ_i$	θ_i	d_i	a_i	α_i

对上述 4 个变换步骤,可采用以下方程式描述相应的变换关系:

$$
\begin{aligned}
{}^{i-1}T_i &= \mathrm{Rot}(Z,\theta_i)\ \mathrm{Trans}(0,0,d_i)\ \mathrm{Trans}(a_i,0,0)\ \mathrm{Rot}(X,\alpha_i) \\
&= \begin{bmatrix} c\theta_i & -s\theta_i & 0 & 0 \\ s\theta_i & c\theta_i & 0 & 0 \\ 0 & 0 & 1 & 0 \\ 0 & 0 & 0 & 1 \end{bmatrix}
\begin{bmatrix} 1 & 0 & 0 & 0 \\ 0 & 1 & 0 & 0 \\ 0 & 0 & 1 & d_i \\ 0 & 0 & 0 & 1 \end{bmatrix}
\begin{bmatrix} 1 & 0 & 0 & a_i \\ 0 & 1 & 0 & 0 \\ 0 & 0 & 1 & 0 \\ 0 & 0 & 0 & 1 \end{bmatrix}
\begin{bmatrix} 1 & 0 & 0 & 0 \\ 0 & c\alpha_i & -s\alpha_i & 0 \\ 0 & s\alpha_i & c\alpha_i & 0 \\ 0 & 0 & 0 & 1 \end{bmatrix}
\end{aligned} \tag{3.1}
$$

得到${}^{i-1}T_i$ 的通用变换等式:

$$
{}^{i-1}T_i = \mathrm{Rot}(Z,\theta_i)\ \mathrm{Trans}(0,0,d_i)\ \mathrm{Trans}(a_i,0,0)\ \mathrm{Rot}(X,\alpha_i)
$$

$$
{}^{i-1}T_i = \begin{bmatrix} c\theta_i & -s\theta_i c\alpha_i & s\theta_i s\alpha_i & a_i c\theta_i \\ s\theta_i & c\theta_i c\alpha_i & -c\theta_i s\alpha_i & a_i s\theta_i \\ 0 & s\alpha_i & c\alpha_i & d_i \\ 0 & 0 & 0 & 1 \end{bmatrix} \tag{3.2}
$$

3.2.5 n 自由度机器人正向运动学方程

为机器人的每一个关节建立一个坐标系，并用齐次变换来描述这些坐标系间的相对位置和姿态。如 ${}^{0}T_{1}$ 表示关节 1 相对于固定坐标系 $O_0X_0Y_0Z_0$ 的位置和姿态，${}^{1}T_{2}$ 表示关节 2 相对关节 1 的位置和姿态，那么关节 2 在固定坐标系 $O_0X_0Y_0Z_0$ 的位置和姿态可由下列矩阵的乘积给出：

$$ {}^{0}T_{2} = {}^{0}T_{1}\ {}^{1}T_{2} $$

同理：若 ${}^{2}T_{3}$ 矩阵表示关节 3 坐标系相对于关节 2 坐标系的齐次变换，则有

$$ {}^{0}T_{3} = {}^{0}T_{1}\ {}^{1}T_{2}\ {}^{2}T_{3} $$

依此类推，对于六连杆机器人有下列变换矩阵：

$$ {}^{0}T_{6} = {}^{0}T_{1}\ {}^{1}T_{2}\ {}^{2}T_{3}\ {}^{3}T_{4}\ {}^{4}T_{5}\ {}^{5}T_{6} $$

对于 n 自由度的串联机器人，其末端的位姿矩阵 ${}^{0}T_{n}$ 表示为

$$ {}^{0}T_{n} = {}^{0}T_{1}\ {}^{1}T_{2}\ {}^{2}T_{3} \cdots {}^{n-2}T_{n-1}\ {}^{n-1}T_{n} \tag{3.3} $$

上式为机器人正向运动学方程。它表示了工具坐标系相对于固定坐标系的位置和姿态，其中前三列元素表示手部的姿态，第四列元素表示手部的位置。

在实际应用过程中，首先确定各个关节坐标系，再列出各个坐标系变化的 D-H 参数表，见表 3.2。

表 3.2 各个坐标系 D-H 参数表

	θ	d	a	α
坐标系 $O_0X_0Y_0Z_0$→坐标系 $O_1X_1Y_1Z_1$	θ_1	d_1	a_1	α_1
坐标系 $O_1X_1Y_1Z_1$→坐标系 $O_2X_2Y_2Z_2$	θ_2	d_2	a_2	α_2
…	…	…	…	…
坐标系 $O_{i-1}X_{i-1}Y_{i-1}Z_{i-1}$→坐标系 $O_iX_iY_iZ_i$	θ_i	d_i	a_i	α_i
…	…	…	…	…
坐标系 $O_nX_nY_nZ_n$→坐标系 $O_{n+1}X_{n+1}Y_{n+1}Z_{n+1}$	θ_{n+1}	d_{n+1}	a_{n+1}	α_{n+1}

其次，按照式(3.2)可以求出关节坐标系 $O_{i-1}X_{i-1}Y_{i-1}Z_{i-1}$ 到关节坐标系 $O_iX_iY_iZ_i$ 的变换矩阵 ${}^{i-1}T_{i}$。

最后，将各个关节坐标系变化矩阵相乘，得到式(3.3)，也就是 n 自由度机器人的正向运动学方程。

3.2.6 案例 1 建立二自由度机器人正向运动学方程

下面以二自由度机器人为例，介绍机器人正向运动学方程的求法。

对如图 3.4 所示的二轴平面机器人用 D-H 表示法建立各关节和末端坐标系，填写 D-H 参数表，导出该机器人的正向运动学方程。

为了简化模型和方便计算，习惯性把所有关节变量为零的机器人构型称为平衡构型或者起始构型，最好的起始构型是尽可能多的轴彼此平行并且共面。假设上述二自由度的平衡构型如图 3.5 所示，并在此构型下建立坐标系。

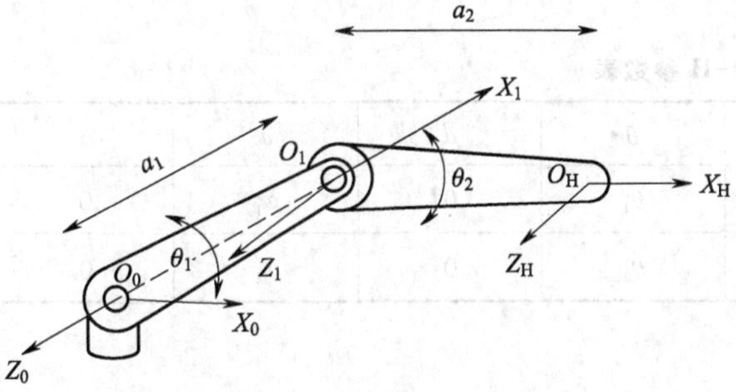

图 3.4 二轴平面机器人示意图

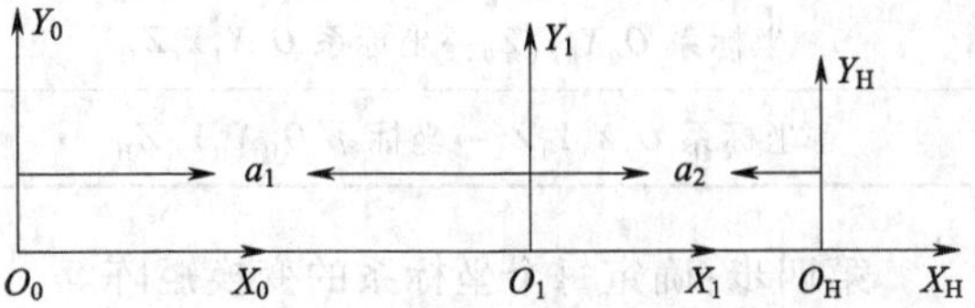

图 3.5 机器人归零时坐标系示意图

第一步:确定三个坐标系 $O_0X_0Y_0Z_0$、$O_1X_1Y_1Z_1$、$O_HX_HY_HZ_H$ 的原点 O_0、O_1、O_H。

首先注意到两个关节坐标系都在 XOY 平面内的旋转坐标系。坐标系 $O_0X_0Y_0Z_0$ 的原点 O_0 指定在关节 1 的中心,坐标系 $O_1X_1Y_1Z_1$ 的原点 O_1 指定在关节 2 的中心,最后一个坐标系 $O_HX_HY_HZ_H$ 的原点 O_H 设为机器人末端。注意坐标系 $O_0X_0Y_0Z_0$ 是固定不动的,机器人相对于它而运动。

第二步:确定各个坐标系的坐标轴。

Z 轴都设置为转动轴,所以三个坐标系的 Z 轴都垂直于纸面,假设向外为正向。下面需要为每一个坐标系指定 X 轴。因为坐标系 $O_0X_0Y_0Z_0$ 是在机器人的基座上,在它之前没有关节,因此 X_0轴的方向可以是任意的,为了方便起见,可以指定X_0轴的方向与全局参考坐标系的 X 轴相同。如果选择另外的方向,实际上也是可以的,此时也就意味着坐标系 $O_0X_0Y_0Z_0$ 和全局参考坐标系之间存在着一个旋转。因为Z_0轴和Z_1 轴是平行的,它们之间的公垂线即与连杆 1 重合,所以X_1 轴与连杆重合,如图 3.4 所示,其正向是从关节 1 指向关节 2。坐标系 $O_HX_HY_HZ_H$ 的 X_H 轴与连杆 2 重合,其正向是从关节 2 指向末端。Y 轴可通过右手定则确定。

第三步:确定 D-H 参数表。

按照 D-H 参数法的常规步骤经过如下 4 个变换,可以将坐标系 $O_0X_0Y_0Z_0$ 变换到坐标系 $O_1X_1Y_1Z_1$。

1) 关节 1 绕 Z_0 轴旋转 θ_1 角后,X_0轴与X_1 轴平行,所以 D-H 参数为 θ_1;如果旋转 θ_1 角后,X_0 轴旋转 K 后才与X_1 轴平行,则 D-H 参数应该是 $K+\theta_1$。因此,此例为 θ_1。

2) 由于X_0轴和X_1 轴在同一个平面,因此沿着Z_0轴的平移量 d 是 0。

3) 沿着已经旋转过的X_0轴移动距离 a_1,使坐标系 $O_0X_0Y_0Z_0$ 与坐标系 $O_1X_1Y_1Z_1$ 的原点重合。

4) 因为Z_0轴和Z_1 轴是平行的,因此绕X_1 轴旋转的旋转角 α_1 是 0。

同理,再将坐标系 $O_1X_1Y_1Z_1$ 变换到坐标系 $O_HX_HY_HZ_H$。

1) 关节 2 绕 Z_1 轴旋转 θ_2 角后,X_1 轴与 X_H 轴平行,所以 D-H 参数为 θ_2;如果旋转 θ_2 角后 X_1 轴旋转 K 后与X_H轴平行,则 D-H 参数应该是 $K+\theta_2$。因此,此例为 θ_2。

2) 由于X_1 轴和X_H轴在同一个平面,因此沿着Z_1 轴的平移量 d 是 0。

3) 沿着已经旋转过的X_1 轴移动距离 a_2,使坐标系 $O_1X_1Y_1Z_1$ 与坐标系 $O_HX_HY_HZ_H$ 的原点重合。

4) 因为Z_1 轴和Z_H 轴是平行的,因此绕 X_H 轴旋转的旋转角 α_2 是 0。

D-H 参数表见表 3.3。

表 3.3 D-H 参数表

	θ	d	a	α
坐标系 $O_0X_0Y_0Z_0$→坐标系 $O_1X_1Y_1Z_1$	θ_1	0	a_1	0
坐标系 $O_1X_1Y_1Z_1$→坐标系 $O_HX_HY_HZ_H$	θ_2	0	a_2	0

第四步：确定每个坐标系的变换矩阵。

先确定坐标系 $O_0X_0Y_0Z_0$→坐标系 $O_1X_1Y_1Z_1$ 的变换矩阵：

$$
{}^0T_1=\begin{bmatrix} c_1 & -s_1 & 0 & a_1c_1 \\ s_1 & c_1 & 0 & a_1s_1 \\ 0 & 0 & 1 & 0 \\ 0 & 0 & 0 & 1 \end{bmatrix}
$$

再确定坐标系 $O_1X_1Y_1Z_1$→坐标系 $O_HX_HY_HZ_H$ 的变换矩阵：

$$
{}^1T_H=\begin{bmatrix} c_2 & -s_2 & 0 & a_2c_2 \\ s_2 & c_2 & 0 & a_2s_2 \\ 0 & 0 & 1 & 0 \\ 0 & 0 & 0 & 1 \end{bmatrix}
$$

最后得出坐标系 $O_0X_0Y_0Z_0$→坐标系 $O_HX_HY_HZ_H$ 的变换矩阵：

$$
{}^0T_H={}^0T_1\,{}^1T_H=\begin{bmatrix} c_1c_2-s_1s_2 & -c_1s_2-s_1c_2 & 0 & a_2(c_1c_2-s_1s_2)+a_1c_1 \\ s_1c_2+c_1s_2 & -s_1s_2+c_1c_2 & 0 & a_2(s_1c_2+c_1s_2)+a_1s_1 \\ 0 & 0 & 1 & 0 \\ 0 & 0 & 0 & 1 \end{bmatrix}
$$

上面几个式子中 c_1、c_2 分别为 $\cos\theta_1$ 和 $\cos\theta_2$ 的简写，s_1、s_2 分别为 $\sin\theta_1$ 和 $\sin\theta_2$ 的简写，并假设 c_{12}、s_{12} 分别为 $\cos(\theta_1+\theta_2)$ 和 $\sin(\theta_1+\theta_2)$ 的简写，全书后同。上述变换简化为

$$
{}^0T_H=\begin{bmatrix} c_{12} & -s_{12} & 0 & a_2c_{12}+a_1c_1 \\ s_{12} & c_{12} & 0 & a_2s_{12}+a_1s_1 \\ 0 & 0 & 1 & 0 \\ 0 & 0 & 0 & 1 \end{bmatrix} \tag{3.4}
$$

3.2.7 案例 2 建立三自由度机器人正向运动学方程

对于如图 3.6 所示的三轴机器人，利用 D-H 法建立必要的坐标系，填写 D-H 参数表，导出该机器人的正向运动学方程。

可以看到，除了多加了一个关节外，这个机器人与案例 1 中的机器人非常类似。为了简化坐标系的变换，可以将机器人归为 0 位。

第一步：确定四个坐标系 $O_0X_0Y_0Z_0$、$O_1X_1Y_1Z_1$、$O_2X_2Y_2Z_2$、$O_HX_HY_HZ_H$ 的原点 O_0、O_1、O_2、O_H。

坐标系 $O_0X_0Y_0Z_0$ 的原点 O_0 指定在关节 1 的中心，坐标系 $O_1X_1Y_1Z_1$ 的原点 O_1 指定在关节 2

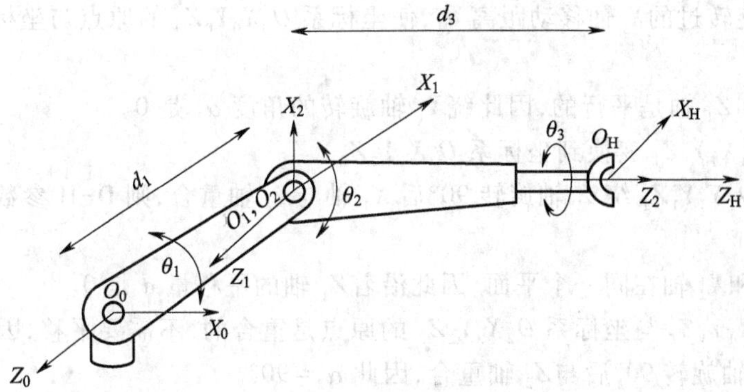

图 3.6　三轴机器人示意图

的中心，坐标系 $O_2X_2Y_2Z_2$ 的原点 O_2 也指定在关节 2 的中心（这样指定可以简化变换，将总连杆 2 和 3 的长度合并计算），最后一个坐标系即为机器人末端坐标系 $O_HX_HY_HZ_H$，其原点 O_H 设置如图 3.7 所示。注意，坐标系 $O_0X_0Y_0Z_0$ 是固定不动的，机器人相对于它而运动。

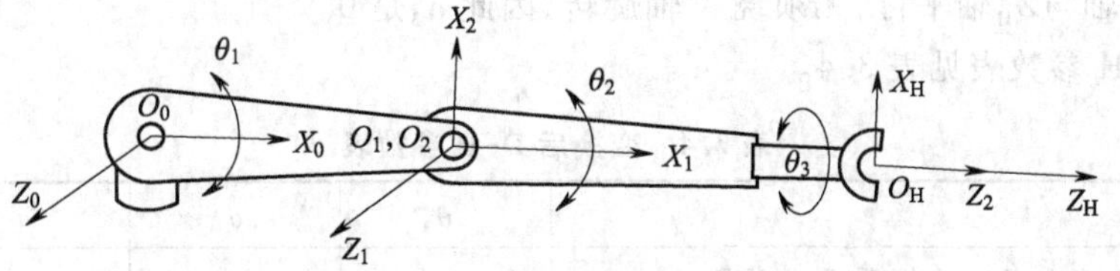

图 3.7　三轴机器人 D-H 坐标系示意图

第二步：确定各个坐标系的坐标轴。

Z 轴都设置为转动轴，所以坐标系 $O_0X_0Y_0Z_0$、$O_1X_1Y_1Z_1$ 的 Z 轴都垂直于纸面，假设向外为正向。坐标系 $O_2X_2Y_2Z_2$ 的 Z_2 轴也是该关节的旋转轴，其正向为从关节 3 指向下一个关节，因此设定水平向右为正向。坐标系 $O_HX_HY_HZ_H$ 为手部坐标系，其 Z_H 轴与 Z_2 轴重合。

下面需要为每一个坐标系指定 X 轴。因为坐标系 $O_0X_0Y_0Z_0$ 的 X_0 轴的正向可以是任意的，为了方便起见，可以指定 X_0 轴的正向为水平向右。因为 Z_0 轴和 Z_1 轴是平行的，它们之间的公垂线即与连杆 1 重合，所以 X_1 轴与连杆重合，如图 3.7 所示，其正向为从关节 1 指向关节 2。坐标系 $O_2X_2Y_2Z_2$ 的 X_2 轴要同时垂直于 Z_1 轴和 Z_2 轴，因此 X_2 轴的正向为竖直向上。坐标系 $O_HX_HY_HZ_H$ 因为是跟着关节 3 一起运动的，因此坐标系 $O_HX_HY_HZ_H$ 与坐标系 $O_2X_2Y_2Z_2$ 的坐标轴方向一致，所以 X_H 轴与 X_2 轴方向相同。最后 Y 轴可以根据右手定则确定。

第三步：确定 D-H 参数表。

按照 D-H 参数法的常规步骤，经过如下 4 个变换，可以将坐标系 $O_0X_0Y_0Z_0$ 变换到坐标系 $O_1X_1Y_1Z_1$：

1）将坐标系绕 Z_0 轴旋转 θ_1 角，使 X_0 轴和 X_1 轴平行；因此对于关节 1，θ_1 是关节变量。即当 X_0 轴绕 Z_0 轴旋转 θ_1 角后与 X_1 轴平行时，D-H 参数为 θ_1；如果旋转 θ_1 角后还需旋转 K 才与 X_1 轴平行，则 D-H 参数应该是 $K+\theta_1$。

2）由于 X_0 轴和 X_1 轴在同一个平面，因此沿着 Z_0 轴的平移量 d 是 0。

3）沿着已经旋转过的X_0轴移动距离 a_1，使坐标系 $O_0X_0Y_0Z_0$ 的原点与坐标系 $O_1X_1Y_1Z_1$ 的原点重合。

4）因为Z_0轴和Z_1 轴是平行的，因此绕X_1 轴旋转的角度 α_1 是 0。

再将坐标系 $O_1X_1Y_1Z_1$ 变换到坐标系 $O_2X_2Y_2Z_2$。

1）将坐标系 $O_1X_1Y_1Z_1$ 绕Z_1 轴旋转 90°后 X_1 轴与X_2 轴重合，则 D-H 参数应该是 $90°+\theta_2$，注意右手定则。

2）由于X_1 轴和X_2 轴在同一个平面，因此沿着Z_1 轴的平移量 d 是 0。

3）坐标系 $O_1X_1Y_1Z_1$ 与坐标系 $O_2X_2Y_2Z_2$ 的原点是重合的，不需要平移，因此 $a_2=0$。

4）Z_1 轴绕X_2 轴旋转 90°后与Z_2 轴重合，因此 $\alpha_2=90°$。

最后将坐标系 $O_2X_2Y_2Z_2$ 变换到坐标系 $O_HX_HY_HZ_H$。

1）X_2 轴与 X_H 轴平行，因此 D-H 参数仅为关节变量 θ_3；

2）由于 X_2 轴沿Z_2 轴平行移动 d_3，与X_H轴重合，沿着Z_2 轴的平移量为 d_3；

3）经过前面的变换后，坐标系 $O_2X_2Y_2Z_2$ 与坐标系 $O_HX_HY_HZ_H$ 已经重合，无须再在 X 轴上平移，因此 $a_2=0$；

4）因为Z_2 轴与Z_H轴平行，无须绕 X 轴旋转，因此 α_3是 0。

变换后 D-H 参数表见表 3.4。

表 3.4　变换后 D-H 参数表

	θ	d	a	α
坐标系 $O_0X_0Y_0Z_0$→坐标系 $O_1X_1Y_1Z_1$	θ_1	0	a_1	0
坐标系 $O_1X_1Y_1Z_1$→坐标系 $O_2X_2Y_2Z_2$	$90°+\theta_2$	0	0	90°
坐标系 $O_2X_2Y_2Z_2$→坐标系 $O_HX_HY_HZ_H$	θ_3	d_3	0	0

第四步：确定每个坐标系的变换矩阵。

由 $\sin(90°+\theta)=\cos\theta$ 和 $\cos(90°+\theta)=-\sin\theta$，可得机器人的每个关节变换及总变换的矩阵：

$$
{}^0T_1=\begin{bmatrix} c_1 & -s_1 & 0 & a_1c_1 \\ s_1 & c_1 & 0 & a_1s_1 \\ 0 & 0 & 1 & 0 \\ 0 & 0 & 0 & 1 \end{bmatrix}\quad
{}^1T_2=\begin{bmatrix} -s_2 & 0 & c_2 & 0 \\ c_2 & 0 & s_2 & 0 \\ 0 & 1 & 0 & 0 \\ 0 & 0 & 0 & 1 \end{bmatrix}\quad
{}^2T_H=\begin{bmatrix} c_3 & -s_3 & 0 & 0 \\ s_3 & c_3 & 0 & 0 \\ 0 & 0 & 1 & d_3 \\ 0 & 0 & 0 & 1 \end{bmatrix}
$$

$$
{}^0T_H={}^0T_1\,{}^1T_2\,{}^2T_H=\begin{bmatrix} (-c_1s_2-s_1c_2)c_3 & -(-c_1s_2-s_1c_2)s_3 & c_1c_2-s_1s_2 & (c_1c_2-s_1s_2)d_3+a_1c_1 \\ (c_1c_2-s_1s_2)c_3 & -(c_1c_2-s_1s_2)s_3 & c_1s_2+s_1c_2 & (c_1s_2+s_1c_2)d_3+a_1s_1 \\ s_3 & c_3 & 0 & 0 \\ 0 & 0 & 0 & 1 \end{bmatrix}
$$

简化上面的矩阵，可得

$$
{}^0T_H={}^0T_1\,{}^1T_2\,{}^2T_H=\begin{bmatrix} -s_{12}c_3 & s_{12}s_3 & c_{12} & c_{12}d_3+a_1c_1 \\ c_{12}c_3 & -c_{12}s_3 & s_{12} & s_{12}d_3+a_1s_1 \\ s_3 & c_3 & 0 & 0 \\ 0 & 0 & 0 & 1 \end{bmatrix} \tag{3.5}
$$

3.2.8 案例3 建立 PUMA-560 机器人正向运动学方程

下面以 PUMA-560 机器人操作机为例来求机器人的运动学方程及正解。

如图 3.8 所示,机器人由基座及 6 个活动杆件组成,具有 6 个旋转关节,其运动学方程就是要确定 6 个活动杆件上的关节坐标系相对于固定(或绝对)坐标系的齐次坐标变换。具体步骤如下:

1) 建立固定坐标系 $O_0X_0Y_0Z_0$,关节 1 坐标系 $O_1X_1Y_1Z_1$ 连在基座上,为简化计算将其原点 O_1 平移与 O_0 重合。按图 3.8 建立各关节坐标系。

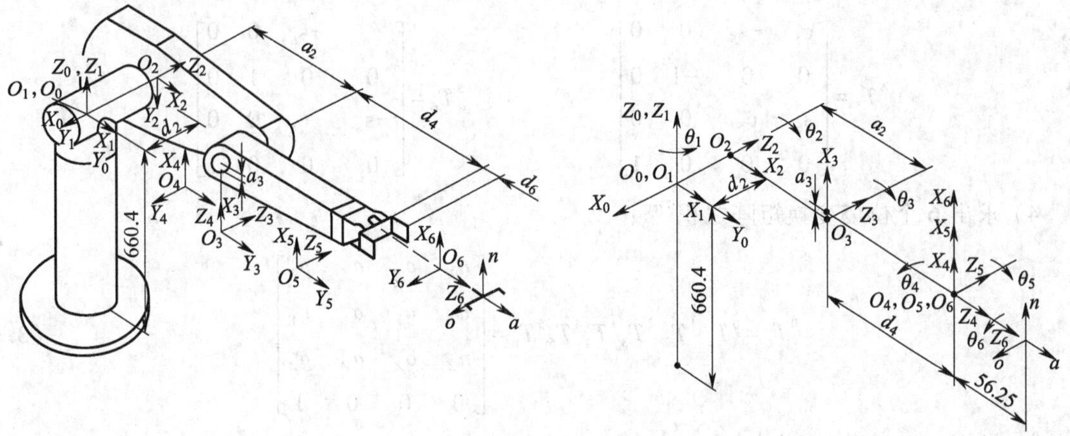

图 3.8 PUMA-560 机器人各坐标系示意图

2) 确定各杆件的结构参数和运动参数,列出 D-H 参数表(表 3.5)。各关节的运动变量都是绕 Z 轴的转角,用 $\theta_1,\theta_2,\cdots,\theta_6$ 表示,α、a、d 为其结构参数,如图 3.8 所示。

表 3.5 PUMA-560 机器人 D-H 参数表

	θ	d	a	α
坐标系 $O_0X_0Y_0Z_0$→坐标系 $O_1X_1Y_1Z_1$	θ_1	0	0	0°
坐标系 $O_1X_1Y_1Z_1$→坐标系 $O_2X_2Y_2Z_2$	θ_2	d_2	0	-90°
坐标系 $O_2X_2Y_2Z_2$→坐标系 $O_3X_3Y_3Z_3$	θ_3	0	a_2	0°
坐标系 $O_3X_3Y_3Z_3$→坐标系 $O_4X_4Y_4Z_4$	θ_4	d_4	a_3	-90°
坐标系 $O_4X_4Y_4Z_4$→坐标系 $O_5X_5Y_5Z_5$	θ_5	0	0	90°
坐标系 $O_5X_5Y_5Z_5$→坐标系 $O_6X_6Y_6Z_6$	θ_6	0	0	-90°

3) 写出各相邻两关节坐标系的位姿变换矩阵。

根据表 3.5 中的参数可得:

$$
{}^0T_1=\begin{bmatrix} c_1 & -s_1 & 0 & 0 \\ s_1 & c_1 & 0 & 0 \\ 0 & 0 & 1 & 0 \\ 0 & 0 & 0 & 1 \end{bmatrix} \qquad {}^1T_2=\begin{bmatrix} c_2 & -s_2 & 0 & 0 \\ 0 & 0 & 1 & d_2 \\ -s_2 & -c_2 & 0 & 0 \\ 0 & 0 & 0 & 1 \end{bmatrix}
$$

$$
{}^2T_3=\begin{bmatrix} c_3 & -s_3 & 0 & a_2 \\ s_3 & c_3 & 0 & 0 \\ 0 & 0 & 1 & 0 \\ 0 & 0 & 0 & 1 \end{bmatrix} \qquad {}^3T_4=\begin{bmatrix} c_4 & -s_4 & 0 & a_3 \\ 0 & 0 & 1 & d_4 \\ -s_4 & -c_4 & 0 & 0 \\ 0 & 0 & 0 & 1 \end{bmatrix}
$$

$$
{}^4T_5=\begin{bmatrix} c_5 & -s_5 & 0 & 0 \\ 0 & 0 & -1 & 0 \\ s_5 & c_5 & 0 & 0 \\ 0 & 0 & 0 & 1 \end{bmatrix} \qquad {}^5T_6=\begin{bmatrix} c_6 & -s_6 & 0 & 0 \\ 0 & 0 & 1 & 0 \\ -s_6 & -c_6 & 0 & 0 \\ 0 & 0 & 0 & 1 \end{bmatrix}
$$

4）求出 6 个位姿变换矩阵之积${}^0T_6$：

$$
{}^0T_6={}^0T_1\,{}^1T_2\,{}^2T_3\,{}^3T_4\,{}^4T_5\,{}^5T_6=\begin{bmatrix} n_X & o_X & a_X & p_X \\ n_Y & o_Y & a_Y & p_Y \\ n_Z & o_Z & a_Z & p_Z \\ 0 & 0 & 0 & 1 \end{bmatrix} \tag{3.6}
$$

${}^0T_6$ 中的 12 个有效元素如下：

$$
\begin{aligned}
n_X &= c_1[c_{23}(c_4c_5c_6-s_4s_6)-s_{23}s_5c_6]+s_1(s_4c_5c_6+c_4s_6) \\
n_Y &= s_1[c_{23}(c_4c_5c_6-s_4s_6)-s_{23}s_5c_6]-c_1(s_4c_5c_6+c_4s_6) \\
n_Z &= -s_{23}(c_4c_5c_6-s_4s_6)-c_{23}s_5c_6 \\
o_X &= c_1[-c_{23}(c_4c_5s_6+s_4c_6)-s_{23}s_5c_6]+s_1(-s_4c_5s_6+c_4c_6) \\
o_Y &= s_1[-c_{23}(c_4c_5s_6+s_4c_6)-s_{23}s_5c_6]-c_1(-s_4c_5c_6+c_4c_6) \\
o_Z &= s_{23}(c_4c_5s_6+s_4c_6)+c_{23}s_5s_6 \\
a_X &= -c_1(c_{23}c_4s_5+s_{23}c_5)-s_1s_4s_5 \\
a_Y &= -s_1(c_{23}c_4s_5+s_{23}c_5)+c_1s_4s_5 \\
a_Z &= s_{23}c_4s_5-c_{23}c_5 \\
p_X &= c_1(a_2c_2+a_3c_{23}-d_4s_{23})-d_2s_1 \\
p_Y &= s_1(a_2c_2+a_3c_{23}-d_4s_{23})-d_2c_1 \\
p_Z &= -a_3s_{23}-a_2s_2-d_4c_{23}
\end{aligned}
$$

3.2.9　案例 4　采用 D-H 参数法对 DENSO 机器人进行运动学建模分析

采用 D-H 参数法对六轴机器人 DENSO 进行建模，如图 3.9 所示。按照 D-H 参数法定义的坐标系如图 3.10 所示，该机器人末端的三个关节轴交于一点，理论上能够达到工作空间的任意位姿。

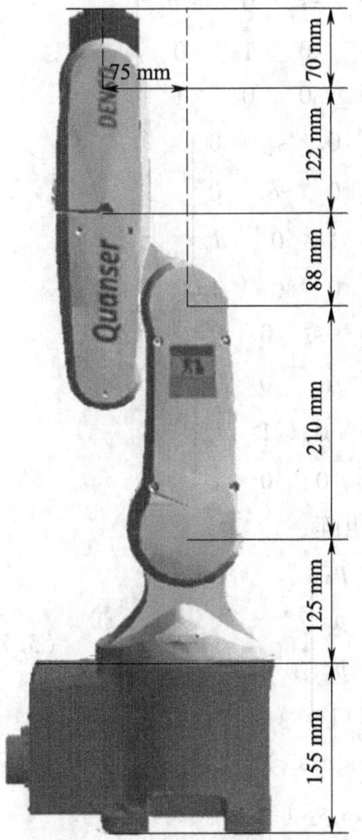

图 3.9 DENSO 机器人

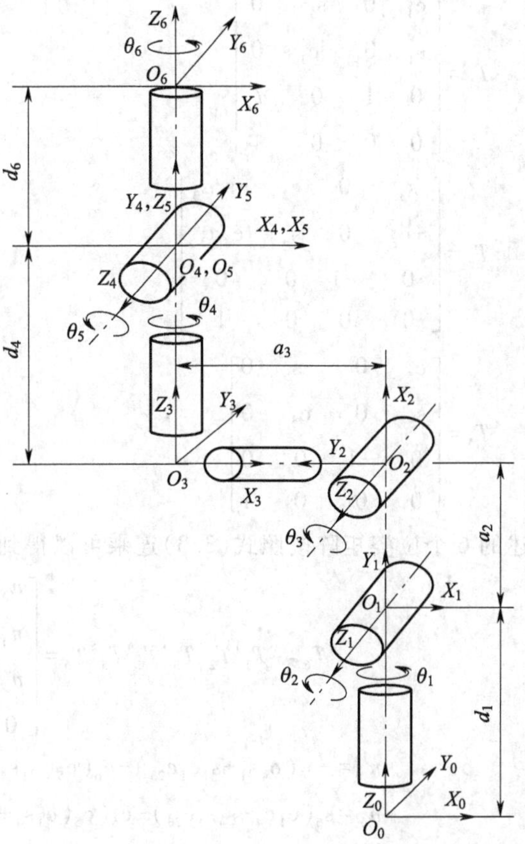

图 3.10 DENSO 坐标系示意图

DENSO 机器人 D-H 参数表见表 3.6。

表 3.6 DENSO 机器人 D-H 参数表

	θ	d	a	α
坐标系 $O_0X_0Y_0Z_0$→坐标系 $O_1X_1Y_1Z_1$	θ_1	d_1	0	90°
坐标系 $O_1X_1Y_1Z_1$→坐标系 $O_2X_2Y_2Z_2$	$\theta_2+90°$	0	a_2	0
坐标系 $O_2X_2Y_2Z_2$→坐标系 $O_3X_3Y_3Z_3$	$\theta_3-90°$	0	$-a_3$	-90°
坐标系 $O_3X_3Y_3Z_3$→坐标系 $O_4X_4Y_4Z_4$	θ_4	d_4	0	90°
坐标系 $O_4X_4Y_4Z_4$→坐标系 $O_5X_5Y_5Z_5$	θ_5	0	0	-90°
坐标系 $O_5X_5Y_5Z_5$→坐标系 $O_6X_6Y_6Z_6$	θ_6	d_6	0	0

D-H 参数表中的 $d_1=0.125$ m, $a_2=0.21$ m, $a_3=0.075$ m, $d_4=0.21$ m, $d_6=0.07$ m。

通过将上述 D-H 参数代入 D-H 变换矩阵中，便可以写出每两个相邻关节之间的变换矩阵：

$$ {}^0T_1=\begin{bmatrix} c_1 & 0 & s_1 & 0 \\ s_1 & 0 & -c_1 & 0 \\ 0 & 1 & 0 & d_1 \\ 0 & 0 & 0 & 1 \end{bmatrix} \qquad {}^1T_2=\begin{bmatrix} -s_2 & -c_2 & 0 & -s_2a_2 \\ c_2 & -s_2 & 0 & c_2a_2 \\ 0 & 0 & 1 & 0 \\ 0 & 0 & 0 & 1 \end{bmatrix} $$

$$ {}^2T_3=\begin{bmatrix} s_3 & 0 & c_3 & -s_3a_3 \\ -c_3 & 0 & s_3 & c_3a_3 \\ 0 & -1 & 0 & 0 \\ 0 & 0 & 0 & 1 \end{bmatrix} \qquad {}^3T_4=\begin{bmatrix} c_4 & 0 & s_4 & 0 \\ s_4 & 0 & -c_4 & 0 \\ 0 & 1 & 0 & d_4 \\ 0 & 0 & 0 & 1 \end{bmatrix} $$

$$ {}^4T_5=\begin{bmatrix} c_5 & 0 & -s_5 & 0 \\ s_5 & 0 & c_5 & 0 \\ 0 & -1 & 0 & 0 \\ 0 & 0 & 0 & 1 \end{bmatrix} \qquad {}^5T_6=\begin{bmatrix} c_6 & -s_6 & 0 & 0 \\ s_6 & c_6 & 0 & 0 \\ 0 & 0 & 1 & d_6 \\ 0 & 0 & 0 & 1 \end{bmatrix} $$

将上述的 6 个位姿矩阵按照式(3.3)连乘可以得到总的变换矩阵：

$$ {}^0T_6={}^0T_1\,{}^1T_2\,{}^2T_3\,{}^3T_4\,{}^4T_5\,{}^5T_6=\begin{bmatrix} n_X & o_X & a_X & p_X \\ n_Y & o_Y & a_Y & p_Y \\ n_Z & o_Z & a_Z & p_Z \\ 0 & 0 & 0 & 1 \end{bmatrix} \tag{3.7} $$

$$
\begin{aligned}
n_X &= -s_6(c_4s_1+s_4c_1c_{23})-c_6(c_5(s_1s_4-c_4c_1c_{23})+s_5c_1s_{23}) \\
n_Y &= s_6(c_1c_4-s_4s_1c_{23})+c_6(c_5(c_1s_4+c_4s_1c_{23})-s_5s_1s_{23}) \\
n_Z &= c_6(s_5c_{23}+c_4c_5s_{23})-s_4s_6s_{23} \\
o_X &= s_6(c_5(s_1s_4-c_4c_1c_{23})+s_5c_1s_{23})-c_6(c_4s_1+s_4c_1c_{23}) \\
o_Y &= c_6(c_1c_4-s_4s_1c_{23})-s_6(c_5(c_1s_4+c_4s_1c_{23})-s_5s_1s_{23}) \\
o_Z &= -s_6(s_5c_{23}+c_4c_5s_{23})-c_6s_4s_{23} \\
a_X &= s_5(s_1s_4-c_4c_1c_{23})-c_5c_1s_{23} \\
a_Y &= -s_5(c_1s_4+c_4s_1c_{23})-c_5s_1s_{23} \\
a_Z &= c_5c_{23}-c_4s_5s_{23} \\
p_X &= d_6(s_5(s_1s_4-c_4c_1c_{23})-c_5c_1s_{23})-d_4c_1s_{23}-a_2c_1s_2-a_3c_1c_{23} \\
p_Y &= -d_6(s_5(c_1s_4+c_4s_1c_{23})+c_5s_1s_{23})-d_4s_1s_{23}-a_2s_2s_1-a_3s_1c_{23} \\
p_Z &= d_1+d_6(c_5c_{23}-c_4s_5s_{23})+d_4c_{23}+a_2c_2-a_3s_{23}
\end{aligned}
$$

3.2.10 案例 5 采用 D-H 参数法对 SCARA 机器人进行运动学建模分析

SCARA 机器人属于串联机器人,有四个自由度:3 个旋转副,1 个移动副。根据 D-H 参数法建立机器人的各关节坐标系,如图 3.11 所示。

由图 3.11 得到 SCARA 机器人各连杆的 D-H 参数表,如表 3.7 所示。

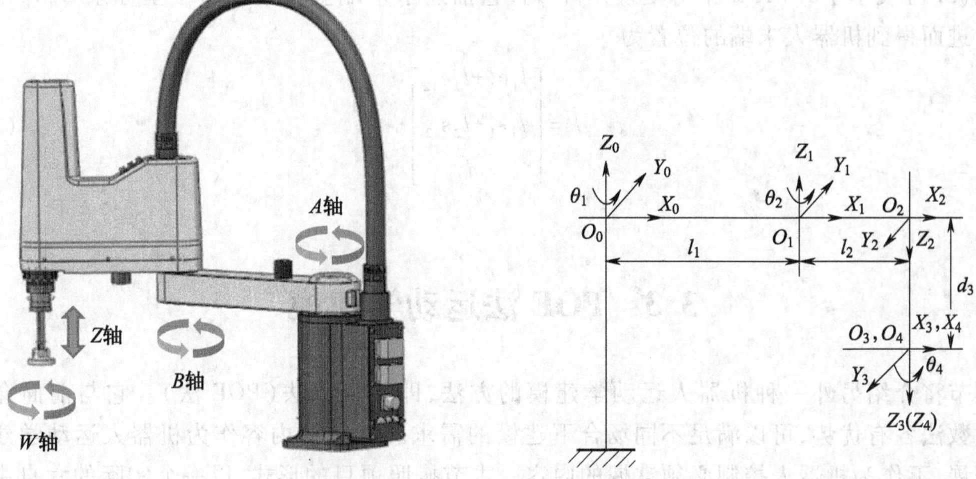

图 3.11 SCARA 机器人及其 D-H 参数法连杆坐标系

表 3.7 SCARA 机器人 D-H 参数表

	θ	d	a	α
坐标系 $O_0X_0Y_0Z_0$→坐标系 $O_1X_1Y_1Z_1$	θ_1	0	l_1	0
坐标系 $O_1X_1Y_1Z_1$→坐标系 $O_2X_2Y_2Z_2$	θ_2	0	l_2	180°
坐标系 $O_2X_2Y_2Z_2$→坐标系 $O_3X_3Y_3Z_3$	0	d_3	0	0
坐标系 $O_3X_3Y_3Z_3$→坐标系 $O_4X_4Y_4Z_4$	θ_4	0	0	0

由式(3.2)可得各连杆的位姿矩阵为

$$
{}^0T_1=\begin{bmatrix} c_1 & -s_1 & 0 & l_1c_1 \\ s_1 & c_1 & 0 & l_1s_1 \\ 0 & 0 & 1 & 0 \\ 0 & 0 & 0 & 1 \end{bmatrix}\quad {}^1T_2=\begin{bmatrix} c_2 & s_2 & 0 & l_2c_2 \\ s_2 & -c_2 & 0 & l_2s_2 \\ 0 & 0 & -1 & 0 \\ 0 & 0 & 0 & 1 \end{bmatrix}
$$

$$
{}^2T_3=\begin{bmatrix} 1 & 0 & 0 & 0 \\ 0 & 1 & 0 & 0 \\ 0 & 0 & 1 & d_3 \\ 0 & 0 & 0 & 1 \end{bmatrix}\quad {}^3T_4=\begin{bmatrix} c_4 & -s_4 & 0 & 0 \\ s_4 & c_4 & 0 & 0 \\ 0 & 0 & 1 & 0 \\ 0 & 0 & 0 & 1 \end{bmatrix} \tag{3.8}
$$

求出 SCARA 机器人各连杆的位姿变换矩阵后,再将各变换矩阵连续右乘就能得到机器人末端的位姿方程(正向运动学方程):

$$
{}^0T_4={}^0T_1\,{}^1T_2\,{}^2T_3\,{}^3T_4
$$

$$
\begin{bmatrix} n_X & o_X & a_X & x_{O_4} \\ n_Y & o_Y & a_Y & y_{O_4} \\ n_Z & o_Z & a_Z & z_{O_4} \\ 0 & 0 & 0 & 1 \end{bmatrix}=\begin{bmatrix} \cos(\theta_1+\theta_2-\theta_4) & \sin(\theta_1+\theta_2-\theta_4) & 0 & l_1c_1+l_2c_{12} \\ \sin(\theta_1+\theta_2-\theta_4) & -\cos(\theta_1+\theta_2-\theta_4) & 0 & l_1s_1+l_2s_{12} \\ 0 & 0 & -1 & -d_3 \\ 0 & 0 & 0 & 1 \end{bmatrix} \tag{3.9}
$$

式(3.9)表示了 SCARA 手臂变换矩阵${}^0T_4$,它描述了末端坐标系相对于坐标系 $O_0X_0Y_0Z_0$ 的位姿。进而得到机器人末端的位置为

$$P=\begin{bmatrix} l_1c_1+l_2c_{12} \\ l_1s_1+l_2s_{12} \\ -d_3 \end{bmatrix} \tag{3.10}$$

3.3　POE 法运动学建模

本节将介绍另外一种机器人运动学建模的方法,即指数积法(POE 法)。它与前面介绍的 D-H参数法各有优势,可以满足不同场合下建模的需求。本节的内容作为机器人运动学建模学习的拓展,不作为机器人控制必须掌握的内容。本节按照项目的形式,以一个实际的六自由度机器人为例说明 POE 法建模的过程。

3.3.1　POE 法运动学建模的步骤

任意的刚体运动都可以通过螺旋运动,即绕某一轴转动和沿该轴平移的复合运动来实现。螺旋运动的无穷小量称为运动旋量。

已知机器人的工具坐标系 T,定义 n 自由度的开链机器人,关节变量 $\theta=(\theta_1,\theta_2,\cdots,\theta_n)^T$,$T\in Q$($Q$ 为机器人的关节空间),位型为 $g_{st}^T(\theta)\in SE(3)$,其中,下脚 s 和 t 分别表示固定坐标系和末端坐标系的编号 ,$SE(3)$表示李群,$SE(3)=\left\{A \mid A=\begin{bmatrix} R & r \\ 0_{1\times 3} & 1 \end{bmatrix}, R\in \mathcal{R}^{3\times 3}, r\in \mathcal{R}^3, R^\mathrm{T}R, RR^\mathrm{T}=1, |R|=1\right\}$。初始位型为 $g_{st}^T(0)$。当给定一组关节变量 θ 时,要确定工具坐标系相对于固定坐标系的位型。从经典理论角度来看,机器人的运动学正解映射可以通过将由各关节引起的刚体运动加以组合来构成,定义 $g_{l_{i-1}l_i}(\theta_i)$为相邻关节坐标系间的变换,则总的正解映射可以表示成指数积公式形式:

$$g_{st}(\theta)=g_{sl_1}(\theta_1)g_{l_1l_2}(\theta_2)\cdots g_{l_{n-1}l_n}(\theta_n)g_{l_nt} \tag{3.11}$$

式(3.11)是用相邻关节坐标系的相对变换表示的开链机器人运动学正解的一般公式。

对于每个关节,构造一个运动旋量 ξ_i,它对应于除关节 i 外所有其他关节均固定于 $\theta_j=0$ 位置时关节 i 的旋量运动。对于常见的转动关节,运动旋量 ξ_i 具有以下形式:

$$\xi_i=\begin{bmatrix} -\omega_i\times r_i \\ \omega_i \end{bmatrix} \tag{3.12}$$

其中,$\omega_i\in\mathcal{R}^3$ 是运动旋量轴线方向上的单位矢量,$r_i\in\mathcal{R}^3$ 为轴线上的任一点。

对于移动关节,运动旋量 ξ_i 具有以下形式:

$$\xi_i=\begin{bmatrix} v_i \\ \omega_i \end{bmatrix}$$

其中,v_i 为移动方向的单位矢量。

将各关节的运动加以组合,即得运动学正解映射 $g_{st}:Q\rightarrow SE(3)$如下:

$$g_{st}(\theta)=e^{\hat{\xi}_1\theta_1}e^{\hat{\xi}_2\theta_2}\cdots e^{\hat{\xi}_n\theta_n}g_{st}(0) \tag{3.13}$$

其中$\hat{\xi}$的计算公式如下：

$$\hat{\xi}=\begin{bmatrix}[\omega_i] & v_i \\ 0 & 1\end{bmatrix} \tag{3.14}$$

式(3.14)中$[\omega_i]$是ω_i的反对称矩阵，$\omega=[\omega_1 \quad \omega_2 \quad \omega_3]^{\mathrm{T}}$，则其反对称矩阵为

$$[\omega]=\begin{bmatrix}0 & -\omega_3 & \omega_2 \\ \omega_3 & 0 & -\omega_1 \\ -\omega_2 & \omega_1 & 0\end{bmatrix} \tag{3.15}$$

3.3.2 案例 采用 POE 法对 Phantom Premium 机器人进行运动学建模分析

Phantom Premium 机器人(图 3.12)属于六自由度力反馈设备，有 6 个旋转关节，可以提供X、Y、Z轴方向的力反馈，也可以提供三个转动方向的模拟转矩力反馈。机器人后三个关节是一个球形腕结构，理论上末端执行器能够达到机器人工作空间的任意位姿。

首先建立固定坐标系，然后确定主端 Phantom Premium 机器人中各个关节的运动旋量方向、旋量上任意一点的位置以及机器人的初始构型，最后建立的坐标系如图 3.13 所示，其中，$a_1=0.215$ m，$a_2=0.19$ m，$a_3=0.025$ m，$a_4=0.07$ m。

图 3.12 Phantom Premium 机器人

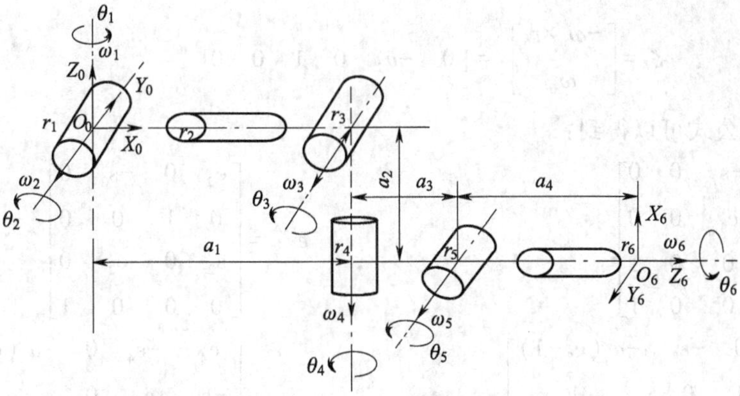

图 3.13 Phantom Premium 机器人坐标系示意图

末端工具坐标系的初始位型选定为

$$g_{st}(0)=\begin{bmatrix}0 & 0 & 1 & a_1+a_3+a_4 \\ 0 & -1 & 0 & 0 \\ 1 & 0 & 0 & -a_2 \\ 0 & 0 & 0 & 1\end{bmatrix} \tag{3.16}$$

运动旋量轴线方向上的单位矢量和轴线上的任一点坐标如下：

$$
\begin{aligned}
&\omega_1=[0\quad 0\quad 1]^{\mathrm{T}} && r_1=[0\quad 0\quad 0]^{\mathrm{T}}\\
&\omega_2=[0\quad -1\quad 0]^{\mathrm{T}} && r_2=[0\quad 0\quad 0]^{\mathrm{T}}\\
&\omega_3=[0\quad -1\quad 0]^{\mathrm{T}} && r_3=[a_1\quad 0\quad 0]^{\mathrm{T}}\\
&\omega_4=[0\quad 0\quad -1]^{\mathrm{T}} && r_4=[a_1\quad 0\quad -a_2]^{\mathrm{T}}\\
&\omega_5=[0\quad -1\quad 0]^{\mathrm{T}} && r_5=[a_1+a_3\quad 0\quad -a_2]^{\mathrm{T}}\\
&\omega_6=[1\quad 0\quad 0]^{\mathrm{T}} && r_6=[a_1+a_3+a_4\quad 0\quad -a_2]^{\mathrm{T}}
\end{aligned}
\tag{3.17}
$$

各个关节的运动旋量可以通过计算求得：

$$
\begin{aligned}
&\xi_1=\begin{bmatrix}-\omega_1\times r_1\\ \omega_1\end{bmatrix}^{\mathrm{T}}=[0\quad 0\quad 0\quad 0\quad 0\quad 1]\\
&\xi_2=\begin{bmatrix}-\omega_2\times r_2\\ \omega_2\end{bmatrix}^{\mathrm{T}}=[0\quad 0\quad 0\quad 0\quad -1\quad 0]\\
&\xi_3=\begin{bmatrix}-\omega_3\times r_3\\ \omega_3\end{bmatrix}^{\mathrm{T}}=[0\quad 0\quad -a_1\quad 0\quad -1\quad 0]\\
&\xi_4=\begin{bmatrix}-\omega_4\times r_4\\ \omega_4\end{bmatrix}^{\mathrm{T}}=[0\quad a_1\quad 0\quad 0\quad 0\quad -1]\\
&\xi_5=\begin{bmatrix}-\omega_5\times r_5\\ \omega_5\end{bmatrix}^{\mathrm{T}}=[-a_2\quad 0\quad -(a_1+a_3)\quad 0\quad -1\quad 0]\\
&\xi_6=\begin{bmatrix}-\omega_6\times r_6\\ \omega_6\end{bmatrix}^{\mathrm{T}}=[0\quad -a_2\quad 0\quad 1\quad 0\quad 0]
\end{aligned}
\tag{3.18}
$$

根据指数积公式可以得到：

$$
\begin{aligned}
&e^{\hat{\xi}_1\theta_1}=\begin{bmatrix}c_1 & -s_1 & 0 & 0\\ s_1 & c_1 & 0 & 0\\ 0 & 0 & 0 & 1\\ 0 & 0 & 0 & 1\end{bmatrix}
\qquad
e^{\hat{\xi}_2\theta_2}=\begin{bmatrix}c_2 & 0 & -s_2 & 0\\ 0 & 1 & 0 & 0\\ s_2 & 0 & c_2 & 0\\ 0 & 0 & 0 & 1\end{bmatrix}\\
&e^{\hat{\xi}_3\theta_3}=\begin{bmatrix}c_3 & 0 & -s_3 & -a_1(c_3-1)\\ 0 & 1 & 0 & 0\\ s_3 & 0 & c_3 & -a_1 s_3\\ 0 & 0 & 0 & 1\end{bmatrix}
\qquad
e^{\hat{\xi}_4\theta_4}=\begin{bmatrix}c_4 & -s_4 & 0 & -a_1(c_4-1)\\ -s_4 & c_4 & 0 & a_1 s_4\\ 0 & 0 & 1 & 0\\ 0 & 0 & 0 & 1\end{bmatrix}\\
&e^{\hat{\xi}_5\theta_5}=\begin{bmatrix}c_5 & 0 & -s_5 & -a_2 s_5-(a_1+a_3)(c_3-1)\\ 0 & 1 & 0 & 0\\ s_5 & 0 & c_5 & a_2(c_5-1)-(a_1+a_3)s_5\\ 0 & 0 & 0 & 1\end{bmatrix}
\qquad
e^{\hat{\xi}_6\theta_6}=\begin{bmatrix}1 & 0 & 0 & 0\\ 0 & c_6 & -s_6 & -a_2 s_6\\ 0 & s_6 & c_6 & a_2(c_6-1)\\ 0 & 0 & 0 & 1\end{bmatrix}
\end{aligned}
\tag{3.19}
$$

将式(3.19)和式(3.16)代入到式(3.13)中,得到运动学的正解为

$$g_{st}(\theta)=e^{\hat{\xi}_1\theta_1}e^{\hat{\xi}_2\theta_2}e^{\hat{\xi}_3\theta_3}e^{\hat{\xi}_4\theta_4}e^{\hat{\xi}_5\theta_5}e^{\hat{\xi}_6\theta_6}g_{st}(0)=\begin{bmatrix} R(\theta) & P(\theta) \\ 0 & 1 \end{bmatrix} \tag{3.20}$$

记:

$$R(\theta)=\begin{bmatrix} n_X & o_X & a_X \\ n_Y & o_Y & a_Y \\ n_Z & o_Z & a_Z \end{bmatrix} \qquad P(\theta)=\begin{bmatrix} p_X \\ p_Y \\ p_Z \end{bmatrix} \tag{3.21}$$

其中式(3.21)中的各个元素表达式如下:

$$\begin{aligned}
n_X &= s_6(c_4s_1-c_1c_{23}s_4)-c_6[s_5(s_1s_4+c_1c_4c_{23})+c_1c_5s_{23}] \\
n_Y &= c_6[s_5(c_1s_4-c_4c_{23}s_1)-c_5s_1s_{23}]-s_6(c_1c_4+c_{23}s_1s_4) \\
n_Z &= c_6(c_5c_{23}-c_4s_5s_{23})-s_4s_6s_{23} \\
o_X &= c_6(c_4s_1-c_1c_{23}s_4)+s_6[s_5(s_1s_4+c_1c_4c_{23})+c_1c_5s_{23}] \\
o_Y &= -c_6(c_1c_4+c_{23}s_1s_4)-s_6[s_5(c_1s_4-c_4c_{23}s_1)-c_5s_1s_{23}] \\
o_Z &= -s_6(c_5c_{23}-c_4s_5s_{23})-c_6s_4s_{23} \\
a_X &= c_5(s_1s_4+c_1c_4c_{23})-c_1s_5s_{23} \\
a_Y &= -c_5(c_1s_4-c_4c_{23}s_1)-s_1s_5s_{23} \\
a_Z &= c_{23}s_5+c_4c_5s_{23} \\
p_X &= a_3c_4c_1c_{23}-a_4s_5c_1s_{23}+a_4c_5(c_4c_1c_{23}+s_1s_4)+c_1c_2a_1+s_1s_4a_3+c_1c_2s_3a_2+c_1c_3s_2a_2 \\
p_Y &= a_3c_4s_1c_{23}-a_4s_5s_1s_{23}+a_4c_5(c_4s_1c_{23}-c_1s_4)+s_1c_2a_1-c_1s_4a_3+s_1c_2s_3a_2+s_1c_3s_2a_2 \\
p_Z &= a_1s_2+a_3c_4s_{23}+a_4s_5c_{23}-a_2c_2c_3+a_2s_2s_3+a_4c_4c_5s_{23}
\end{aligned} \tag{3.22}$$

POE 法实际上是对经典旋量理论给出了一个现代的解释,其优点在于定义机器人运动旋量的方法,与机器人构型无关,在运动学分析的过程中只需知道关节旋转轴的轴矢量。相对于用 D-H 参数法进行正向运动学建模,POE 法只需要固定坐标系和工具坐标系两个坐标系,使得对机器人的描述简单化,可以对刚体进行全局性的描述。

3.4 D-H 参数法和 POE 法对机器人运动学建模的比较

虽然 D-H 参数法已经广泛用于机器人的运动学建模和分析,并已成为解决该问题的标准方法,但它在技术上仍存在着根本的缺陷,很多研究者试图通过改进 D-H 参数法来解决这个问题,其根本的问题在于,由于所有的运动都是关于 X 和 Z 轴的,而无法表示关于 Y 轴的运动,因此只要有任何关于 Y 轴的运动,此方法就不适用。很多时候会发生以下情况:例如假设原本应该平行的两个关节轴在安装时有一点小的偏差,由于两轴之间存在小的夹角,因此需要沿 Y 轴运动。由于所有实际的工业机器人在其制造过程中都存在一定的误差,所以该误差不能通过 D-H 参数法来建模。

从上述两节中,可以发现采用 POE 法计算机器人的正向运动学相比 D-H 参数法简便,只需

要建立一个全局坐标系即可,从而避免在机器人的每一个关节处建立坐标系。但是也可以发现 POE 法建立的相邻两个连杆之间的变换矩阵要比 D-H 参数法更复杂。但 D-H 参数法不仅需要确定每一个关节和每一个连杆的坐标轴的位置和方向,还要确定其 4 个参数($\theta_i, d_i, a_i, \alpha_i$),而建立的机器人运动学参数都是关于 X 轴和 Z 轴的,无法表示 Y 轴的运动。另外采用 D-H 参数法还需要对每一个关节建立相应的坐标系,因此存在着一定的局限性。

3.5　机器人逆向运动学

3.5.1　机器人运动学方程的逆解

当机器人末端执行器的位置和姿态给定时,如何根据连杆参数求出各关节变量,这就是求解机器人逆向运动学问题,也称为机器人运动学方程的逆解。在求逆解过程中根据两端矩阵元素应相等的原理,可得一组多变量的三角函数方程。求解这些运动参数,需解一组非线性超越函数方程。求解方法有以下三种:代数法、几何法和数值法。前两类方法是基于给出的封闭解,它们适用于存在封闭逆解的机器人。关于机器人是否存在封闭逆解,对一般具有 3~6 个关节的机器人,有以下充分条件:① 有 3 个相邻关节轴交于一点;② 有 3 个相邻关节轴相互平行。只要满足上述一个条件,就存在封闭逆解。如机器人“PUMA”就满足第一个条件。数值法只给出一组数值解,无须满足上述条件,是一种通用的逆问题求解方法,但计算工作量大,目前尚难满足实时控制的要求。

下面介绍代数法中的递推逆变换法。

将一组逆矩阵${}^0T_1^{-1}, {}^1T_2^{-1}, {}^2T_3^{-1}$,…连续左乘,可得若干矩阵方程,每个矩阵有 12 个方程式。在这些关系式中可选择只包含一个或两个待求运动参数的关系式,然后递推求解,一般递推过程不一定全部做完,就可利用等式两端矩阵中所包含对应元素相等的关系式,求得所需的全部待求运动参数。

3.5.2　案例 1　PUMA-560 机器人逆向运动学分析

下面以 PUMA-560 机器人为例说明递推逆变换法。

在 3.2.8 节中得出了 PUMA-560 机器人各变换矩阵如下:

$$
{}^0T_1=\begin{bmatrix} c_1 & -s_1 & 0 & 0 \\ s_1 & c_1 & 0 & 0 \\ 0 & 0 & 1 & 0 \\ 0 & 0 & 0 & 1 \end{bmatrix} \qquad
{}^1T_2=\begin{bmatrix} c_2 & -s_2 & 0 & 0 \\ 0 & 0 & 1 & d_2 \\ -s_2 & -c_2 & 0 & 0 \\ 0 & 0 & 0 & 1 \end{bmatrix}
$$

$$
{}^2T_3=\begin{bmatrix} c_3 & -s_3 & 0 & a_2 \\ s_3 & c_3 & 0 & 0 \\ 0 & 0 & 1 & 0 \\ 0 & 0 & 0 & 1 \end{bmatrix} \qquad
{}^3T_4=\begin{bmatrix} c_4 & -s_4 & 0 & a_3 \\ 0 & 0 & 1 & d_4 \\ -s_4 & -c_4 & 0 & 0 \\ 0 & 0 & 0 & 1 \end{bmatrix}
$$

$$
{}^4T_5=\begin{bmatrix} c_5 & -s_5 & 0 & 0 \\ 0 & 0 & -1 & 0 \\ s_5 & c_5 & 0 & 0 \\ 0 & 0 & 0 & 1 \end{bmatrix} \qquad {}^5T_6=\begin{bmatrix} c_6 & -s_6 & 0 & 0 \\ 0 & 0 & 1 & 0 \\ -s_6 & -c_6 & 0 & 0 \\ 0 & 0 & 0 & 1 \end{bmatrix}
$$

$$
{}^0T_6={}^0T_1\ {}^1T_2\ {}^2T_3\ {}^3T_4\ {}^4T_5\ {}^5T_6=\begin{bmatrix} n_X & o_X & a_X & p_X \\ n_Y & o_Y & a_Y & p_Y \\ n_Z & o_Z & a_Z & p_Z \\ 0 & 0 & 0 & 1 \end{bmatrix} \tag{3.23}
$$

${}^0T_6$ 中的 12 个有效元素如下：

$$
\begin{aligned}
n_X&=c_1[c_{23}(c_4c_5c_6-s_4s_6)-s_{23}s_5c_6]+s_1(s_4c_5c_6+c_4s_6)\\
n_Y&=s_1[c_{23}(c_4c_5c_6-s_4s_6)-s_{23}s_5c_6]-c_1(s_4c_5c_6+c_4s_6)\\
n_Z&=-s_{23}(c_4c_5c_6-s_4s_6)-c_{23}s_5c_6\\
o_X&=c_1[-c_{23}(c_4c_5s_6+s_4c_6)-s_{23}s_5c_6]+s_1(-s_4c_5s_6+c_4c_6)\\
o_Y&=s_1[-c_{23}(c_4c_5s_6+s_4c_6)-s_{23}s_5c_6]-c_1(-s_4c_5c_6+c_4c_6)\\
o_Z&=s_{23}(c_4c_5s_6+s_4c_6)+c_{23}s_5s_6\\
a_X&=-c_1(c_{23}c_4s_5+s_{23}c_5)-s_1s_4s_5\\
a_Y&=-s_1(c_{23}c_4s_5+s_{23}c_5)+c_1s_4s_5\\
a_Z&=s_{23}c_4s_5-c_{23}c_5\\
p_X&=c_1(a_2c_2+a_3c_{23}-d_4s_{23})-d_2s_1\\
p_Y&=s_1(a_2c_2+a_3c_{23}-d_4s_{23})-d_2c_1\\
p_Z&=-a_3s_{23}-a_2s_2-d_4c_{23}
\end{aligned}
$$

为便于逆向求解，预先计算以下中间矩阵：

$$
{}^4T_6={}^4T_5\ {}^5T_6=\begin{bmatrix} c_5c_6 & -c_5s_6 & -s_5 & 0 \\ s_6 & c_6 & 0 & 0 \\ s_5c_6 & s_5s_6 & c_5 & 0 \\ 0 & 0 & 0 & 1 \end{bmatrix}
$$

$$
{}^3T_6={}^3T_4\ {}^4T_6=\begin{bmatrix} c_4c_5c_6 & -c_4c_5c_6-s_4s_6 & -c_4s_5 & a_3 \\ s_5c_6 & -s_5s_6 & c_5 & d_4 \\ -s_4c_5c_6-c_4s_6 & s_4c_5s_6-c_4c_6 & s_4s_5 & 0 \\ 0 & 0 & 0 & 1 \end{bmatrix}
$$

$$
{}^1T_3={}^1T_2\ {}^2T_3=\begin{bmatrix} c_{23} & -s_{23} & 0 & a_2c_2 \\ 0 & 0 & 1 & d_2 \\ -s_{23} & -c_{23} & 0 & -a_2s_2 \\ 0 & 0 & 0 & 1 \end{bmatrix}
$$

$$
{}^1T_6={}^1T_3\,{}^3T_6=\begin{bmatrix} {}^1n_X & {}^1o_X & {}^1a_X & {}^1p_X \\ {}^1n_Y & {}^1o_Y & {}^1a_Y & {}^1p_Y \\ {}^1n_Z & {}^1o_Z & {}^1a_Z & {}^1p_Z \\ 0 & 0 & 0 & 1 \end{bmatrix}
$$

${}^1T_6$ 中的 12 个有效元素如下：

$$
\begin{aligned}
&{}^1n_X=c_{23}(c_4c_5c_6-s_4s_6)-s_{23}s_5c_6\\
&{}^1n_Y=-c_1(s_4c_5c_6+c_4s_6)\\
&{}^1n_Z=-s_{23}(c_4c_5c_6-s_4s_6)-c_{23}s_5c_6\\
&{}^1o_X=-c_{23}(c_4c_5s_6+s_4c_6)-s_{23}s_5c_6\\
&{}^1o_Y=s_4c_5c_6-c_4c_6\\
&{}^1o_Z=s_{23}(c_4c_5s_6+s_4c_6)+c_{23}s_5s_6\\
&{}^1a_X=-(c_{23}c_4s_5+s_{23}c_5)\\
&{}^1a_Y=s_4s_5\\
&{}^1a_Z=s_{23}c_4s_5-c_{23}c_5\\
&{}^1p_X=a_2c_2+a_3c_{23}-d_4s_{23}\\
&{}^1p_Y=d_2\\
&{}^1p_Z=-a_3s_{23}-a_2s_2-d_4c_{23}
\end{aligned}
$$

1）求 θ_1：用 ${}^0T_1$ 的逆矩阵左乘(3.23)两边：

$$
{}^0T_1{}^{-1}=\begin{bmatrix} c_1 & -s_1 & 0 & 0 \\ s_1 & c_1 & 0 & 0 \\ 0 & 0 & 1 & 0 \\ 0 & 0 & 0 & 1 \end{bmatrix}^{-1}
$$

$$
\begin{aligned}
{}^0T_1{}^{-1}\,{}^0T_1\,{}^1T_2\,{}^2T_3\,{}^3T_4\,{}^4T_5\,{}^5T_6={}^1T_6&\begin{bmatrix} c_1 & -s_1 & 0 & 0 \\ s_1 & c_1 & 0 & 0 \\ 0 & 0 & 1 & 0 \\ 0 & 0 & 0 & 1 \end{bmatrix}^{-1}\begin{bmatrix} n_X & o_X & a_X & p_X \\ n_Y & o_Y & a_Y & p_Y \\ n_Z & o_Z & a_Z & p_Z \\ 0 & 0 & 0 & 1 \end{bmatrix}\\
&=\begin{bmatrix} c_1n_X+s_1n_Y & c_1o_X+s_1o_Y & c_1a_X+s_1a_Y & c_1p_X+s_1p_Y \\ -s_1n_X+c_1n_Y & -s_1o_X+c_1o_Y & -s_1a_X+c_1a_Y & -s_1p_X+c_1p_Y \\ n_Z & o_Z & a_Z & p_Z \\ 0 & 0 & 0 & 1 \end{bmatrix}\\
&=\begin{bmatrix} {}^1n_X & {}^1o_X & {}^1a_X & {}^1p_X \\ {}^1n_Y & {}^1o_Y & {}^1a_Y & {}^1p_Y \\ {}^1n_Z & {}^1o_Z & {}^1a_Z & {}^1p_Z \\ 0 & 0 & 0 & 1 \end{bmatrix}
\end{aligned}
\tag{3.24}
$$

令上式第四列的前三行元素分别对应相等为

$$c_1 p_X + s_1 p_Y = -d_4 s_{23} + a_3 c_{23} + a_2 c_2 \tag{3.25}$$

$$-s_1 p_X + c_1 p_Y = d_2 \tag{3.26}$$

$$-p_Z = d_4 c_{23} + a_3 s_{23} + a_2 s_2 \tag{3.27}$$

在逆矩阵 12 个对应的元素等式中寻找到只含有一个待求运动参数 θ_1 的方程是上述三个等式中的中间一个，对其作三角变换，令 $p_X = r\cos\varphi$，$p_Y = r\sin\varphi$，则有 $r = \sqrt{p_X^2 + p_Y^2}$，$\varphi = \arctan\left(\dfrac{p_Y}{p_X}\right)$，代入等式中，则有 $c_1\sin\varphi - s_1\cos\varphi = d_2/r$，从而可得：

$$\sin(\varphi - \theta_1) = d_2/r$$

$$\cos(\varphi - \theta_1) = \pm\sqrt{1 - \left(\frac{d_2}{r}\right)^2}$$

所以，

$$\theta_1 = \arctan\left(\frac{p_Y}{p_X}\right) - \arctan\left(d_2 / \pm\sqrt{p_X^2 + p_Y^2 - d_2^2}\right) \tag{3.28}$$

θ_1 有两个解 θ_1^1 和 θ_1^2，$p_Y>0$ 时，末端执行器处于机器人右肩；$p_Y<0$ 时则处于左肩。

2）求 θ_3：求得 θ_1 后将式(3.25)～式(3.27)分别平方后相加并处理，得

$$-d_4 s_3 + a_3 c_3 = = \left[p_X^2 + p_Y^2 + p_Z^2 - d_2^2 - d_4^2 - a_2^2 - a_3^2\right] / (2a_2) \tag{3.29}$$

上式右端为已知量，将其整理后可得：

$$\theta_3 = \arctan\left(\frac{a_3}{d_4}\right) - \arctan\left(k / \pm\sqrt{a_3^2 + d_4^2 - k^2}\right) \tag{3.30}$$

θ_3 角也有两个可能的解，式中取正号时，对应肘向上姿态；取负号时，对应肘向下姿态。

3）求 θ_2：式(3.23)两端左乘 ${}^0T_3^{-1}$：

$${}^2T_3^{-1}\,{}^1T_2^{-1}\,{}^0T_1^{-1}\,{}^0T_6 = {}^3T_4\,{}^4T_5\,{}^5T_6$$

$$\begin{bmatrix} c_1c_{23} & s_1c_{23} & -s_{23} & -a_2c_3 \\ -c_1s_{23} & -s_1s_{23} & -c_{23} & a_2s_3 \\ -s_1 & c_1 & 0 & -d_2 \\ 0 & 0 & 0 & 1 \end{bmatrix} \begin{bmatrix} n_X & o_X & a_X & p_X \\ n_Y & o_Y & a_Y & p_Y \\ n_Z & o_Z & a_Z & p_Z \\ 0 & 0 & 0 & 1 \end{bmatrix}$$

$$= \begin{bmatrix} c_4c_5c_6 & -c_4c_5c_6 - s_4s_6 & -c_4s_5 & a_3 \\ s_5c_6 & -s_5s_6 & c_5 & d_4 \\ -s_4c_5c_6 - c_4s_6 & s_4c_5s_6 - c_4c_6 & s_4s_5 & 0 \\ 0 & 0 & 0 & 1 \end{bmatrix} \tag{3.31}$$

上式经矩阵连乘运算，得第四列的前两行元素分别对应相等：

$$p_X c_1 c_{23} + p_Y s_1 c_{23} - p_Z s_{23} - a_2 c_3 = a_3 \tag{3.32}$$

$$-p_X c_1 s_{23} - p_Y s_1 s_{23} - p_Z c_{23} + a_2 s_3 = d_4 \tag{3.33}$$

将式(3.32)与式(3.33)联立求解 s_{23}、c_{23}，令 $c_1 p_X + s_1 p_Y = A$，得

$$s_{23} = \left[A(-d_4 + a_2 s_3) - p_Z(a_3 + a_2 c_3)\right] / (p_Z^2 + A^2) = U \tag{3.34}$$

$$c_{23} = \left[A(a_3 + a_2 c_3) + p_Z(-d_4 + a_2 s_3)\right] / (p_Z^2 + A^2) = V \tag{3.35}$$

$$\theta_2=\arctan(U/V)-\theta_3 \tag{3.36}$$

4）求 θ_4：式(3.31)中，第三列的第一、三行元素分别对应相等：

$$-c_4s_5=a_Xc_1c_{23}+a_Ys_1c_{23}-a_Zs_{23} \tag{3.37}$$

$$s_4s_5=-a_Xs_1+a_Yc_1 \tag{3.38}$$

若 $s_5\neq0$，可求得

$$\theta_4=\arctan\left(\frac{-a_Xs_1+a_Yc_1}{-a_Xc_1c_{23}-a_Ys_1c_{23}+a_Zs_{23}}\right) \tag{3.39}$$

当 $s_5=0$ 时，此时机器人处于奇异位型，关节 4 和关节 6 在同一直线上。在这种情况下，所有的结果都是 θ_4 和 θ_6 的和或者差。在这种情况下，如果式(3.39)中 arctan 的两个变量都趋近于零，那么 θ_4 可以选取任意的值。但是在实际的应用中，为了保证机器人运动的连续性，一般会选关节 4 的当前值作为 θ_4 的解。

5）求 θ_5：式(3.23)两端左乘 ${}^0T_4^{-1}$：

$${}^0T_4^{-1}=\begin{bmatrix} c_1c_{23}c_4+s_1s_4 & s_1c_{23}c_4-c_1c_4 & -s_{23}c_4 & -a_2c_3c_4+d_2s_4-a_3c_4 \\ -c_1c_{23}s_4+s_1c_4 & -s_1c_{23}s_4-c_1c_4 & s_{23}c_4 & a_2c_3s_4+d_2c_4+a_3s_4 \\ -c_1s_{23} & -s_1s_{23} & -c_{23} & a_2s_3-d_4 \\ 0 & 0 & 0 & 1 \end{bmatrix}$$

$${}^0T_1^{-1}\ {}^1T_2^{-1}\ {}^2T_3^{-1}\ {}^3T_4^{-1}\ {}^0T_6$$

$$={}^4T_5\ {}^5T_6\begin{bmatrix} c_1c_{23}c_4+s_1s_4 & s_1c_{23}c_4-c_1c_4 & -s_{23}c_4 & -a_2c_3c_4+d_2s_4-a_3c_4 \\ -c_1c_{23}s_4+s_1c_4 & -s_1c_{23}s_4-c_1c_4 & s_{23}c_4 & a_2c_3s_4+d_2c_4+a_3s_4 \\ -c_1s_{23} & -s_1s_{23} & -c_{23} & a_2s_3-d_4 \\ 0 & 0 & 0 & 1 \end{bmatrix}\begin{bmatrix} n_X & o_X & a_X & p_X \\ n_Y & o_Y & a_Y & p_Y \\ n_Z & o_Z & a_Z & p_Z \\ 0 & 0 & 0 & 1 \end{bmatrix}$$

$$=\begin{bmatrix} c_5c_6 & -c_5s_6 & -s_5 & 0 \\ s_6 & c_6 & 0 & 0 \\ s_5c_6 & s_5s_6 & c_5 & 0 \\ 0 & 0 & 0 & 1 \end{bmatrix}$$

令第三行的第一、三行元素分别对应相等，可得

$$-s_5=a_X(c_1c_{23}s_4+s_1s_4)+a_Y(s_1c_{23}c_4-c_1s_4)-a_Z(s_{23}c_4) \tag{3.40}$$

$$c_5=a_X(-c_1c_{23})+a_Y(-s_1s_{23})+a_Z(-c_{23}) \tag{3.41}$$

联立式(3.36)与式(3.37)得

$$\theta_5=\arctan(s_5/c_5) \tag{3.42}$$

同理：

$${}^0T_1^{-1}\ {}^1T_2^{-1}\ {}^2T_3^{-1}\ {}^3T_4^{-1}\ {}^4T_5^{-1}\ {}^0T_6={}^5T_6$$

$$s_6=-n_X(c_1c_{23}s_4-s_1c_4)-n_Y(s_1c_{23}s_4+c_1c_4)+n_Z(s_{23}s_4)$$

$$c_6=n_X[(c_1c_{23}c_4+s_1s_4)c_5-c_1s_{23}s_4]+n_Y[(s_1c_{23}c_4-c_1s_4)c_5-s_1s_{23}s_5]-n_Z(s_{23}c_4c_5+c_{23}s_4)$$

$$\theta_6=\arctan(s_6/c_6) \tag{3.43}$$

以下为关于解的讨论。

由求 $\theta_1,\theta_2,\cdots,\theta_6$ 的各个关系式中可看出，只有 θ_1、θ_2、θ_3 三个关系式中有 p_X、p_Y、p_Z，在 θ_4、

θ_5、θ_6三个关系式中才有n_X、n_Y、n_Z。所以，对六关节机器人，当后三个关节轴线（Z 轴）交于一点时，前三个关节角度决定了机械接口坐标原点O_6在空间的位置，因此前三个关节连同杆件称为位置机构；后三个关节角度决定了机械接口坐标系的姿态，后三个关节连同杆件称为姿态机构。

由 PUMA-560 机器人求逆解可知，机器人操作机运动学逆问题的解存在多解的可能。PUMA 机器人达到同一位姿有 8 种可能的解。因为 θ_1、θ_3的解分别有正、负号，这样就有 4 组解，如图 3.14a 所示。图 3.14a 中左右两列表示手臂相对于机座可形成臂在左和在右两种姿态；上下两行表示的是肘部向上和肘部向下两种姿态。对于图 3.14a 中的每一种解，其末端位姿都是一样的，但是腕部关节却存在另外一种构型。两种腕部的构型如图 3.14b 所示。

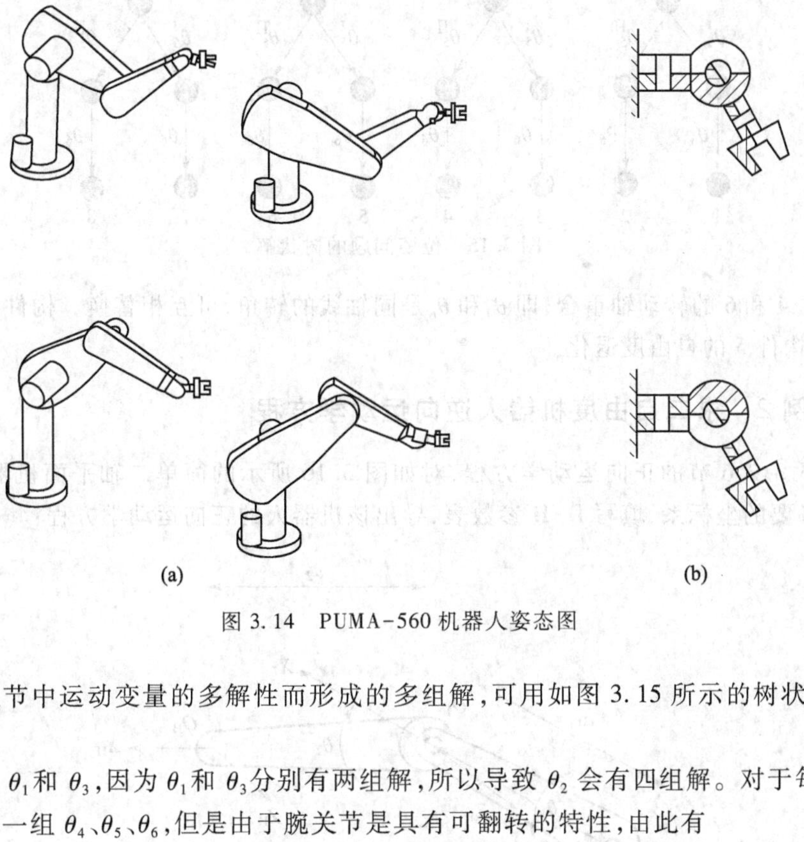

图 3.14　PUMA-560 机器人姿态图

对于各关节中运动变量的多解性而形成的多组解，可用如图 3.15 所示的树状图线来表示，称为树状解。

首先计算 θ_1和 θ_3，因为 θ_1和 θ_3分别有两组解，所以导致 θ_2 会有四组解。对于每一组解可以得到计算得到一组 θ_4、θ_5、θ_6，但是由于腕关节是具有可翻转的特性，由此有

$$\theta_4' = \theta_4 + 180^\circ$$

$$\theta_5' = -\theta_5$$

$$\theta_6' = \theta_6 + 180^\circ$$

这样就可以得到关于 θ_4、θ_5、θ_6 的另外一组解，因此总共求到八组逆解。

常用的多解判定准则是选择最近解。当末端执行器由前一点位向后一点位运动时，达到后一点位的位姿有多解时，可选择最"接近"前一点的解，即选择关节变量解最靠近前一点的关节变量值。在前面求解后三个关节变量 θ_4、θ_5、θ_6时，曾讨论到 $s_5 \neq 0$ 时可解 θ_4和 θ_6；当 $s_5 = 0$ 时，机器人手臂后三个关节的机构处于退化状态，即只能解出 θ_4与 θ_6之和，且为多值。对于机器人"PUMA"，当

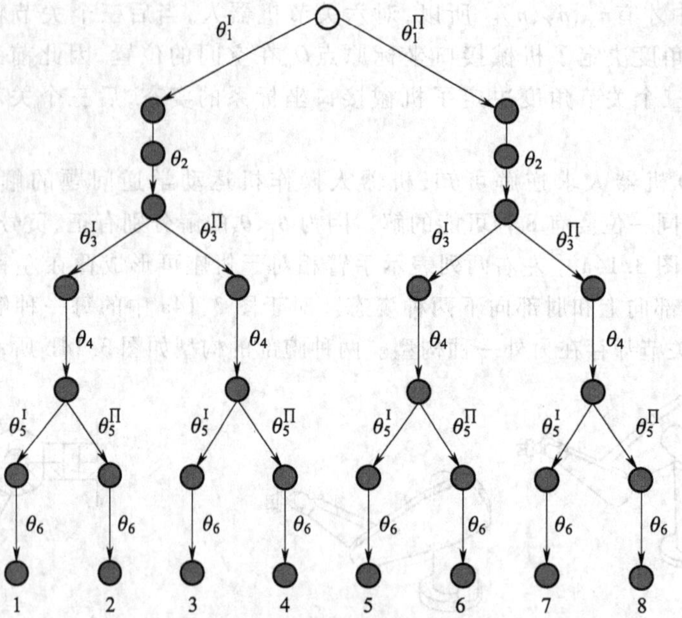

图 3.15 位姿问题的树状解

$\theta_5=0$ 时,构件 4 和 6 的转动轴重合,即 θ_4 和 θ_6 是同轴线的转角,可互相替换。构件 4 和 6 被“焊”成一个整体,构件 5 的自由度退化。

3.5.3 案例 2 求二自由度机器人逆向运动学方程

回顾一下 3.2.6 节的正向运动学方程,对如图 3.16 所示的简单二轴平面机器人采用 D-H 参数法建立必要的坐标系,填写 D-H 参数表,导出该机器人的正向运动学方程:

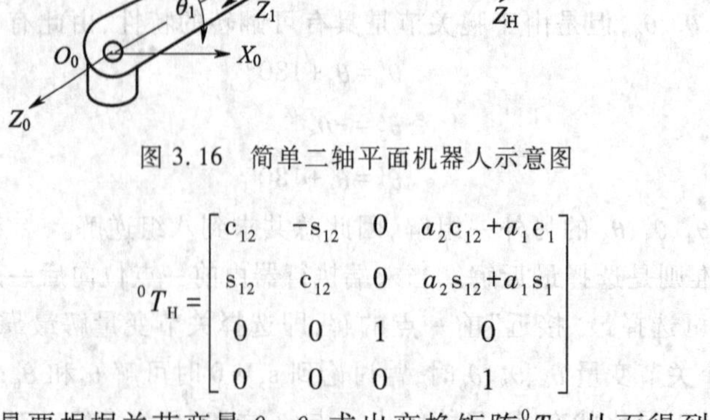

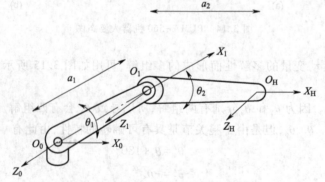

图 3.16 简单二轴平面机器人示意图

$$
{}^{0}T_{\mathrm{H}}=\begin{bmatrix} c_{12} & -s_{12} & 0 & a_2c_{12}+a_1c_1 \\ s_{12} & c_{12} & 0 & a_2s_{12}+a_1s_1 \\ 0 & 0 & 1 & 0 \\ 0 & 0 & 0 & 1 \end{bmatrix} \tag{3.44}
$$

正向运动学分析是要根据关节变量 θ_1、θ_2 求出变换矩阵 ${}^{0}T_{\mathrm{H}}$,从而得到机器人末端的位姿矩阵。而逆向运动学分析则是已知机器人预期的位姿，求解计算出关节变量 θ_1、θ_2。

在这个案例中，如果设定预期的位姿矩阵为

$$
{}^0T_H=\begin{bmatrix} n_X & o_X & a_X & p_X \\ n_Y & o_Y & a_Y & p_Y \\ n_Z & o_Z & a_Z & p_Z \\ 0 & 0 & 0 & 1 \end{bmatrix}
$$

p_X,p_Y,p_Z——机器人坐标系 $O_HX_HY_HZ_H$ 的原点在坐标系 $O_0X_0Y_0Z_0$ 中的坐标分量；

n_X,n_Y,n_Z——机器人坐标系 $O_HX_HY_HZ_H$ 的 X_H 轴对坐标系 $O_0X_0Y_0Z_0$ 的三个方向余弦；

o_X,o_Y,o_Z——机器人坐标系 $O_HX_HY_HZ_H$ 的 Y_H 轴对坐标系 $O_0X_0Y_0Z_0$ 的三个方向余弦；

a_X,a_Y,a_Z——机器人坐标系 $O_HX_HY_HZ_H$ 的 Z_H 轴对坐标系 $O_0X_0Y_0Z_0$ 的三个方向余弦。

逆向运动学分析就是要根据这个指定的 ${}^0T_H$ 去求解关节角度 θ_1、θ_2。因为本案例只有两个关节，所以该逆向运动学分析相对比较简单，可以用代数法或者未知变量解耦的方法来求解关节角度。为了便于比较，下面给出用两种方法的求解过程。

1）代数法：使式(3.44)两边矩阵的第二行第一列、第一行第一列、第一行第四列和第二行第四列四个分量相等，可得

$$
s_{12}=n_Y \quad 和 \quad c_{12}=n_X\rightarrow\theta_1+\theta_2=\arctan(n_Y/n_X)
$$

$$
a_2c_{12}+a_1c_1=p_X \quad 或 \quad a_2n_X+a_1c_1=p_X\rightarrow c_1=\frac{p_X-a_2n_X}{a_1}
$$

$$
a_2s_{12}+a_1s_1=p_Y \quad 或 \quad a_2n_Y+a_1s_1=p_Y\rightarrow s_1=\frac{p_Y-a_2n_Y}{a_1}
$$

$$
\theta_1=\arctan\frac{s_1}{c_1}=\arctan\left(\frac{p_Y-a_2n_Y}{a_1}\bigg/\frac{p_X-a_2n_X}{a_1}\right)
$$

既然 θ_1 和 $\theta_1+\theta_2$ 已经算出，θ_2 也就可以计算出来。

2）另一种解法：在式(3.44)两边同时乘以 ${}^1T_2^{-1}$，使得 θ_1 从 θ_2 中解耦，得到

$$
{}^0T_1\,{}^1T_2\,{}^1T_2^{-1}=\begin{bmatrix} n_X & o_X & a_X & p_X \\ n_Y & o_Y & a_Y & p_Y \\ n_Z & o_Z & a_Z & p_Z \\ 0 & 0 & 0 & 0 \end{bmatrix}{}^1T_2^{-1}
$$

$$
或 \quad {}^0T_1=\begin{bmatrix} n_X & o_X & a_X & p_X \\ n_Y & o_Y & a_Y & p_Y \\ n_Z & o_Z & a_Z & p_Z \\ 0 & 0 & 0 & 1 \end{bmatrix}{}^1T_2^{-1}
$$

$$
\begin{bmatrix} c_1 & -s_1 & 0 & a_1c_1 \\ s_1 & c_1 & 0 & a_1s_1 \\ 0 & 0 & 1 & 0 \\ 0 & 0 & 0 & 1 \end{bmatrix}=\begin{bmatrix} n_X & o_X & a_X & p_X \\ n_Y & o_Y & a_Y & p_Y \\ n_Z & o_Z & a_Z & p_Z \\ 0 & 0 & 0 & 1 \end{bmatrix}\begin{bmatrix} c_2 & s_2 & 0 & -a_2 \\ -s_2 & c_2 & 0 & 0 \\ 0 & 0 & 1 & 0 \\ 0 & 0 & 0 & 1 \end{bmatrix}
$$

$$\begin{bmatrix} c_1 & -s_1 & 0 & a_1c_1 \\ s_1 & c_1 & 0 & a_1s_1 \\ 0 & 0 & 1 & 0 \\ 0 & 0 & 0 & 1 \end{bmatrix} = \begin{bmatrix} c_2n_X-s_2o_X & s_2n_X+c_2o_X & a_X & p_X-a_2n_X \\ c_2n_Y-s_2o_Y & s_2n_Y+c_2o_Y & a_Y & p_Y-a_2n_Y \\ c_2n_Z-s_2o_Z & s_2n_Z+c_2o_Z & a_Z & p_Z-a_2n_Z \\ 0 & 0 & 0 & 1 \end{bmatrix}$$

根据第一行第四列和第二行第四列矩阵分量相等,可得 $a_1c_1=p_X-a_2n_X$ 和 $a_1s_1=p_Y-a_2n_Y$,它们与用其他方法所得到的结果相同。求得了 s_1 和 c_1,就可求得 s_2 和 c_2 的表达式。

记住,为了正确确定角度所在的象限,只要可能均应求得该角的正弦值和余弦值。

注意到,在正向运动学方程中有许多耦合角度的正弦值或余弦值,如 $\cos(\theta_2+\theta_3+\theta_4)$,这就使得无法从矩阵中提取足够的元素来求解单个正弦值和余弦值。为了使角度解耦,可用未知变量解耦法,即变换矩阵乘以单个变换矩阵 T_n^{-1},使得方程一边不再包括某个角度,于是可以找到给出该角度正弦值和余弦值的元素,并进而求到相应的角度。

3.5.4　案例 3　DENSO 机器人逆向运动学分析

DENSO 机器人如图 3.9 所示。该机器人的逆向运动学分析可以分解为以下两个部分进行:

1) 基于腕部位置求解前三个角度;

2) 基于腕部姿态求解后三个角度。

以下将利用 3.2.9 节中得到的正向运动学公式进行分析,即

$$^0T_6={}^0T_1\,{}^1T_2\,{}^2T_3\,{}^3T_4\,{}^4T_5\,{}^5T_6=\begin{bmatrix} n_X & o_X & a_X & p_X \\ n_Y & o_Y & a_Y & p_Y \\ n_Z & o_Z & a_Z & p_Z \\ 0 & 0 & 0 & 1 \end{bmatrix} \tag{3.45}$$

$$\begin{aligned}
n_X &= -s_6(c_4s_1+s_4c_1c_{23})-c_6[c_5(s_1s_4-c_4c_1c_{23})+s_5c_1s_{23}] \\
n_Y &= s_6(c_1c_4-s_4s_1c_{23})+c_6[c_5(c_1s_4+c_4s_1c_{23})-s_5s_1s_{23}] \\
n_Z &= c_6(s_5c_{23}+c_4c_5s_{23})-s_4s_6s_{23} \\
o_X &= s_6[c_5(s_1s_4-c_4c_1c_{23})+s_5c_1s_{23}]-c_6(c_4s_1+s_4c_1c_{23}) \\
o_Y &= c_6(c_1c_4-s_4s_1c_{23})-s_6[c_5(c_1s_4+c_4s_1c_{23})-s_5s_1s_{23}] \\
o_Z &= -s_6(s_5c_{23}+c_4c_5s_{23})-c_6s_4s_{23} \\
a_X &= s_5(s_1s_4-c_4c_1c_{23})-c_5c_1s_{23} \\
a_Y &= -s_5(c_1s_4+c_4s_1c_{23})-c_5s_1s_{23} \\
a_Z &= c_5c_{23}-c_4s_5s_{23} \\
p_X &= x_{O_6}=d_6[s_5(s_1s_4-c_4c_1c_{23})-c_5c_1s_{23}]-d_4c_1s_{23}-a_2c_1s_2-a_3c_1c_{23} \\
p_Y &= y_{O_6}=-d_6[s_5(c_1s_4+c_4s_1c_{23})+c_5s_1s_{23}]-d_4s_1s_{23}-a_2s_2s_1-a_3s_1c_{23} \\
p_Z &= z_{O_6}=d_1+d_6(c_5c_{23}-c_4s_5s_{23})+d_4c_{23}+a_2c_2-a_3s_{23}
\end{aligned}$$

1. 基于腕部位置求解前三个角度

对式(3.45)右乘逆变换$({}^4T_5{}^5T_6)^{-1}$,重写为下式:

$$\begin{aligned}T\_1\_left &= {}^0T_6({}^4T_5{}^5T_6)^{-1}\\ T\_1\_right &= {}^0T_1{}^1T_2{}^2T_3{}^3T_4\end{aligned}\tag{3.46}$$

根据式(3.46)可以得到式(3.47),其中由于 T_1_left 和 T_1_right 中的旋转矩阵的项数太多,而在求解前三个角度中,不需要用到旋转矩阵,因此这里全部用 * 号代替,以使得表达式简单明了。即式(3.46)中 T_1_left 和 T_1_right 表示为

$$T\_1\_left=\begin{bmatrix} * & * & * & p_X-d_6a_X\\ * & * & * & p_Y-d_6a_Y\\ * & * & * & p_Z-d_6a_Z\\ 0 & 0 & 0 & 1\end{bmatrix}$$

$$T\_1\_right=\begin{bmatrix} * & * & * & c_1[-(a_2s_2+d_4s_{23})-a_3c_{23}]\\ * & * & * & s_1[-(a_2s_2+d_4s_{23})-a_3c_{23}]\\ * & * & * & d_1+(a_2c_2+d_4c_{23})-a_3s_{23}\\ 0 & 0 & 0 & 1\end{bmatrix}\tag{3.47}$$

令

$$T\_1\_left(1,4)=T\_1\_right(1,4)\tag{3.48}$$

$$T\_1\_left(2,4)=T\_1\_right(2,4)\tag{3.49}$$

$$T\_1\_left(3,4)=T\_1\_right(3,4)\tag{3.50}$$

并且对式(3.48)、式(3.49)、式(3.50)的两边平方相加可以得

$$P_1^2+P_2^2+P_3^2=a_2^2+d_4^2+a_3^2+2a_2d_4c_3-2a_2a_3s_3\tag{3.51}$$

其中,

$$\begin{cases}P_1=p_X-d_6a_X\\ P_2=p_Y-d_6a_Y\\ P_3=p_Z-d_6a_Z\end{cases}$$

由式(3.51)可以解出 θ_3:

$$\theta_3=\arctan\frac{A_1}{B_1}\pm\arctan\frac{P_6}{\sqrt{A_1^2+B_1^2-P_6^2}}\tag{3.52}$$

其中:

$$\begin{aligned}A_1&=2a_2d_4\\ B_1&=2a_2a_3\\ P_4&=P_1^2+P_2^2+P_3^2\\ P_5&=-a_2^2-d_4^2-a_3^2\\ P_6&=P_4+P_5\end{aligned}$$

将 θ_3代入式(3.50),应用三角和差公式,从而解出 θ_2:

$$\theta_2=\arctan\frac{A_2}{B_2}\pm\arctan\frac{P_3}{\sqrt{A_2^2+B_2^2-P_3^2}}\tag{3.53}$$

其中：

$$A_2=d_4c_3+a_2-a_3s_3$$

$$B_2=d_4s_3+a_3c_3$$

将 θ_2、θ_3 代入式(3.48)、式(3.49)，求解出 θ_1：

$$\theta_1=\arctan\frac{P_2/(P_7+P_8)}{P_1/(P_7+P_8)} \tag{3.54}$$

其中：

$$P_7=-a_3c_{23}$$

$$P_8=-(a_2s_2+d_4s_{23})$$

2. 求解后三个角度

由式(3.45)可以得到：

$$^0T_6={}^0T_1\,{}^1T_2\,{}^2T_3\,{}^3T_4\,{}^4T_5\,{}^5T_6 \tag{3.55}$$

对式(3.55)两边左乘 $^0T_3^{-1}$，其中 $^0T_3={}^0T_1\,{}^1T_2\,{}^2T_3$，并将式(3.55)改写为

$$\begin{aligned}R\_1\_\mathrm{left}&={}^0T_3^{-1}\,{}^0T_6\\ R\_1\_\mathrm{right}&={}^3T_4\,{}^4T_5\,{}^5T_6\end{aligned} \tag{3.56}$$

其中，R_1_right 展开式见式(3.57)，而 R_1_left 由于表达式过于复杂不在文中进行表示。

$$R\_1\_\mathrm{right}=\begin{bmatrix}-s_6s_4+c_4c_5c_6 & -c_6c_4-c_4c_5s_6 & -c_4s_5\\ s_6c_4+s_4c_5c_6 & c_6c_4-s_4c_5s_6 & -s_4s_5\\ s_5c_6 & -s_5s_6 & c_5\end{bmatrix} \tag{3.57}$$

由式(3.55)和式(3.56)可得

$$\theta_5=\pm\arccos[R\_1\_\mathrm{right}(3,3)]$$

如果 R_1_right(3,3)=1，则

$$\theta_5=0$$

$$\theta_4+\theta_6=\arctan\frac{-R\_1\_\mathrm{right}(1,2)}{R\_1\_\mathrm{right}(2,2)}$$

如果 R_1_right(3,3)≠1，则

$$\begin{aligned}\theta_4&=\arctan\frac{-R\_1\_\mathrm{right}(2,3)/s_5}{-R\_1\_\mathrm{right}(1,3)/s_5}\\ \theta_6&=\arctan\frac{-R\_1\_\mathrm{right}(3,2)/s_5}{R\_1\_\mathrm{right}(3,1)/s_5}\end{aligned} \tag{3.58}$$

当 $\theta_5=0$ 时，只能求得 θ_4 和 θ_6 的角度之和，或者当 $\theta_5=\pi$ 时，只能求得 θ_4 和 θ_6 的角度之差，因此有无穷多组解。由于实际中关节角度 θ_5 的范围没有达到 π，故第二种情况不予考虑。

当 θ_5 为 0 或者 π 时，机器人处于奇异位型，此时机器人关节 4、5 和 6 的旋转轴成一条直线，导致机器人丧失一个方向的自由度，机器人末端只有五个方向可以运动，在这种情况下，所有可能的解都是角度 θ_4 和 θ_6 之和。

3. 如何选取逆解

在求解上述逆解的过程中发现，总共可以求得八组逆解，但是机器人在实际的运动过程中，驱动器只能接受一组关节变量去驱动机器人运动，因此从逆解到实际的机器人运动过程中还存在着一个选解的过程。

因为系统最终只能选择一个解,因此机器人的多解是会产生一定的问题的,解的选择标准是多样的,比较合理的选择是“最短行程”解。利用“最短行程”解是需要进行加权的,使得选择侧重于移动小连杆而不是大的连杆。而在有障碍物的情况下,可能需要选择“较长行程”的解。

另外求逆解的过程中,如果 D-H 参数中的非零参数越多,则解的数目也越多。一般对于全部都是旋转关节的机器人来说,六自由度机器人最多有 16 组解。当计算出所有的解后,由于关节运动范围的限制要将其中的一些解甚至全部的解舍去。在余下的有效解中,通常选取一个最接近当前机器人的解。

下面介绍三种选取逆解的方法。

第一种“最短路径”原则:

$$\begin{aligned} & q\_\text{diff}_i = \sum_{j=1}^{n} (q_{ij} - q\_\text{prev}_j)^2 \\ & i = \min(q\_\text{diff}_i) \\ & q\_\text{curr} = q(i) \end{aligned} \tag{3.59}$$

其中 q_prev_j 表示当前机器人的第 j 个关节变量,q_{ij}表示第 i 组逆解中的第 j 个关节变量。这种方法是通过比较 q_diff_i值,取 q_diff_i 最小的那组解,作为下一次机器人运动的关节变量。

第二种“多移动小关节,少移动大关节”原则:

$$q\_\text{diff}_i = \frac{|q_{i4} - q\_\text{prev}_4| + |q_{i5} - q\_\text{prev}_5| + |q_{i6} - q\_\text{prev}_6|}{|q_{i1} - q\_\text{prev}_1| + |q_{i2} - q\_\text{prev}_2| + |q_{i3} - q\_\text{prev}_3|} \tag{3.60}$$

$$i = \max(q\_\text{diff}_i)$$

$$q\_\text{curr} = q(i)$$

这种方法是通过取 q_diff_i 值最大的那一组解输出。

第三种“各关节变量均衡移动”原则

$$\begin{aligned} & q\_\text{average}_i = \frac{\sum_{j=1}^{n} (q_{ij} - q\_\text{prev}_j)}{n} \\ & q\_\text{diff}_i = \sum_{j=1}^{n} (q_{ij} - q\_\text{prev}_j - q\_\text{average}_i)^2 \\ & i = \min(q\_\text{diff}_i) \\ & q\_\text{curr} = q(i) \end{aligned} \tag{3.61}$$

该方法是先计算 q_average_i 及 q_diff_i,然后取 q_diff_i 值最小的那一组解输出。

通过设计试验对上述三种选取逆解的方法进行测试,该试验中采用的轨迹是让 DENSO 机器人进行如图 3.17 所示的螺旋运动,并且绕旋转轴线旋转 180°。三种选解方法如图 3.18～图 3.20所示。

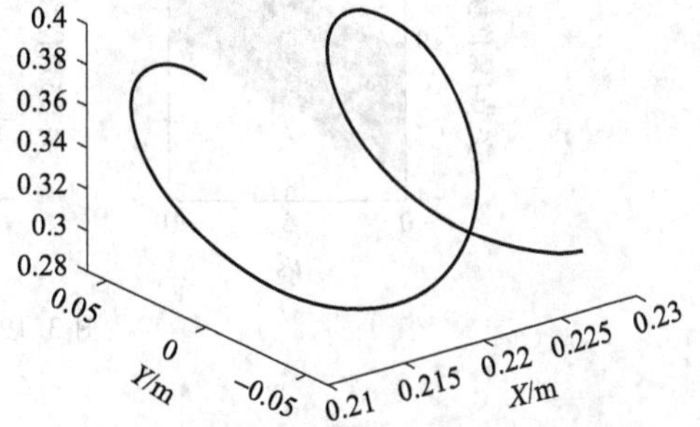

图 3.17　DENSO 机器人的螺旋运动轨迹

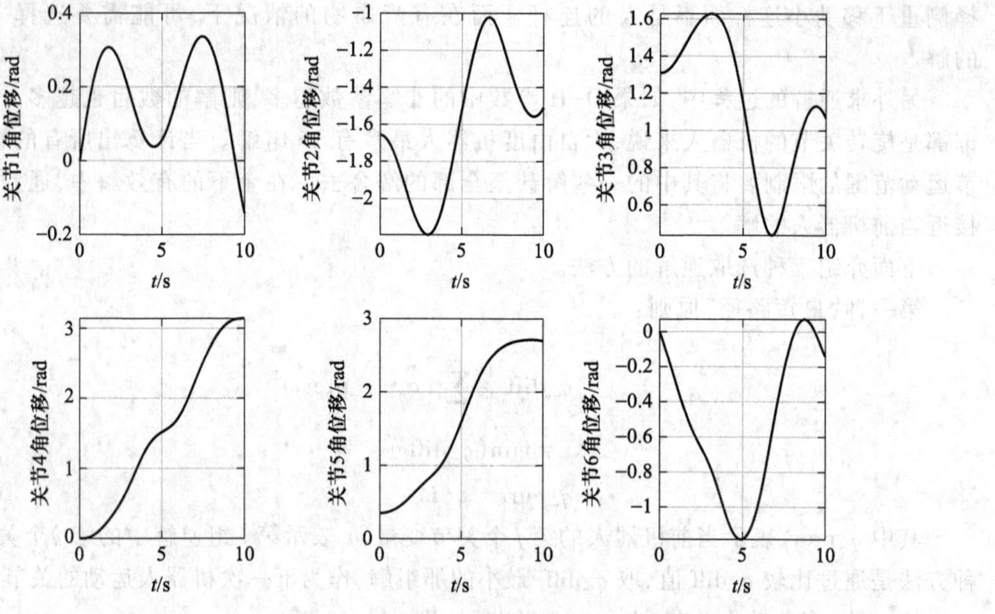

图 3.18 第一种选解方法

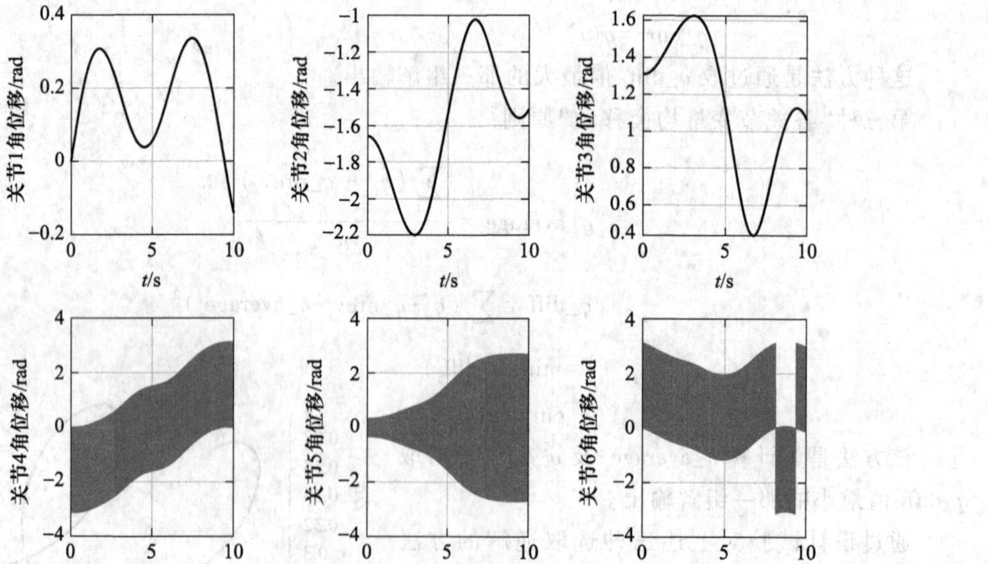

图 3.19 第二种选解方法

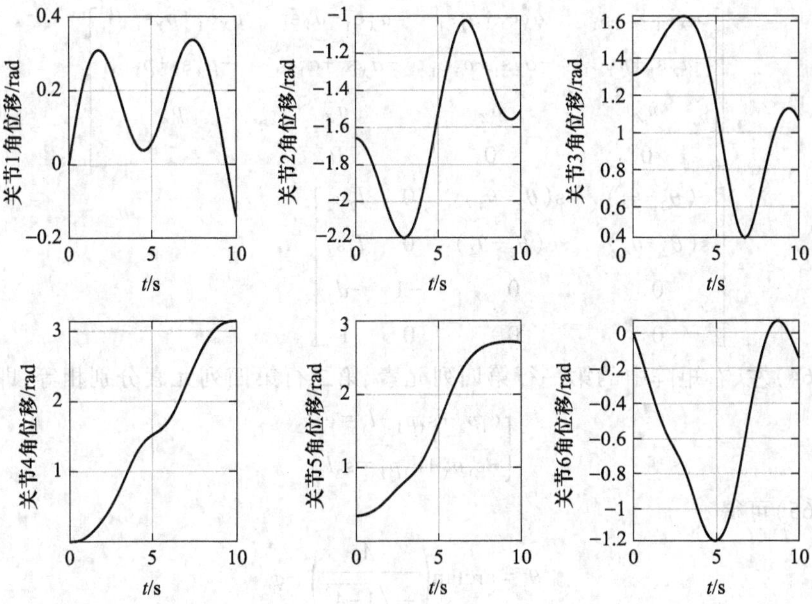

图 3.20 第三种选解方法

从上述对比试验中可以看出,不同的选解方法存在着一定的差异,第二组选解方式会使得机器人在运动的过程中某一个或者几个关节动作不连续,存在跳跃性或者振荡。虽然在该试验中,第一种方法和第三种方法的结果是一样的,但是通过一些其他轨迹选解的试验结果,最终本文采用了第二种选解方法,并应用到实际中。

3.5.5 案例 4 SCARA 机器人逆向运动学分析

对于 3.2.10 节中进行了正向运动学方程求解的 SCARA 机器人,其正向运动学方程如式(3.62)所示,也可以对其进行逆向运动学的求解。

$$
{}^{0}T_{4}={}^{0}T_{1}(\theta_{1})\,{}^{1}T_{2}(\theta_{2})\,{}^{2}T_{3}(\theta_{3})\,{}^{3}T_{4}(\theta_{4})=\begin{bmatrix} n_X & o_X & a_X & p_X \\ n_Y & o_Y & a_Y & p_Y \\ n_Z & o_Z & a_Z & p_Z \\ 0 & 0 & 0 & 1 \end{bmatrix}
$$

$$
=\begin{bmatrix} \mathrm{c}(\theta_1+\theta_2-\theta_4) & \mathrm{s}(\theta_1+\theta_2-\theta_4) & 0 & l_1\mathrm{c}_1+l_2\mathrm{c}_{12} \\ \mathrm{s}(\theta_1+\theta_2-\theta_4) & -\mathrm{c}(\theta_1+\theta_2-\theta_4) & 0 & l_1\mathrm{c}_1+l_2\mathrm{c}_{12} \\ 0 & 0 & -1 & -d_3 \\ 0 & 0 & 0 & 1 \end{bmatrix} \tag{3.62}
$$

其中 $p_X=x_{O_4},p_Y=y_{O_4},p_Z=z_{O_4}$。

1. 求关节变量 θ_1

为了分离变量,对式(3.62)的两边同时左乘 ${}^{0}T_{1}^{-1}(\theta_1)$,得

$$
{}^{0}T_{1}^{-1}(\theta_{1})\,{}^{0}T_{4}={}^{1}T_{2}(\theta_{2})\,{}^{2}T_{3}(d_{3})\,{}^{3}T_{4}(\theta_{4}) \tag{3.63}
$$

即
$$\begin{bmatrix} n_X c_1+n_Y s_1 & o_X c_1+o_Y s_1 & a_X c_1+a_Y s_1 & p_X c_1+p_Y s_1-l_1 \\ -n_X s_1+n_Y c_1 & -o_X s_1+o_Y c_1 & -a_X s_1+a_Y c_1 & -p_X s_1+p_Y c_1 \\ n_Z & o_Z & a_Z & p_Z \\ 0 & 0 & 0 & 1 \end{bmatrix}$$
$$=\begin{bmatrix} c(\theta_2-\theta_4) & s(\theta_2-\theta_4) & 0 & l_2 c_2 \\ s(\theta_2-\theta_4) & -c(\theta_2-\theta_4) & 0 & l_2 s_2 \\ 0 & 0 & -1 & -d_3 \\ 0 & 0 & 0 & 1 \end{bmatrix} \tag{3.64}$$

令式(3.64)左、右矩阵中的第一行第四列元素、第二行第四列元素分别相等,即

$$\begin{cases} c_1 p_X+s_1 p_Y-l_1=c_2 l_2 \\ -s_1 p_X+c_1 p_Y=s_2 l_2 \end{cases} \tag{3.65}$$

由式(3.65)可得

$$\theta_1=\arctan\left(\frac{A}{\pm\sqrt{1-A^2}}\right)-\varphi \tag{3.66}$$

式中:$A=\dfrac{l_1^2-l_2^2+p_X^2+p_Y^2}{2l_1\sqrt{p_X^2+p_Y^2}}$;$\varphi=\arctan\dfrac{p_X}{p_Y}$。

式(3.66)正负号表示 θ_1 的解可能有两个。

2. 求关节变量 θ_2

由式(3.65)可得

$$\theta_2=\arctan\frac{rc(\theta_1+\varphi)}{rs(\theta_1+\varphi)-l_1} \tag{3.67}$$

式中:$r=\sqrt{p_X^2+p_Y^2}$;$\varphi=\arctan\dfrac{p_X}{p_Y}$。

3. 求关节变量 d_3

令式(3.64)左、右矩阵中的第三行第四列元素相等,可得

$$d_3=-p_Z \tag{3.68}$$

4. 求关节变量 θ_4

令式(3.64)左、右矩阵中的第二行第一个元素相等,即

$$-s_1 n_X+c_1 n_Y=s(\theta_2-\theta_4) \tag{3.69}$$

由上式可求得

$$\theta_4=\theta_2-\arcsin(-s_1 n_X+c_1 n_Y) \tag{3.70}$$

至此,SCARA 机器人的所有运动学逆解都已求出。在逆解的求解过程中只进行了一次矩阵逆乘,从而使计算过程大为简化。

3.6 雅可比矩阵

3.6.1 机器人的速度雅可比矩阵

利用雅可比矩阵可以建立起机器人末端在固定坐标系中的速度与各关节速度间的关系，以及手部分别与外界接触力和对应各关节力间的关系。因此，机器人雅可比矩阵在机器人技术中占有重要地位。

数学上的雅可比矩阵是一个多元函数的偏导数矩阵，假设有 6 个函数，每个函数有 6 个变量：

$$\begin{cases} y_1 = f_1(x_1, x_2, x_3, x_4, x_5, x_6) \\ y_2 = f_2(x_1, x_2, x_3, x_4, x_5, x_6) \\ \cdots\cdots \\ y_6 = f_6(x_1, x_2, x_3, x_4, x_5, x_6) \end{cases} \tag{3.71}$$

可写成 $Y=F(X)$。

将式(3.71)进行微分，得

$$\begin{cases} d_{y_1} = \dfrac{\partial f_1}{\partial x_1}dx_1 + \dfrac{\partial f_1}{\partial x_2}dx_2 + \cdots + \dfrac{\partial f_1}{\partial x_6}dx_6 \\ d_{y_2} = \dfrac{\partial f_2}{\partial x_1}dx_1 + \dfrac{\partial f_2}{\partial x_2}dx_2 + \cdots + \dfrac{\partial f_2}{\partial x_6}dx_6 \\ \cdots\cdots \\ d_{y_6} = \dfrac{\partial f_6}{\partial x_1}dx_1 + \dfrac{\partial f_6}{\partial x_2}dx_2 + \cdots + \dfrac{\partial f_6}{\partial x_6}dx_6 \end{cases} \tag{3.72}$$

也可简写成

$$dY = \frac{\partial F}{\partial X}dX \tag{3.73}$$

式(3.73)中的 6×6 矩阵 $\dfrac{\partial F}{\partial X}$ 叫作雅可比矩阵。

3.6.2 案例 1 二自由度平面工业机器人雅可比矩阵

在工业机器人速度分析和后面的静力分析中都将遇到类似的矩阵，称之为机器人雅可比矩阵，或简称雅可比矩阵。下面通过一个例子加以说明。某一二自由度平面关节机器人如图 3.21 所示。

端点位置 (x, y) 与关节变量 θ_1、θ_2 的关系为

$$\begin{cases} x = l_1 \cos\theta_1 + l_2 \cos(\theta_1 + \theta_2) \\ y = l_1 \sin\theta_1 + l_2 \sin(\theta_1 + \theta_2) \end{cases} \tag{3.74}$$

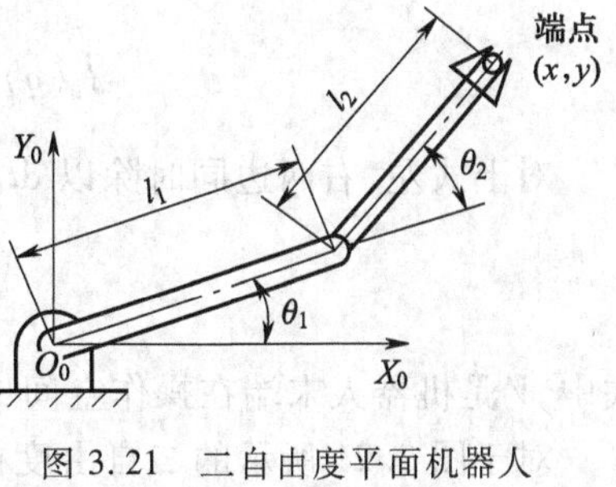

图 3.21 二自由度平面机器人

$$\begin{cases} x=x(\theta_1,\theta_2) \\ y=y(\theta_1,\theta_2) \end{cases}$$

微分，得

$$\begin{cases} \mathrm{d}x=\dfrac{\partial x}{\partial \theta_1}\mathrm{d}\theta_1+\dfrac{\partial x}{\partial \theta_2}\mathrm{d}\theta_2 \\ \mathrm{d}y=\dfrac{\partial y}{\partial \theta_1}\mathrm{d}\theta_1+\dfrac{\partial y}{\partial \theta_2}\mathrm{d}\theta_2 \end{cases} \tag{3.75}$$

即

$$\begin{bmatrix} \mathrm{d}x \\ \mathrm{d}y \end{bmatrix}=\begin{bmatrix} \dfrac{\partial x}{\partial \theta_1} & \dfrac{\partial x}{\partial \theta_2} \\ \dfrac{\partial y}{\partial \theta_1} & \dfrac{\partial y}{\partial \theta_2} \end{bmatrix}\begin{bmatrix} \mathrm{d}\theta_1 \\ \mathrm{d}\theta_2 \end{bmatrix},\quad J=\begin{bmatrix} \dfrac{\partial x}{\partial \theta_1} & \dfrac{\partial x}{\partial \theta_2} \\ \dfrac{\partial y}{\partial \theta_1} & \dfrac{\partial y}{\partial \theta_2} \end{bmatrix} \tag{3.76}$$

可简写为

$$\mathrm{d}X=J\mathrm{d}\theta$$

$$\mathrm{d}X=\begin{bmatrix} \mathrm{d}x \\ \mathrm{d}y \end{bmatrix},\mathrm{d}\theta=\begin{bmatrix} \mathrm{d}\theta_1 \\ \mathrm{d}\theta_2 \end{bmatrix} \tag{3.77}$$

J 称为图 3.21 所示的二自由度平面关节机器人的速度雅可比矩阵，它反映了关节空间微小运动 $\mathrm{d}\theta$ 与手部作业空间微小位移 $\mathrm{d}X$ 的关系。

若对此二自由度平面关节机器人的速度雅可比矩阵进行求解，可以得到

$$J=\begin{bmatrix} -l_1\sin\theta_1-l_2\sin(\theta_1+\theta_2) & -l_2\sin(\theta_1+\theta_2) \\ l_1\cos\theta_1+l_2\cos(\theta_1+\theta_2) & l_2\cos(\theta_1+\theta_2) \end{bmatrix} \tag{3.78}$$

因此，雅可比矩阵 J 的值是 θ_1 和 θ_2 的函数。

对于 n 自由度机器人的情况，关节变量可以用广义关节变量 q 表示。

$$q=[q_1 \quad q_2 \quad \cdots \quad q_n]^{\mathrm{T}} \tag{3.79}$$

当关节是转动关节时，$q_i=\theta_i$；当关节为移动关节时$q_i=d_i$。

$\mathrm{d}q=[\mathrm{d}q_1\ \mathrm{d}q_2\ \cdots\ \mathrm{d}q_n]^{\mathrm{T}}$反映了关节空间的微小运动。机器人末端在操作空间中的位姿可用末端手部的位姿表示。它是关节变量的函数，$x=x(q)$，并且是一个 6×1 向量，$\mathrm{d}X=[\mathrm{d}x\ \ \mathrm{d}y\ \ \mathrm{d}z\ \ \delta\varphi_x\ \ \delta\varphi_y\ \ \delta\varphi_z]^{\mathrm{T}}$反映了操作空间的微小运动，它由机器人末端微小线位移和微小角位移组成。因此，

$$\mathrm{d}X=J(q)\mathrm{d}q \tag{3.80}$$

$$J_{ij}(q)=\frac{\partial x_i}{\partial q_j}(i=1,2,\cdots,n;j=1,2,\cdots,n) \tag{3.81}$$

对上式左、右两边同时除以 $\mathrm{d}t$，得

$$\mathrm{d}X/\mathrm{d}t=J(q)\mathrm{d}q/\mathrm{d}t$$

$$V=J(q)\dot{q} \tag{3.82}$$

式中，V 是机器人末端在操作空间中的广义速度 $V=\dot{X}$，$\dot{q}$为机器人的关节速度，J 为雅可比矩阵。

对于图 3.21 所示的二自由度机器人来说，$J(q)$是式(3.78)所示的 2×2 矩阵。若令 J_1、J_2 分别为雅可比矩阵[式(3.78)]的第一列矢量和第二列矢量，则式(3.82)可写成 $V=J_1\dot{\theta}_1+J_2\dot{\theta}_2$。

假如已知关节上 $\dot{\theta}_1$ 及 $\dot{\theta}_2$ 都是时间的函数，$\dot{\theta}_1=f_1(t)$，$\dot{\theta}_2=f_2(t)$，则可求出该机器人手部在某一时刻的速度 $V=f(t)$，即手部瞬时速度。

反之，假如给定机器人手部速度，可由式(3.82)解出相应的关节速度为

$$\dot{q}=J^{-1}(q)V \tag{3.83}$$

式中：J^{-1} 称为机器人逆速度雅可比矩阵。

式(3.83)是一个很重要的关系式。例如，希望工业机器人手部在工作区间中按规定的速度进行作业，那么用式(3.83)可以计算出沿路径上每一瞬间相应的关节速度，但是一般来说，求逆速度雅可比矩阵 J^{-1} 是比较困难的，有时还会出现奇异解，此时就无法解算关节速度。

3.6.3 雅可比矩阵的奇异性

通常在以下两种情况下机器人逆速度雅可比 J^{-1} 会出现奇异解：

1）工作区间边界上发生奇异。当机器人的手臂全部伸展开或全部折回时，使手部处于机器人工作区间的边界上或边界附近，由于雅可比矩阵奇异，无法求解逆速度雅可比矩阵。这时机器人相应的形位称为奇异形位。

2）工作区间内部发生奇异。奇异并不一定发生在工作区间边界上，也可以是由两个或者更多个关节轴线重合所引起的。

当机器人处在奇异位型时，机器人运动就会产生退化现象，丧失一个或更多的自由度。这意味着在某个方向（或子域）上，不管机器人关节速度怎么选择，手部也不可能实现移动。

3.6.4 案例 2 二自由度机器人雅可比矩阵的奇异性

如图 3.22 所示的二自由度机器人，手部沿固定坐标系 X_0 轴正向以 1.0 m/s 速度移动，杆长为 $l_1=l_2=0.5$ m。设在某瞬间 $\theta_1=30°$，$\theta_2=-60°$，求该机器人相应瞬时的关节速度。

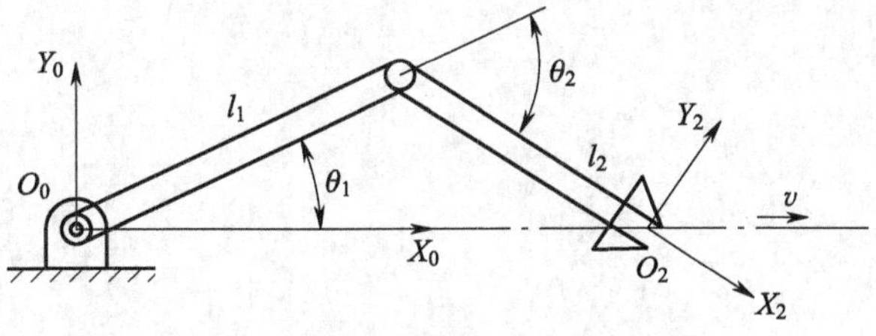

图 3.22 二自由度机器人

解：由式(3.78)可知，二自由度机器人速度雅可比矩阵为

$$J=\begin{bmatrix} -l_1\sin\theta_1-l_2\sin(\theta_1+\theta_2) & -l_2\sin(\theta_1+\theta_2) \\ l_1\cos\theta_1+l_2\cos(\theta_1+\theta_2) & l_2\cos(\theta_1+\theta_2) \end{bmatrix}$$

由式(3.83)可知，$\dot{q}=J^{-1}(q)V$，且 $v_X=1$ m/s，$v_Y=0$，即 $v=\begin{bmatrix}1\\0\end{bmatrix}$。

雅可比矩阵的逆矩阵为

$$J^{-1}=\frac{1}{l_1 l_2\sin\theta_2}\begin{bmatrix} l_2\cos(\theta_1+\theta_2) & l_2\sin(\theta_1+\theta_2) \\ -l_1\cos\theta_1-l_2\cos(\theta_1+\theta_2) & -l_1\sin\theta_1-l_2\sin(\theta_1+\theta_2) \end{bmatrix}$$

瞬时的关节速度为

$$\begin{bmatrix}\dot{\theta}_1\\ \dot{\theta}_2\end{bmatrix}=\frac{1}{l_1 l_2 \sin\theta_2}\begin{bmatrix}l_2\cos(\theta_1+\theta_2) & l_2\sin(\theta_1+\theta_2)\\ -l_1\cos\theta_1-l_2\cos(\theta_1+\theta_2) & -l_1\sin\theta_1-l_2\sin(\theta_1+\theta_2)\end{bmatrix}\begin{bmatrix}1\\0\end{bmatrix}$$

$$\dot{\theta}_1=\frac{\cos(\theta_1+\theta_2)}{l_1\sin\theta_2}=-2\text{rad/s}$$

$$\dot{\theta}_2=\frac{-l_1\cos\theta_1-l_2\cos(\theta_1+\theta_2)}{l_1 l_2\sin\theta_2}=4\text{rad/s} \tag{3.84}$$

从上可知，两关节的瞬时位置和速度分别为 $\theta_1=30°$，$\theta_2=-60°$，$\dot{\theta}_1=-2\text{rad/s}$，$\dot{\theta}_2=4\text{rad/s}$，手部瞬时速度为 1 m/s。

奇异讨论：

由式(3.84)可知，当 $l_1 l_2\sin\theta_2=0$ 时，式(3.84)无解。因为 $l_1\neq 0$，$l_2\neq 0$，所以在 $\theta_2=0°$或 $\theta_2=180°$时，二自由度机器人逆速度雅可比矩阵 J^{-1}奇异。这时，该机器人两手臂完全伸张或完全折回，即两杆重合，机器人处于奇异位型。在这种奇异位型下，手部正好处在工作区间的边界上，该瞬时机器人手部只能沿着一个方向(即与手臂垂直的方向)运动，不能沿其他方向运动，退化了一个自由度。

第四章　机器人静力学与动力学

【学习目标】

1. 掌握机器人静力学相关知识

正静力学：对于一个 n 自由度的机器人，已知驱动力矩，求解该力矩作用下手部的输出力。

逆静力学：已知 n 自由度机器人的手部作用力，求解驱动力矩。

2. 掌握机器人动力学相关知识

正动力学：已知 n 自由度机器人各关节的驱动力矩，求各关节的位置、速度、加速度。

逆动力学：已知 n 自由度机器人各关节的位置、速度、加速度，求各关节的驱动力矩。

4.1　机器人静力学

4.1.1　机器人静力学基础

机器人作业时与外界环境的接触会在机器人与环境之间引起相互的作用力和力矩。机器人各关节的驱动装置提供关节力矩或力，通过连杆传递到末端工具，克服外界作用力和力矩。各关节的驱动力矩或力与末端工具施加的力（广义力包括力和力矩）之间的关系，是机器人末端操作与控制的基础。

静力计算：求解在已知驱动力矩作用下末端工具的输出力。

机器人可以处于位置控制状态，也可以处于力控制状态。设想机器人正沿着一条直线运动，比如在一个平板的表面切割一个槽。如果它沿着预先设计的路线运动，那它便处于位置控制状态。只要表面平整，而且机器人沿着预先设定的切槽路径运动，那么切出的槽就会整齐一致。但是如果表面不平整，机器人依旧沿着给定的路径运动，那么槽就可能被切得过深或者过浅。换另一种情况，机器人在切割槽时测量它所施加给平板的力，如果力变得过大或者过小，意味着刀具切得过深或者过浅，机器人就能够调整深度直至切割深度均匀一致，这种情况下，机器人处于力控制状态。

类似地，假设让机器人在零件上钻一个螺孔，则机器人不仅需要沿孔的轴向施加一个已知的轴向力，还要在丝锥上施加一定的力矩使其转动。为了能做到这点，控制器需要驱动关节并以一定的速度旋转，以便在末端工具坐标系中产生合适的力或者力矩。关节力和力矩与机器人末端工具坐标系产生的力和力矩之间的关系为

$$F=[f_X \quad f_Y \quad f_Z \quad m_X \quad m_Y \quad m_Z]^{\mathrm{T}} \tag{4.1}$$

其中，f_X、f_Y 和 f_Z 是机器人末端工具坐标系中 X、Y、Z 轴方向的作用力，m_X、m_Y、m_Z 是关于这三轴的力矩。同样定义

$$\mathrm{d}X=[\mathrm{d}x \quad \mathrm{d}y \quad \mathrm{d}z \quad \delta x \quad \delta y \quad \delta z]^{\mathrm{T}} \tag{4.2}$$

表示机器人末端工具坐标系 X、Y 和 Z 轴的位移和转角。对关节也可以做类似的定义：

$$\tau=[T_1 \quad T_2 \quad T_3 \quad T_4 \quad T_5 \quad T_6]^{\mathrm{T}} \tag{4.3}$$

$T_i(i=1,2,\cdots,6)$ 表示各关节处的力矩（对转动关节）和力（对滑动关节）。还有

$$\mathrm{d}q=[\mathrm{d}q_1 \quad \mathrm{d}q_2 \quad \mathrm{d}q_3 \quad \mathrm{d}q_4 \quad \mathrm{d}q_5 \quad \mathrm{d}q_6]^{\mathrm{T}} \tag{4.4}$$

$\mathrm{d}q_i(i=1,2,\cdots,6)$ 表示关节的微分运动，既可以是转动关节的角度，也可以是移动关节的线位移。

运用虚功法，即关节的总虚功必须和机器人末端工具坐标系的总虚功相等，可得

$$\delta W=F^{\mathrm{T}}\mathrm{d}X=\tau^{\mathrm{T}}\mathrm{d}q \tag{4.5}$$

即机器人末端工具坐标系中的力矩和力乘以工具坐标系中的位移，必须等于关节空间中的力矩（或力）乘以位移。

代入相关值，可得到式(4.6)的左半边如下：

$$[f_X \quad f_Y \quad f_Z \quad m_X \quad m_Y \quad m_Z]\begin{bmatrix}\mathrm{d}x\\ \mathrm{d}y\\ \mathrm{d}z\\ \delta x\\ \delta y\\ \delta z\end{bmatrix}=f_X\mathrm{d}x+f_Y\mathrm{d}y+\cdots+m_Z\delta_Z \tag{4.6}$$

而由式(4.2)可得

$$\mathrm{d}X=J\mathrm{d}q \tag{4.7}$$

将其代入式(4.5)中可得

$$F^{\mathrm{T}}\mathrm{d}X=F^{\mathrm{T}}J\mathrm{d}q=\tau^{\mathrm{T}}\mathrm{d}q \tag{4.8}$$

那么可得

$$\tau^{\mathrm{T}}=F^{\mathrm{T}}J \text{ 或 } \tau=J^{\mathrm{T}}F \tag{4.9}$$

上式表明，关节力和力矩可以由机器人末端工具坐标系中期望的力和力矩决定。根据前面的运动学分析，即已知雅可比矩阵，控制器可根据机器人末端工具坐标系中的期望值计算关节力和力矩，并对机器人进行控制。

4.1.2　机器人静力学能解决的问题

从机器人末端作用力 F 与关节力矩 τ 之间的关系式 $\tau=J^{\mathrm{T}}F$ 可知，机器人静力计算可分为以下两类问题：

1）已知外界环境对机器人末端的作用力 F_{E}（即 $F=-F_{\mathrm{E}}$），求满足静力平衡条件的关节驱动力矩。

2）已知关节驱动力矩，确定机器人末端对外界环境的作用力 F'_{E}。这类问题是第一类问题的逆解。这时 $F'_{\mathrm{E}}=(J^{\mathrm{T}})^{-1}\tau$，但是由于机器人自由度可能不是6，力的雅可比矩阵就有可能不是一

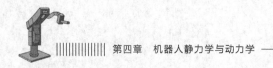

个方阵，所以J^T就没有逆解。因此，这类问题的求解就比较困难，一般情况下不一定能得到唯一的解。如果F'_E的维数比τ的低，且J是满秩的话，可用最小二乘法求得F'_E的估值。

4.1.3 案例1 利用雅可比矩阵计算关节力矩

某个球坐标结构RPY机器人的雅可比矩阵的数值如下：

$$J=\begin{bmatrix}20 & 0 & 0 & 0 & 0 & 0\\ -5 & 0 & 1 & 0 & 0 & 0\\ 0 & 20 & 0 & 0 & 0 & 0\\ 0 & 1 & 0 & 0 & 1 & 0\\ 0 & 0 & 0 & 1 & 0 & 0\\ -1 & 0 & 0 & 0 & 0 & 1\end{bmatrix} \tag{4.10}$$

为了在部件上钻孔，希望沿工具坐标系Z轴方向产生1 N的力、20 N/mm的力矩，求所需要的关节力和力矩。

解：将给定值代入式(4.9)可得

$$\tau=J^TF \tag{4.11}$$

$$\tau=\begin{bmatrix}\tau_1\\ \tau_2\\ \tau_3\\ \tau_4\\ \tau_5\\ \tau_6\end{bmatrix}=\begin{bmatrix}20 & 0 & 0 & 0 & 0 & 0\\ -5 & 0 & 1 & 0 & 0 & 0\\ 0 & 20 & 0 & 0 & 0 & 0\\ 0 & 1 & 0 & 0 & 1 & 0\\ 0 & 0 & 0 & 1 & 0 & 0\\ -1 & 0 & 0 & 0 & 0 & 1\end{bmatrix}^T\begin{bmatrix}0\\ 0\\ 1\\ 0\\ 0\\ 20\end{bmatrix}=\begin{bmatrix}-20\\ 20\\ 0\\ 0\\ 0\\ 20\end{bmatrix} \tag{4.12}$$

可见，对于该特定构型及尺寸大小的机器人，必须在关节1、关节2和关节6处施加所确定的力矩，才能在机器人末端工具坐标系得到所期望的力和力矩。另外还可以看到，虽然这里希望在机器人末端工具坐标系Z轴方向产生力，但并不需要对关节3即移动关节施加任何力。

显然，随着机器人构型的变化，雅可比矩阵也随之发生变化。因此，当机器人运动时，为了在机器人末端工具坐标系内持续施加同样的力和力矩，关节处的力矩也要随之发生变化，这时需要控制器不断地计算所需的关节力矩。

4.1.4 案例2 二自由度平面关节机器人的静力学分析

某个二自由度平面关节机器人如图4.1所示，已知机器人末端力$F=[F_X \quad F_Y]^T$，求相应于端点力F的关节力矩(不考虑摩擦)。

解：已知该机器人的速度雅可比矩阵为

$$J=\begin{bmatrix}-(l_1s_1+l_2s_{12}) & -l_2s_{12}\\ l_1c_1+l_2c_{12} & l_2s_{12}\end{bmatrix} \tag{4.13}$$

则该机器人的力雅可比矩阵为

$$J^T=\begin{bmatrix}-(l_1s_1+l_2s_{12}) & l_1c_1+l_2c_{12}\\ -l_2s_{12} & l_2s_{12}\end{bmatrix} \tag{4.14}$$

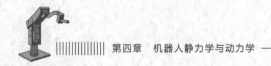

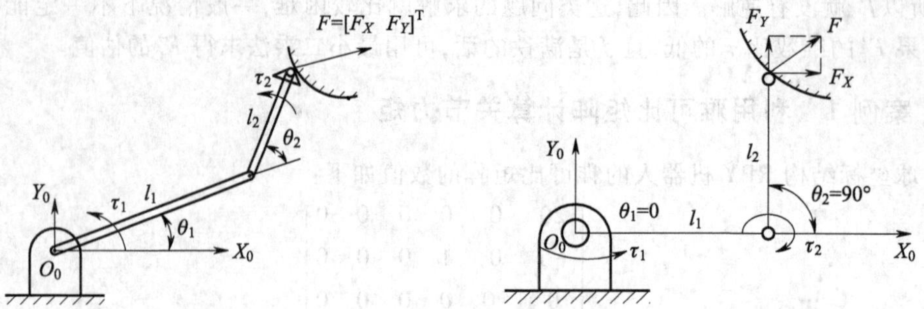

图 4.1　二自由度平面关节机器人

根据 $\tau=J^{\mathrm{T}}F$，得机器人第 1 关节和第 2 关节力矩

$$\tau=\begin{bmatrix}\tau_1\\ \tau_2\end{bmatrix}=\begin{bmatrix}-(l_1\mathrm{s}_1+l_2\mathrm{s}_{12}) & l_1\mathrm{c}_1+l_2\mathrm{c}_{12}\\ -l_2\mathrm{s}_{12} & l_2\mathrm{s}_{12}\end{bmatrix}\begin{bmatrix}F_X\\ F_Y\end{bmatrix}\tag{4.15}$$

$$\tau_1=-(l_1\mathrm{s}_1+l_2\mathrm{s}_{12})F_X+(l_1\mathrm{c}_1+l_2\mathrm{c}_{12})F_Y\tag{4.16}$$

$$\tau_2=-l_2\mathrm{s}_{12}F_X+l_2\mathrm{s}_{12}F_Y\tag{4.17}$$

4.2　坐标系间力和力矩的变换

4.2.1　坐标系间力和力矩的变换方法

假设有两个坐标系固连在一个物体上，同时假设有力和力矩作用在该物体上，并在其中一个坐标系中是已知的。这里同样可以利用虚功原理来求出相对于另一个坐标系的等效力和力矩，使它们对物体的作用效果相同。为此，定义 F 为作用在物体上的力和力矩，D 是由这些力和力矩引起的相对于同一参考坐标系的位移：

$$\begin{aligned}F^{\mathrm{T}}&=[f_X\quad f_Y\quad f_Z\quad m_X\quad m_Y\quad m_Z]\\ D^{\mathrm{T}}&=[\mathrm{d}x\quad \mathrm{d}y\quad \mathrm{d}z\quad \delta x\quad \delta y\quad \delta z]\end{aligned}\tag{4.18}$$

同时定义 ${}^BF$ 是相对于坐标系 B 作用在物体上的力和力矩，${}^BD$ 是相对于坐标系 B 由上述力和力矩产生的位移。

$$\begin{aligned}{}^BF^{\mathrm{T}}&=[{}^Bf_X\quad {}^Bf_Y\quad {}^Bf_Z\quad {}^Bm_X\quad {}^Bm_Y\quad {}^Bm_Z]\\ {}^BD^{\mathrm{T}}&=[{}^B\mathrm{d}x\quad {}^B\mathrm{d}y\quad {}^B\mathrm{d}z\quad {}^B\delta x\quad {}^B\delta y\quad {}^B\delta z]\end{aligned}\tag{4.19}$$

由于不论相对于哪个坐标系，作用在物体上的总虚功都相同，所以有

$$\delta W=F^{\mathrm{T}}D={}^BF^{\mathrm{T}\,B}D\tag{4.20}$$

引入相对于坐标系 B 的雅可比矩阵 ${}^BJ$，上式可以重写为：

$$F={}^BJ^{\mathrm{T}\,B}F\tag{4.21}$$

进一步地，不需要计算相对于坐标系 B 的雅可比矩阵，可以直接从下式得到相对于坐标系 B 的力和力矩：

$$
\begin{aligned}
{}^{B}f_{X} &= n \cdot f \\
{}^{B}f_{Y} &= o \cdot f \\
{}^{B}f_{Z} &= a \cdot f \\
{}^{B}m_{X} &= n \cdot [(f \times p) + m] \\
{}^{B}m_{Y} &= o \cdot [(f \times p) + m] \\
{}^{B}m_{Z} &= a \cdot [(f \times p) + m]
\end{aligned}
\tag{4.22}
$$

其中 $f=[f_X \quad f_Y \quad f_Z]^{\mathrm{T}}$,$m=[m_X \quad m_Y \quad m_Z]^{\mathrm{T}}$,$p=[p_X \quad p_Y \quad p_Z]^{\mathrm{T}}$。

使用这些关系式,可以求出不同坐标系下等效的力和力矩,它们对物体的作用效果相同。

4.2.2 案例 物体在不同坐标系中力与力矩的计算

一个物体固连于坐标系 B,它受到如下相对于参考坐标的力和力矩的作用,求它在坐标系 B 内的等效力和力矩:

$$F^{\mathrm{T}}=[0 \quad 10 \quad 0 \quad 0 \quad 0 \quad 20]$$

$$B=\begin{bmatrix} 0 & 1 & 0 & 3 \\ 0 & 0 & 1 & 5 \\ 1 & 0 & 0 & 8 \\ 0 & 0 & 0 & 1 \end{bmatrix}$$

解:根据已知条件可得

$$f^{\mathrm{T}}=[0 \quad 10 \quad 0] \quad m^{\mathrm{T}}=[0 \quad 0 \quad 20] \quad p^{\mathrm{T}}=[3 \quad 5 \quad 8]$$

$$n^{\mathrm{T}}=[0 \quad 0 \quad 1] \quad o^{\mathrm{T}}=[1 \quad 0 \quad 0] \quad a^{\mathrm{T}}=[0 \quad 1 \quad 0]$$

$$f \times p=\begin{vmatrix} i & j & k \\ 0 & 10 & 0 \\ 3 & 5 & 8 \end{vmatrix}=i(80)-j(0)+k(-30)$$

$$(f \times p)+m=80i-10k$$

根据式(4.22)可得

$$
\begin{aligned}
{}^{B}f_{X} &= n \cdot f=0 \\
{}^{B}f_{Y} &= o \cdot f=0 \\
{}^{B}f_{Z} &= a \cdot f=10 \qquad \rightarrow {}^{B}f=[0 \quad 0 \quad 10] \\
{}^{B}m_{X} &= n \cdot [(f \times p)+m]=-10 \\
{}^{B}m_{Y} &= o \cdot [(f \times p)+m]=80 \\
{}^{B}m_{Z} &= a \cdot [(f \times p)+m]=0 \qquad \rightarrow {}^{B}m=[-10 \quad 80 \quad 0]
\end{aligned}
$$

这意味着坐标系 B 中沿 a 轴施加 10 N 的力,以及绕 n 轴施加-10 N · m 和绕 o 轴施加80 N · m的两个力矩与在原参考坐标系中的力和力矩对物体的作用效果是相同的。图 4.2 所示为两个不同坐标系中等效的力-力矩系统。

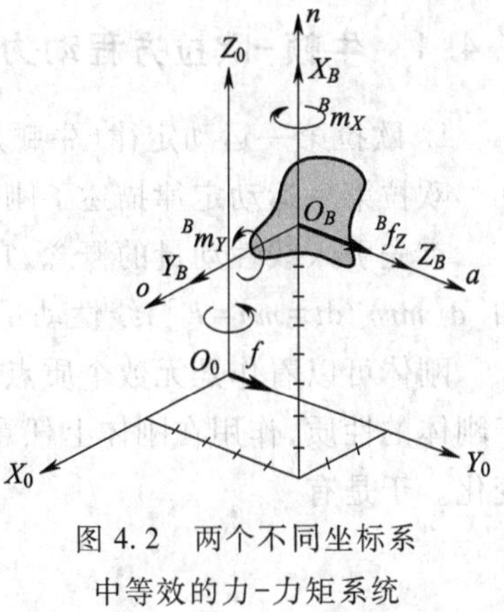

图 4.2 两个不同坐标系中等效的力-力矩系统

4.3　机器人力和力矩分析

对连杆 i 进行受力分析，假设连杆 i 受力平衡，如图 4.3 所示，连杆 i 通过关节 i 和关节 $i+1$ 分别与连杆 $i-1$ 和连杆 $i+1$ 相互连接，$f_{i-1,i}$ 表示连杆 $i-1$ 对连杆 i 的作用力，$f_{i,i-1}$ 表示连杆 i 对连杆 $i-1$ 的作用力，同理 $f_{i+1,i}$ 表示连杆 $i+1$ 对连杆 i 的作用力。

$$F_{合}=f_{i-1,i}+f_{i+1,i}+m_i g=0 \tag{4.23}$$

同理，力矩的平衡方程为

$$n_{i-1,i}-n_{i,i+1}+(r_{i-1,i}+r_{i,Ci})\times f_{i-1,i}+r_{i,Ci}\times(-f_{i,i+1})=0$$
$$(i=1,2,\cdots,n) \tag{4.24}$$

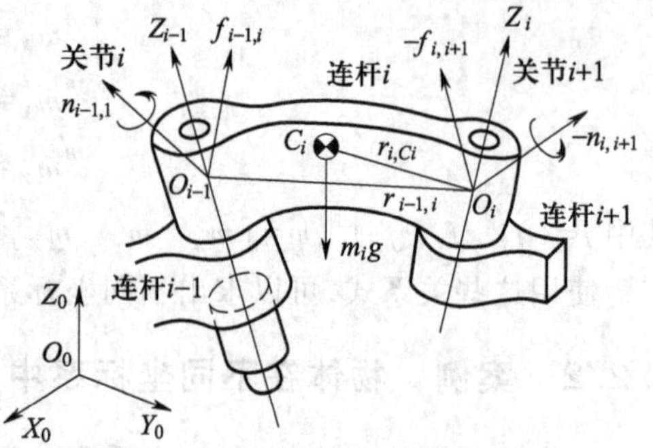

图 4.3　机器人连杆力和力矩分析

4.4　工业机器人动力学分析

由于工业机器人高精度、智能化、实时性的要求，现代工业机器人一般都需要动态实时控制。机器人是一个非线性的复杂的动力学系统。动力学问题的求解比较困难，而且需要较长的运算时间。因此，简化求解的过程，需要最大限度地减少工业机器人动力学在线计算的时间。

针对动力学的两类问题，即已知机器人各关节的驱动力或力矩，求各关节的位置、速度、加速度的正向动力学问题，或已知机器人各关节的位置、速度、加速度，求各关节的驱动力或力矩的逆向动力学问题。对如图 4.3 所示的连杆机器人模型展开的分析如下。

一般求解机器人的动力学有两种方法：牛顿-欧拉法和拉格朗日法。牛顿-欧拉法是一种迭代计算方法，其是建立在基本的动力学公式基础之上以及作用在连杆之间的约束力和力矩分析之上。而拉格朗日法是建立在能量的动力学方法基础之上，其可以得到机器人封闭形式的动力学方程。对于同一个机器人而言，两者得到的动力学方程是一样的。

4.4.1　牛顿-欧拉方程动力学分析

1. 欧拉第一运动定律（牛顿定律）

欧拉第一运动定律描述了刚体的线性运动与所受外力的关系。

首先引入线性动量的概念，它等于一个物体（粒子）的质量乘以线速度。由牛顿第二定律可知[$\mathrm{d}(mv)/\mathrm{d}t=ma=F$]，线性动量的变化率等于物体所受的外力。

刚体可以看作是无数个质点的集合，刚体的线性动量等于这些质点的线性动量的总和。由于刚体的性质，作用在刚体上任意一点的外力等效地作用于所有质点上使它们的线性动量产生变化。于是有

$$F=\sum_i \frac{\mathrm{d}m_i v_i}{\mathrm{d}t} \tag{4.25}$$

等式的右边可以转化为对刚体质量的积分：

$$\sum m_i v_i = \int_m v(m)\,\mathrm{d}m = \int_m \frac{\mathrm{d}r(m)}{\mathrm{d}t}\mathrm{d}m \tag{4.26}$$

其中向量 r 表示的是在某个参照系中刚体上每一点的位置向量。

注意，质心(center of mass)的定义如下：

$$r_{\mathrm{cm}} = \frac{1}{m}\int_m r(m)\,\mathrm{d}m \tag{4.27}$$

其中下标 cm 表示质心。

于是有

$$\int_m \frac{\mathrm{d}r(m)}{\mathrm{d}t}\mathrm{d}m = m\frac{\mathrm{d}}{\mathrm{d}t}\left[\frac{1}{m}\int_m r(m)\,\mathrm{d}m\right] = mv_{\mathrm{cm}} \tag{4.28}$$

可以得到结论：刚体的线性动量为刚体质量与它的质心线速度的乘积。这个结论表明，在考虑刚体的线性运动时，只需要考虑质心的线性运动就够了。

由欧拉第一定律得到，刚体线性动量的变化率等于它所受到的外力：

$$F = \frac{\mathrm{d}}{\mathrm{d}t}mv_{\mathrm{cm}} \tag{4.29}$$

显然，线性速度的求导就是线性加速度，所以欧拉第一定律也可以写成以下形式：

$$F = ma_{\mathrm{cm}} \tag{4.30}$$

2. 欧拉第二运动定律

欧拉第二运动定律描述刚体的角运动与所受力矩的关系，即 $N=p\times F$。类似于线性动量，引入角动量的概念：一个质点相对于某个定点的角动量等于其质量与角速度的乘积。显然，(相对于这个定点的)角速度等于从定点出发到质点的位置向量与(相对于这个定点的)质点线速度的叉乘：

$$\omega = p\times v \tag{4.31}$$

则角动量写作：

$$M = m\omega = p\times mv \tag{4.32}$$

从牛顿定律 $F=ma$ 出发，等式两边用位置向量叉乘可以得到：

$$F = ma \tag{4.33}$$

$$m\cdot p\times\frac{\mathrm{d}}{\mathrm{d}t}v = m\frac{\mathrm{d}}{\mathrm{d}t}p\times v - v\times mv \tag{4.34}$$

$$p\times F = m\frac{\mathrm{d}}{\mathrm{d}t}p\times v \tag{4.35}$$

于是可以得到类似"物体线性动量的变化等于所受外力"的结论：物体角动量的变化率等于它所受到的力矩，即

$$N = \frac{\mathrm{d}}{\mathrm{d}t}m\omega \tag{4.36}$$

同样的，把这个结论推广到由无数质点集合而成的刚体上。首先要推导刚体的角动量表达式，仍然把它看作无数质点的集合，则有

$$\phi=\sum m_i p_i\times v_i=\sum m_i p_i\times(\omega_i\times p_i) \tag{4.37}$$

对刚体而言，刚体上每一点的角速度都是相同的，所以可以把它取到求和的外面。将上式写作体积分的形式：

$$\phi=\int_V p\times(\omega\times p)\rho\mathrm{d}v=\int_V p\times(-p\times\omega)\rho\mathrm{d}v \tag{4.38}$$

$$\phi=\left[\int_V(-\hat{p}\hat{p}\rho)\mathrm{d}v\right]\omega \tag{4.39}$$

对 3×1 的向量而言，有

$$p\times\omega=\begin{bmatrix}0 & -p_Z & p_Y\\ p_Z & 0 & -p_X\\ -p_Y & p_X & 0\end{bmatrix} \tag{4.40}$$

$$\hat{p}=\begin{bmatrix}0 & -p_Z & p_Y\\ p_Z & 0 & -p_X\\ -p_Y & p_X & 0\end{bmatrix} \tag{4.41}$$

将式(4.39)中[ ]里的部分定义为惯性张量 I：

$$I=\int_V-\hat{p}\hat{p}\rho\mathrm{d}v \tag{4.42}$$

最终得到刚体的角动量表达式为

$$\phi=I\omega \tag{4.43}$$

类似力为线性动量的变化率，刚体所受的扭矩被定义为刚体角动量的变化率。为了求扭矩 τ 与角速度 ω、角加速度 α 的关系，可以对以上等式两边求导：

$$\frac{\mathrm{d}}{\mathrm{d}t}\phi=\frac{\mathrm{d}}{\mathrm{d}t}I\omega \tag{4.44}$$

$$\tau=I\frac{\mathrm{d}\omega}{\mathrm{d}t}+\frac{\mathrm{d}I}{\mathrm{d}t}\omega \tag{4.45}$$

其中，$\frac{\mathrm{d}\omega}{\mathrm{d}t}=\alpha$ 是刚体的角加速度，$\frac{\mathrm{d}I}{\mathrm{d}t}$是张量对时间的导数，而张量是刚体上每个点相对于一个静止参照系的位置向量做某些运算之后的体积分，这些位置向量随着刚体的转动而转动；类似于一个点的线速度等于角速度与位置向量的叉乘，可以得到：

$$\frac{\mathrm{d}I}{\mathrm{d}t}=\omega\times I \tag{4.46}$$

最终可以得到

$$\tau=I\alpha+\omega\times I\omega \tag{4.47}$$

3. 牛顿-欧拉法推导机器人动力学

用牛顿-欧拉法推导机器人的动力学，需要两个步骤：首先是“正向传递速度及加速度”：从基座开始，依次计算每一个连杆的速度、加速度，一直到末端执行器；齐次是“反向传递力”：从末端执行器所受的外力开始依次算回来求出每个关节的扭矩/力。推导机器人动力学的牛顿-欧拉法是一个递归算法。

首先看连杆的角速度，每一根连杆的角速度都等于上一根连杆的角速度加上它的关节转动带来的角速度(对平移关节此项为 0)。据此我们可以得到连杆角速度的传递公式：

$$\omega_{i+1}=\omega_i+\dot{\theta}_{i+1}Z_{i+1} \tag{4.48}$$

公式两边求导,则可以进一步得到角加速度的传递公式：

$$\dot{\omega}_{i+1}=\dot{\omega}_i+\dot{\theta}_{i+1}(\omega_i\times Z_{i+1})+\ddot{\theta}_{i+1}Z_{i+1} \tag{4.49}$$

其中,θ 是关节位置(旋转关节的角度),Z 是关节的转轴。

对于线速度,每个连杆的线速度等于上一根连杆(质心)的线速度、上一根连杆转动造成的线速度以及平移关节的线速度之和：

$$v_{i+1}=v_i+\omega_i\times p_{i+1}+\dot{d}_{i+1}Z_{i+1} \tag{4.50}$$

等式两边求导可以得到线性加速度的传递公式：

$$\dot{v}_{i+1}=\dot{v}_i+\dot{\omega}_i\times p_{i+1}+\omega_i\times(\omega_i\times p_{i+1})+2\dot{d}_{i+1}\omega_i\times Z_{i+1}+\ddot{d}_{i+1}Z_{i+1} \tag{4.51}$$

其中,d 是关节位置(平移关节的平移位置),Z 是关节平移方向,p 是上一个连杆质心到当前连杆的位置向量。

根据欧拉运动方程求出每个连杆的惯性力和惯性矩：

$$F_i=m_i\dot{v}_i \tag{4.52}$$

$$N_i=I_{Ci}\dot{\omega}_i+\omega_i\times I_{Ci}\omega_i \tag{4.53}$$

由牛顿第三运动定律可知,力的作用是相互的,所以可以用f_i来表示每一根连杆受到的上一根连杆的作用力,用n_i来表示它受到的力矩,有

$$F_i=f_i-f_{i+1} \tag{4.54}$$

$$N_i=n_i-n_{i+1}+(-p_C)\times f_i+(p_{i+1}-p_C)\times(-f_{i+1}) \tag{4.55}$$

则每个关节的扭矩/力为

$$\vec{\tau}_i=\begin{cases}f_iZ_i & \text{平移关节}\\ n_iZ_i & \text{转动关节}\end{cases} \tag{4.56}$$

最终可以得到完整的迭代过程(针对六自由度转动关节的机器人)：

正向迭代

$$\begin{aligned}
&i:0\rightarrow 5\\
&{}^{i+1}\omega_{i+1}={}^{i+1}_{i}R\,{}^{i}\omega_i+\dot{\theta}_{i+1}\,{}^{i+1}Z_{i+1}\\
&{}^{i+1}\dot{\omega}_{i+1}={}^{i+1}_{i}R\,{}^{i}\dot{\omega}_i+{}^{i+1}_{i}R\,{}^{i}\omega_i\times{}^{i+1}Z_{i+1}\dot{\theta}_{i+1}+\ddot{\theta}_{i+1}\,{}^{i+1}Z_{i+1}\\
&{}^{i+1}\dot{v}_{i+1}={}^{i+1}_{i}R({}^{i}\dot{\omega}_i\times{}^{i}P_{i+1}+{}^{i}\omega_i\times({}^{i}\omega_i\times{}^{i}P_{i+1})+{}^{i}\dot{v}_i)\\
&{}^{i+1}\dot{v}_{C_{i+1}}={}^{i}\dot{\omega}_i\times{}^{i+1}P_{Ci+1}+{}^{i+1}\omega_{i+1}\times({}^{i+1}\omega_{i+1}\times{}^{i+1}P_{Ci+1})+{}^{i+1}\dot{v}_{i+1}\\
&{}^{i+1}F_{i+1}=m_{i+1}\,{}^{i+1}\dot{v}_{Ci+1}\\
&{}^{i+1}N_{i+1}={}^{C_{i+1}}I_{i+1}\,{}^{i+1}\dot{\omega}_{i+1}+{}^{i+1}\omega_{i+1}\times{}^{C_{i+1}}I_{i+1}\,{}^{i+1}\omega_{i+1}
\end{aligned} \tag{4.57}$$

反向迭代

$$\begin{aligned}
&i:6\rightarrow 1\\
&{}^{i}f_i={}^{i}_{i+1}R\,{}^{i+1}f_{i+1}+{}^{i}F_i\\
&{}^{i}n_i={}^{i}N_i+{}^{i}_{i+1}R\,{}^{i+1}n_{i+1}+{}^{i}P_{Ci}\times{}^{i}F_i+{}^{i}P_{i+1}\times{}^{i}_{i+1}R\,{}^{i+1}f_{i+1}
\end{aligned}$$

$$\tau_i = {}^i n_i^{\mathrm{T}}\, {}^i Z_i$$

$$ {}^0\dot{v}_0 = [0 \quad g \quad 0]^{\mathrm{T}} \tag{4.58}$$

其中，${}^{i+1}_{\ i}R$ 为关节坐标系$O_iX_iY_i$到坐标系$O_{i+1}X_{i+1}Y_{i+1}$的旋转变换矩阵，${}^{i+1}\omega_{i+1}$为在坐标系$O_{i+1}X_{i+1}Y_{i+1}$下的连杆 $i+1$ 的角速度ω_{i+1}，${}^{i+1}Z_{i+1}$为在坐标系$O_{i+1}X_{i+1}Y_{i+1}$下的关节 $i+1$ 的转轴，$\dot{\theta}_{i+1}$为旋转关节 $i+1$ 的角速度，${}^{i+1}\dot{\omega}_{i+1}$为在坐标系$O_{i+1}X_{i+1}Y_{i+1}$下的连杆 $i+1$ 的角加速度$\dot{\omega}_{i+1}$，$\ddot{\theta}_{i+1}$为旋转关节 $i+1$ 的角加速度，${}^{i+1}\dot{v}_{i+1}$为在坐标系$O_{i+1}X_{i+1}Y_{i+1}$下的连杆 $i+1$ 的线加速度，${}^{i}P_{i+1}$为在坐标系$O_iX_iY_i$下的连杆 $i+1$ 的质心的位置向量，${}^{i+1}\dot{v}_{Ci+1}$为在坐标系$O_{i+1}X_{i+1}Y_{i+1}$下的连杆 $i+1$ 的质心线加速度，${}^{i+1}P_{Ci+1}$为在坐标系$O_{i+1}X_{i+1}Y_{i+1}$下的连杆 $i+1$ 的质心的位置向量，${}^{i+1}F_{i+1}$为在坐标系$O_{i+1}X_{i+1}Y_{i+1}$下连杆 $i+1$ 的惯性力，${}^{i+1}N_{i+1}$为在坐标系$O_{i+1}X_{i+1}Y_{i+1}$下连杆 $i+1$ 的惯性矩，${}^{C_{i+1}}I_{i+1}$为连杆 $i+1$ 的相对其质心的惯量矩阵，${}^{i+1}f_{i+1}$为在坐标系$O_{i+1}X_{i+1}Y_{i+1}$下连杆 $i+1$ 受到的连杆 i 的作用力，${}^{i+1}n_{i+1}$为在坐标系$O_{i+1}X_{i+1}Y_{i+1}$下连杆 $i+1$ 受到的连杆 i 的作用力矩，τ_i为关节 i 的扭矩或力，g 为重力加速度。

4.4.2　拉格朗日方程动力学分析

1. 拉格朗日方程

令 θ_1、θ_2、…、θ_n为能使动力学系统具有完全确定位置的关节角度，E_{k} 和 E_{p} 为储存在动力学系统中的总动能和势能。根据理论力学，拉格朗日函数可定义为

$$L(\theta_i, \dot{\theta}_i) = E_{\mathrm{k}} - E_{\mathrm{p}} \tag{4.59}$$

由于 E_{k} 和 E_{p} 均为 θ_i 和$\dot{\theta}_i$的函数，所以拉格朗日函数是 q_i 和$\dot{q}_i$的函数。利用拉格朗日法可推得

$$\frac{\mathrm{d}}{\mathrm{d}t}\frac{\partial L}{\partial \dot{\theta}_i} - \frac{\partial L}{\partial \theta_i} = Q_i \quad (i=1,2,\cdots,n) \tag{4.60}$$

式中，Q_i 为相对于关节角度 θ_i 的广义力，广义力可通过作用在系统上的非保守力作的虚功来确定。

2. 系统动能

如图 4.4 所示，令v_{Ci}和 ω_i 分别为 3×1 质心速度向量和角速度向量，以固定坐标系为惯性参考系，连杆 i 动能为

$$E_{\mathrm{k}i} = \frac{1}{2} m_i\, v_{Ci}^{\mathrm{T}} v_{Ci} + \frac{1}{2}\omega_i^{\mathrm{T}} I_i \omega_i \tag{4.61}$$

令动能

$$E_{\mathrm{k}} = \sum_{i=1}^{n} E_{\mathrm{k}i} \tag{4.62}$$

把单个连杆看成是手部装置，则可同理计算连杆的速度和角速度。

$$v_{Ci} = J_{L1}^{(i)}\dot{\theta}_1 + J_{L2}^{(i)}\dot{\theta}_2 + \cdots + J_{Ln}^{(i)}\dot{\theta}_n = J_{Ln}^{(i)}\dot{\theta}$$

$$\omega_{Ci} = J_{A1}^{(i)}\dot{\theta}_1 + J_{A2}^{(i)}\dot{\theta}_2 + \cdots + J_{An}^{(i)}\dot{\theta}_n = J_{A}^{(i)}\dot{\theta} \tag{4.63}$$

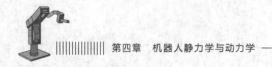

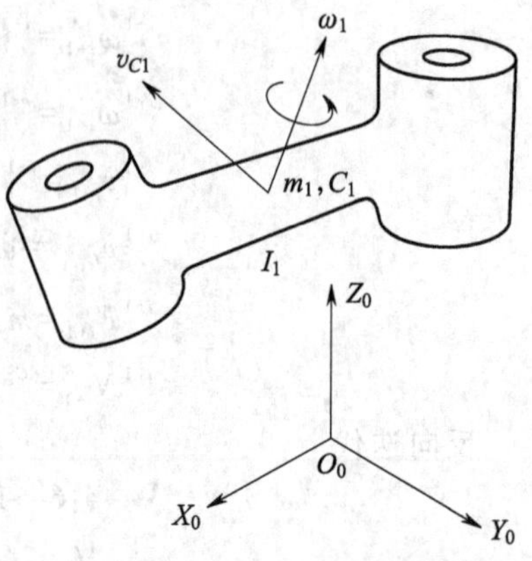

图 4.4　连杆 i 动能示意图

由式(4.61)~式(4.63)可以推导出

$$E_{\mathrm{k}}=\frac{1}{2}\sum_{i=1}^{n}\left[m_i\dot{\theta}^{\mathrm{T}}J_L^{(i)\mathrm{T}}J_L^{(i)}\dot{\theta}+\dot{\theta}^{\mathrm{T}}J_L^{(i)\mathrm{T}}I_i J_L^{(i)}\dot{\theta}\right]=\frac{1}{2}\dot{\theta}^{\mathrm{T}}D\dot{\theta} \tag{4.64}$$

$$D=\sum_{i=1}^{n}\left[m_i J_L^{(i)\mathrm{T}}J_L^{(i)}+J_L^{(i)\mathrm{T}}I_i J_L^{(i)}\right] \tag{4.65}$$

其中 D 代表杆对关节的总惯性矩。

3. 系统势能

以固定坐标系为惯性坐标系，整个机器人手臂的势能为

$$E_{\mathrm{p}}=\sum_{i=1}^{n}m_i g^{\mathrm{T}}r_{0,Ci} \tag{4.66}$$

式中，质心的位置矢量取决于机器人手臂位姿，因此势能是 $\theta_1,\theta_2,\cdots,\theta_n$ 的函数。

拉格朗日方程推导如下：

由势能和动能表达式和拉格朗日函数可知式(4.60)的第一项

$$\frac{\mathrm{d}}{\mathrm{d}t}\left(\frac{\partial L}{\partial\dot{\theta}}\right)=\frac{\mathrm{d}}{\mathrm{d}t}\left(\frac{\partial T}{\partial\dot{\theta}}\right)=\frac{\mathrm{d}}{\mathrm{d}t}\left(\sum_{j=1}^{n}D_{ij}\dot{\theta}_i\right)=\sum_{j=1}^{n}D_{ij}\ddot{\theta}_j+\sum_{j=1}^{n}\frac{\mathrm{d}D_{ij}}{\mathrm{d}t}\dot{\theta}_j \tag{4.67}$$

因为 D_{ij} 是广义坐标 $\theta_1,\theta_2,\cdots,\theta_n$ 的函数，所以

$$\frac{\mathrm{d}D_{ij}}{\mathrm{d}t}=\sum_{k=1}^{n}\frac{\partial D_{ij}\mathrm{d}\theta_k}{\partial\theta_k\mathrm{d}t}=\sum_{k=1}^{n}\frac{\partial D_{ij}}{\theta_k}\dot{\theta}_k \tag{4.68}$$

式(4.60)第二项可分为两部分：

$$\frac{\partial L}{\partial\theta_i}=\frac{\partial E_{\mathrm{k}}}{\partial\theta_i}-\frac{\partial E_{\mathrm{p}}}{\partial\theta_i} \tag{4.69}$$

$$\frac{\partial L}{\partial\theta_i}=\frac{\partial}{\partial\theta_i}\left(\frac{1}{2}\sum_{j=1}^{n}\sum_{k=1}^{n}\frac{\partial D_{jk}}{\theta_i}\dot{\theta}_j\dot{\theta}_k\right) \tag{4.70}$$

$$\frac{\partial E_{\mathrm{p}}}{\partial\theta_i}=\sum_{j=1}^{n}m_j g^{\mathrm{T}}J_{Li}^{(j)}=G_i \tag{4.71}$$

将上式整合可得到

$$\sum_{j=1}^{n}D_{ij}\ddot{\theta}_j+\sum_{j=1}^{n}\sum_{k=1}^{n}d_{ijk}\dot{\theta}_j\dot{\theta}_k+G_i=Q \tag{4.72}$$

上式为一般的动力学方程。式中，

$$d_{ijk}=\frac{\partial D_{ij}}{\partial q_k}-\frac{1}{2}\frac{\partial D_{jk}}{\partial q_i}$$

$$G_i=\sum_{j=1}^{n}m_i\,g^{\mathrm{T}}J_{Li}^{(j)}$$

写成简化的形式为

$$D(\theta)\ddot{\theta}+C(\theta,\dot{\theta})\dot{\theta}+G(\theta)=\tau \tag{4.73}$$

其中：$D(\theta)=\sum_{j=1}^{n}D_{ij}$，$C(\theta,\dot{\theta})+\sum_{j=1}^{n}\sum_{k=1}^{n}d_{ijk}$，$G(\theta)=G_i$，$\tau=Q$。

4.4.3 案例 1 二自由度机器人牛顿-欧拉方程动力学建模

在对图 4.5 所示的二自由度机器人进行运动学和动力学分析时，考虑到通用性，假设存在固定参考坐标系 $O_0X_0Y_0$，如图 4.5 所示，两个连杆坐标系 $O_1X_1Y_1$ 和 $O_2X_2Y_2$ 分别固连在关节 1 和关节 2 上，坐标轴分别为 X_1、Y_1 和 X_2、Y_2。机器人末端即为坐标系 $O_3X_3Y_3$ 的原点。设两连杆长度分别为 l_1、l_2，质量为 m_1、m_2，集中在连杆的末端。θ_1、θ_2 分别表示两转动关节变量，g 为重力加速度。

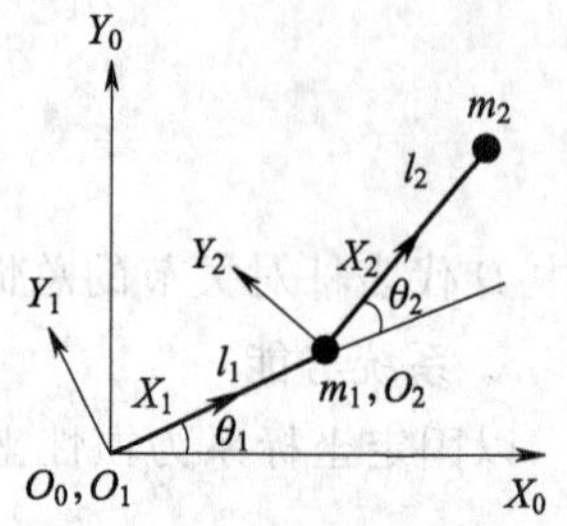

图 4.5 二自由度机器人的数学模型

质点 m_1 即坐标系 $O_2X_2Y_2$ 的原点，在坐标系 $O_1X_1Y_1$ 中的位置 ${}^1p_2={}^1p_{C2}=[l_1 \quad 0 \quad 0]^{\mathrm{T}}$，质点 m_2 即机器人末端，坐标系 $O_3X_3Y_3$ 的原点在坐标系 $O_2X_2Y_2$ 中的位置 ${}^2p_3=[l_2 \quad 0 \quad 0]^{\mathrm{T}}$，关节旋转轴 ${}^1Z_1={}^2Z_2=[0 \quad 0 \quad 1]^{\mathrm{T}}$。以下 ${}^i\omega_j$ 表示坐标系 $O_jX_jY_j$ 的角速度在坐标系 $O_iX_iY_i$ 中的表示，${}^iv_j$ 为坐标系 $O_jX_jY_j$ 的线速度在坐标系 $O_iX_iY_i$ 中的表示，其他变量如角加速度 ${}^i\dot{\omega}_j$、线加速度 ${}^i\dot{v}_j$ 等表示方法同理。机器人的基座固定，考虑重力的影响，则 ${}^0\omega_0={}^0\dot{\omega}_0={}^0v_0=0$，${}^0\dot{v}_0=[0 \quad g \quad 0]^{\mathrm{T}}$。

关节坐标系 $O_1X_1Y_1$ 在固定坐标系 $O_0X_0Y_0$ 的旋转变换矩阵和关节坐标系 $O_2X_2Y_2$ 在坐标系 $O_1X_1Y_1$ 的旋转变换矩阵分别为

$$
{}_1^0R=\begin{bmatrix}\cos\theta_1 & -\sin\theta_1 & 0\\ \sin\theta_1 & \cos\theta_1 & 0\\ 0 & 0 & 1\end{bmatrix},\quad {}_2^1R=\begin{bmatrix}\cos\theta_2 & -\sin\theta_2 & 0\\ \sin\theta_2 & \cos\theta_2 & 0\\ 0 & 0 & 1\end{bmatrix}
$$

用牛顿-欧拉动力学递推算法首先可以推算出各个关节的角速度和角加速度，其中 ${}^iF_i$ 为质点线加速度 ${}^i\dot{v}_{Ci}$ 产生的惯性力，${}^iN_i$ 为角加速度 ${}^i\dot{\omega}_i$ 产生的惯性力矩。设连杆的质量很小，因此可以令连杆的惯量矩阵 ${}^{C_2}I_1={}^{C_2}I_2=0$。

对连杆 1，

$$
{}^1\omega_1={}_0^1R\,{}^0\omega_0+\dot{\theta}_1\,{}^1Z_1=\begin{bmatrix}\cos\theta_1 & -\sin\theta_1 & 0\\ \sin\theta_1 & \cos\theta_1 & 0\\ 0 & 0 & 1\end{bmatrix}^{-1}\begin{bmatrix}0\\0\\0\end{bmatrix}+\dot{\theta}_1\begin{bmatrix}0\\0\\1\end{bmatrix}=\begin{bmatrix}0\\0\\\dot{\theta}_1\end{bmatrix}
$$

$$
{}^1\dot{\omega}_1={}_0^1R\,{}^0\dot{\omega}_0+{}_0^1R\,{}^0\omega_0\times{}^1Z_1\dot{\theta}_1+\ddot{\theta}_1\,{}^1Z_1=\begin{bmatrix}\cos\theta_1 & -\sin\theta_1 & 0\\ \sin\theta_1 & \cos\theta_1 & 0\\ 0 & 0 & 1\end{bmatrix}^{-1}\begin{bmatrix}0\\0\\0\end{bmatrix}+
$$

$$
\begin{bmatrix}\cos\theta_1 & -\sin\theta_1 & 0\\ \sin\theta_1 & \cos\theta_1 & 0\\ 0 & 0 & 1\end{bmatrix}^{-1}\begin{bmatrix}0\\0\\0\end{bmatrix}\times\begin{bmatrix}0\\0\\1\end{bmatrix}\dot{\theta}_1+\ddot{\theta}_1\begin{bmatrix}0\\0\\1\end{bmatrix}=\begin{bmatrix}0\\0\\\ddot{\theta}_1\end{bmatrix}
$$

$$
{}^1\dot{v}_1={}^1R_0[{}^0\dot{\omega}_0\times{}^1p_2+{}^0\omega_0\times({}^0\omega_0\times{}^1p_2)+{}^0\dot{v}_0]
$$

$$
=\begin{bmatrix}\cos\theta_1 & -\sin\theta_1 & 0\\ \sin\theta_1 & \cos\theta_1 & 0\\ 0 & 0 & 1\end{bmatrix}^{-1}\left[\begin{bmatrix}0\\0\\0\end{bmatrix}\times\begin{bmatrix}l_1\\0\\0\end{bmatrix}+\begin{bmatrix}0\\0\\0\end{bmatrix}\times\left(\begin{bmatrix}0\\0\\0\end{bmatrix}\times\begin{bmatrix}l_1\\0\\0\end{bmatrix}\right)+\begin{bmatrix}0\\g\\0\end{bmatrix}\right]=\begin{bmatrix}g\sin\theta_1\\ g\cos\theta_1\\ 0\end{bmatrix}
$$

$$
{}^1\dot{v}_{C1}={}^1\dot{\omega}_1\times{}^1p_{C2}+{}^1\omega_1\times({}^1\omega_1\times{}^1p_{C2})+{}^1\dot{v}_1
$$

$$
=\begin{bmatrix}0\\0\\\ddot{\theta}_1\end{bmatrix}\times\begin{bmatrix}l_1\\0\\0\end{bmatrix}+\begin{bmatrix}0\\0\\\dot{\theta}_1\end{bmatrix}\times\left(\begin{bmatrix}0\\0\\\dot{\theta}_1\end{bmatrix}\times\begin{bmatrix}l_1\\0\\0\end{bmatrix}\right)+\begin{bmatrix}g\sin\theta_1\\ g\cos\theta_1\\ 0\end{bmatrix}
$$

$$
=\begin{bmatrix}0\\ l_1\ddot{\theta}_1\\ 0\end{bmatrix}+\begin{bmatrix}-l_1\dot{\theta}_1^2\\ 0\\ 0\end{bmatrix}+\begin{bmatrix}g\sin\theta_1\\ g\cos\theta_1\\ 0\end{bmatrix}=\begin{bmatrix}-l_1\dot{\theta}_1^2+g\sin\theta_1\\ l_1\ddot{\theta}_1+g\cos\theta_1\\ 0\end{bmatrix}
$$

$$
{}^1F_1=m_1\,{}^1\dot{v}_{C1}=m_1\begin{bmatrix}-l_1\dot{\theta}_1^2+g\sin\theta_1\\ l_1\ddot{\theta}_1+g\cos\theta_1\\ 0\end{bmatrix}=\begin{bmatrix}-m_1l_1\dot{\theta}_1^2+m_1g\sin\theta_1\\ m_1l_1\ddot{\theta}_1+m_1g\cos\theta_1\\ 0\end{bmatrix}
$$

$$
{}^1N_1={}^{C_1}I_1\,{}^1\dot{\omega}_1+{}^1\dot{\omega}_1\times{}^{C_1}I_1\,{}^1\omega_1=0\begin{bmatrix}0\\0\\\ddot{\theta}_1\end{bmatrix}+\begin{bmatrix}0\\0\\\ddot{\theta}_1\end{bmatrix}\times0\begin{bmatrix}0\\0\\\dot{\theta}_1\end{bmatrix}=\begin{bmatrix}0\\0\\0\end{bmatrix}
$$

对连杆 2，

$$
{}^2\omega_2={}^2_1R\,{}^1\omega_1+\dot{\theta}_2\,{}^2Z_2=\begin{bmatrix}\cos\theta_2 & -\sin\theta_2 & 0\\ \sin\theta_2 & \cos\theta_2 & 0\\ 0 & 0 & 1\end{bmatrix}^{-1}\begin{bmatrix}0\\0\\\dot{\theta}_1\end{bmatrix}+\dot{\theta}_2\begin{bmatrix}0\\0\\1\end{bmatrix}=\begin{bmatrix}0\\0\\\dot{\theta}_1+\dot{\theta}_2\end{bmatrix}
$$

$$
{}^2\dot{\omega}_2={}^2_1R\,{}^1\dot{\omega}_1+{}^2_1R\,{}^1\omega_1\times{}^2Z_2\dot{\theta}_2+\ddot{\theta}_2\,{}^2Z_2
$$

$$
=\begin{bmatrix}\cos\theta_2 & -\sin\theta_2 & 0\\ \sin\theta_2 & \cos\theta_2 & 0\\ 0 & 0 & 1\end{bmatrix}^{-1}\begin{bmatrix}0\\0\\\ddot{\theta}_1\end{bmatrix}+\begin{bmatrix}\cos\theta_2 & -\sin\theta_2 & 0\\ \sin\theta_2 & \cos\theta_2 & 0\\ 0 & 0 & 1\end{bmatrix}^{-1}\begin{bmatrix}0\\0\\\dot{\theta}_1\end{bmatrix}\times\begin{bmatrix}0\\0\\1\end{bmatrix}\dot{\theta}_2+\ddot{\theta}_2\begin{bmatrix}0\\0\\1\end{bmatrix}
$$

$$
=\begin{bmatrix}0\\0\\\ddot{\theta}_1+\ddot{\theta}_2\end{bmatrix}
$$

$$
{}^2\dot{v}_2={}^2_1R[{}^1\dot{\omega}_1\times{}^2p_3+{}^1\omega_1\times({}^1\omega_1\times{}^2p_3)+{}^1\dot{v}_1]
$$

$$
=\begin{bmatrix}\cos\theta_2 & -\sin\theta_2 & 0\\ \sin\theta_2 & \cos\theta_2 & 0\\ 0 & 0 & 1\end{bmatrix}^{-1}\left[\begin{bmatrix}0\\0\\\ddot{\theta}_1\end{bmatrix}\times\begin{bmatrix}l_2\\0\\0\end{bmatrix}+\begin{bmatrix}0\\0\\\dot{\theta}_1\end{bmatrix}\times\left(\begin{bmatrix}0\\0\\\dot{\theta}_1\end{bmatrix}\times\begin{bmatrix}l_2\\0\\0\end{bmatrix}\right)+\begin{bmatrix}g\sin\theta_1\\ g\cos\theta_1\\ 0\end{bmatrix}\right]
$$

$$=\begin{bmatrix} l_1\ddot{\theta}_1\sin\theta_2-l_1\dot{\theta}_1^2\cos\theta_2+g\sin(\theta_1+\theta_2) \\ l_1\ddot{\theta}_1\cos\theta_2+l_1\dot{\theta}_1^2\sin\theta_2+g\cos(\theta_1+\theta_2) \\ 0 \end{bmatrix}$$

$$^2\dot{v}_{C2}={}^2\dot{\omega}_2\times{}^2p_{C3}+{}^2\omega_2\times({}^2\omega_2\times{}^2p_{C3})+{}^2\dot{v}_2$$

$$=\begin{bmatrix} 0 \\ 0 \\ \ddot{\theta}_1+\ddot{\theta}_2 \end{bmatrix}\times\begin{bmatrix} l_2 \\ 0 \\ 0 \end{bmatrix}+\begin{bmatrix} 0 \\ 0 \\ \dot{\theta}_1+\dot{\theta}_2 \end{bmatrix}\times\left(\begin{bmatrix} 0 \\ 0 \\ \dot{\theta}_1+\dot{\theta}_2 \end{bmatrix}\times\begin{bmatrix} l_2 \\ 0 \\ 0 \end{bmatrix}\right)+\begin{bmatrix} l_1\ddot{\theta}_1\sin\theta_2-l_1\dot{\theta}_1^2\cos\theta_2+g\sin(\theta_1+\theta_2) \\ l_1\ddot{\theta}_1\cos\theta_2+l_1\dot{\theta}_1^2\sin\theta_2+g\cos(\theta_1+\theta_2) \\ 0 \end{bmatrix}$$

$$=\begin{bmatrix} 0 \\ l_2(\ddot{\theta}_1+\ddot{\theta}_2) \\ 0 \end{bmatrix}+\begin{bmatrix} -l_2(\dot{\theta}_1+\dot{\theta}_2)^2 \\ 0 \\ 0 \end{bmatrix}+\begin{bmatrix} l_1\ddot{\theta}_1\sin\theta_2-l_1\dot{\theta}_1^2\cos\theta_2+g\sin(\theta_1+\theta_2) \\ l_1\ddot{\theta}_1\cos\theta_2+l_1\dot{\theta}_1^2\sin\theta_2+g\cos(\theta_1+\theta_2) \\ 0 \end{bmatrix}$$

$$^2F_2=m_2\,{}^2\dot{v}_{C2}=m_2\left(\begin{bmatrix} 0 \\ l_2(\ddot{\theta}_1+\ddot{\theta}_2) \\ 0 \end{bmatrix}+\begin{bmatrix} -l_2(\dot{\theta}_1+\dot{\theta}_2)^2 \\ 0 \\ 0 \end{bmatrix}+\begin{bmatrix} l_1\ddot{\theta}_1\sin\theta_2-l_1\dot{\theta}_1^2\cos\theta_2+g\sin(\theta_1+\theta_2) \\ l_1\ddot{\theta}_1\cos\theta_2+l_1\dot{\theta}_1^2\sin\theta_2+g\cos(\theta_1+\theta_2) \\ 0 \end{bmatrix}\right)$$

$$=\begin{bmatrix} m_2l_1\sin\theta_2\ddot{\theta}_1-m_2l_1\cos\theta_2\dot{\theta}_1^2-m_2g\sin(\theta_1+\theta_2)-m_2l_2(\dot{\theta}_1+\dot{\theta}_2)^2 \\ m_2l_1\cos\theta_2\ddot{\theta}_1-m_2l_1\sin\theta_2\dot{\theta}_1^2+m_2g\cos(\theta_1+\theta_2)+m_2l_2(\ddot{\theta}_1+\ddot{\theta}_2) \\ 0 \end{bmatrix}$$

$$^2N_2={}^{C_2}I_2\,{}^2\dot{\omega}_2+{}^2\dot{\omega}_2\times{}^{C_2}I_2\,{}^2\omega_2=0\begin{bmatrix} 0 \\ 0 \\ \ddot{\theta}_1+\ddot{\theta}_2 \end{bmatrix}+\begin{bmatrix} 0 \\ 0 \\ \ddot{\theta}_1+\ddot{\theta}_2 \end{bmatrix}\times0\begin{bmatrix} 0 \\ 0 \\ \dot{\theta}_1+\dot{\theta}_2 \end{bmatrix}=\begin{bmatrix} 0 \\ 0 \\ 0 \end{bmatrix}$$

再根据各连杆的惯性力和力矩可推算出各关节的力矩。设 ^if_i、^in_i 为在坐标系 $O_iX_iY_i$ 中连杆 i-1 对连杆 i 的力和力矩，对连杆 2，有

$$^2f_2={}^2_3R\,{}^3f_3+{}^2F_2=0+{}^2F_2={}^2F_2=\begin{bmatrix} m_2l_1\sin\theta_2\ddot{\theta}_1-m_2l_1\cos\theta_2\dot{\theta}_1^2+m_2g\sin(\theta_1+\theta_2)-m_2l_2(\dot{\theta}_1+\dot{\theta}_2)^2 \\ m_2l_1\cos\theta_2\ddot{\theta}_1+m_2l_1\sin\theta_2\dot{\theta}_1^2+m_2g\cos(\theta_1+\theta_2)+m_2l_2(\ddot{\theta}_1+\ddot{\theta}_2) \\ 0 \end{bmatrix}$$

$$^2n_2={}^2N_2+{}^2_3R\,{}^3n_3+{}^2p_{C3}\times{}^2F_2+{}^2p_3\times{}^2_3R\,{}^3f_3$$

$$=\begin{bmatrix} 0 \\ 0 \\ 0 \end{bmatrix}+0+\begin{bmatrix} l_2 \\ 0 \\ 0 \end{bmatrix}\times\begin{bmatrix} m_2l_1\sin\theta_2\ddot{\theta}_1-m_2l_1\cos\theta_2\dot{\theta}_1^2+m_2g\sin(\theta_1+\theta_2)-m_2l_2(\dot{\theta}_1+\dot{\theta}_2)^2 \\ m_2l_1\cos\theta_2\ddot{\theta}_1+m_2l_1\sin\theta_2\dot{\theta}_1^2+m_2g\cos(\theta_1+\theta_2)+m_2l_2(\ddot{\theta}_1+\ddot{\theta}_2) \\ 0 \end{bmatrix}+\begin{bmatrix} l_2 \\ 0 \\ 0 \end{bmatrix}\times0$$

$$=\begin{bmatrix} 0 \\ 0 \\ m_2l_1l_2\cos\theta_2\ddot{\theta}_1+m_2l_1l_2\sin\theta_2\dot{\theta}_1^2+m_2l_2g\cos(\theta_1+\theta_2)+m_2l_2(\ddot{\theta}_1+\ddot{\theta}_2) \end{bmatrix}$$

对连杆 1,有

$$
{}^1f_1={}^1_2R\,{}^2f_2+{}^1F_1=\begin{bmatrix}\cos\theta_2 & -\sin\theta_2 & 0\\ \sin\theta_2 & \cos\theta_2 & 0\\ 0 & 0 & 1\end{bmatrix}
$$

$$
\begin{bmatrix} m_2l_1\sin\theta_2\ddot{\theta}_1-m_2l_1\cos\theta_2\dot{\theta}_1^2+m_2g\sin(\theta_1+\theta_2)-m_2l_2\,(\dot{\theta}_1+\dot{\theta}_2)^2\\ m_2l_1\cos\theta_2\ddot{\theta}_1+m_2l_1\sin\theta_2\dot{\theta}_1^2+m_2g\cos(\theta_1+\theta_2)+m_2l_2(\ddot{\theta}_1+\ddot{\theta}_2)\\ 0\end{bmatrix}+\begin{bmatrix}-m_1l_1\dot{\theta}_1^2+m_1g\sin\theta_1\\ m_1l_1\ddot{\theta}_1+m_1g\cos\theta_1\\ 0\end{bmatrix}
$$

$$
{}^1n_1={}^1N_1+{}^1_2R\,{}^2n_2+{}^1p_{C2}\times{}^1F_1+{}^1p_2\times{}^1_2R\,{}^2f_2
$$

$$
=\begin{bmatrix}0\\0\\0\end{bmatrix}+\begin{bmatrix}\cos\theta_2 & -\sin\theta_2 & 0\\ \sin\theta_2 & \cos\theta_2 & 0\\ 0 & 0 & 1\end{bmatrix}\begin{bmatrix}0\\0\\ m_2l_1l_2\cos\theta_2\ddot{\theta}_1+m_2l_1l_2\sin\theta_2\dot{\theta}_1^2+m_2l_2g\cos(\theta_1+\theta_2)+m_2l_2^2(\ddot{\theta}_1+\ddot{\theta}_2)\end{bmatrix}+
$$

$$
\begin{bmatrix}l_1\\0\\0\end{bmatrix}\times\begin{bmatrix}-m_1l_1\dot{\theta}_1^2+m_1g\sin\theta_1\\ m_1l_1\ddot{\theta}_1+m_1g\cos\theta_1\\ 0\end{bmatrix}+
$$

$$
\begin{bmatrix}l_1\\0\\0\end{bmatrix}\times\begin{bmatrix}\cos\theta_2 & -\sin\theta_2 & 0\\ \sin\theta_2 & \cos\theta_2 & 0\\ 0 & 0 & 1\end{bmatrix}\begin{bmatrix} m_2l_1\sin\theta_2\ddot{\theta}_1-m_2l_1\cos\theta_2\dot{\theta}_1^2+m_2g\sin(\theta_1+\theta_2)-m_2l_2\,(\dot{\theta}_1+\dot{\theta}_2)^2\\ m_2l_1\cos\theta_2\ddot{\theta}_1+m_2l_1\sin\theta_2\dot{\theta}_1^2+m_2g\cos(\theta_1+\theta_2)+m_2l_2(\ddot{\theta}_1+\ddot{\theta}_2)\\ 0\end{bmatrix}
$$

$$
=\begin{bmatrix}0\\0\\ m_2l_1l_2\cos\theta_2\ddot{\theta}_1+m_2l_1l_2\sin\theta_2\dot{\theta}_1^2+m_2l_2g\cos(\theta_1+\theta_2)+m_2\,l_2^{\,2}(\ddot{\theta}_1+\ddot{\theta}_2)+\\ m_1l_1^2\ddot{\theta}_1+m_1l_1g\cos\theta_1+m_2l_1^2\ddot{\theta}_1-m_2l_1l_2\sin\theta_2\,(\dot{\theta}_1+\dot{\theta}_2)^2+\\ m_2l_1g\sin\theta_2\sin(\theta_1+\theta_2)+m_2l_1l_2\cos\theta_2(\ddot{\theta}_1+\ddot{\theta}_2)+m_2l_1g\cos\theta_2\cos(\theta_1+\theta_2)\end{bmatrix}
$$

最后可得各关节的力矩：

$$
\tau_1={}^1n_1^{\mathrm{T}}\;{}^1Z_1=\begin{bmatrix}0\\0\\ m_2l_1l_2\cos\theta_2\ddot{\theta}_1+m_2l_1l_2\sin\theta_2\dot{\theta}_1^2+m_2l_2g\cos(\theta_1+\theta_2)+m_2\,l_2^2(\ddot{\theta}_1+\ddot{\theta}_2)+\\ m_1l_1^2\ddot{\theta}_1+m_1l_1g\cos\theta_1+m_2l_1^2\ddot{\theta}_1-m_2l_1l_2\sin\theta_2\,(\dot{\theta}_1+\dot{\theta}_2)^2+\\ m_2l_1g\sin\theta_2\sin(\theta_1+\theta_2)+m_2l_1l_2\cos\theta_2(\ddot{\theta}_1+\ddot{\theta}_2)+m_2l_1g\cos\theta_2\cos(\theta_1+\theta_2)\end{bmatrix}\begin{bmatrix}0\\0\\1\end{bmatrix}
$$

$$
=m_2\,l_2^{\,2}(\ddot{\theta}_1+\ddot{\theta}_2)+m_2l_1l_2\cos\theta_2(2\ddot{\theta}_1+\ddot{\theta}_2)+(m_1+m_2)\,l_1^2\ddot{\theta}_1-
$$

$$
m_2l_1l_2\sin\theta_2\dot{\theta}_2^2-2m_2l_1l_2\sin\theta_2\dot{\theta}_1\dot{\theta}_2+m_2l_2g\cos(\theta_1+\theta_2)+
$$

$$
(m_1+m_2)\,l_1g\cos\theta_1
$$

$$\tau_2={}^2n_2^{\mathrm{T}}\,{}^2Z_2=\begin{bmatrix}0\\0\\m_2l_1l_2\cos\theta_2\ddot{\theta}_1+m_2l_1l_2\sin\theta_2\dot{\theta}_1^2+m_2l_2g\cos(\theta_1+\theta_2)+m_2l_2^2(\ddot{\theta}_1+\ddot{\theta}_2)\end{bmatrix}^{\mathrm{T}}\begin{bmatrix}0\\0\\1\end{bmatrix}$$

$$=m_2l_1l_2\cos\theta_2\ddot{\theta}_1+m_2l_1l_2\sin\theta_2\dot{\theta}_1^2+m_2l_2g\cos(\theta_1+\theta_2)+m_2l_2^2(\ddot{\theta}_1+\ddot{\theta}_2)$$

令关节变量 $\theta=\begin{bmatrix}\theta_1\\\theta_2\end{bmatrix}$，各关节的力矩矩阵可以简写为

$$\tau=\begin{bmatrix}\tau_1\\\tau_2\end{bmatrix}=D(\theta)\ddot{\theta}+C(\theta,\dot{\theta})\dot{\theta}+G(\theta)$$

其中，

$$D(\theta)=\begin{bmatrix}m_1l_1^2+m_2(l_1^2+l_2^2+2l_1l_2\cos\theta_2) & m_2(l_2^2+l_1l_2\cos\theta_2)\\m_2(l_2^2+l_1l_2\cos\theta_2) & m_2l_2^2\end{bmatrix}$$

$$C(\theta,\dot{\theta})=\begin{bmatrix}-m_2l_1l_2\sin\theta_2\dot{\theta}_2 & -m_2l_1l_2\sin\theta_2(\dot{\theta}_1+\dot{\theta}_2)\\m_2l_1l_2\sin\theta_2\dot{\theta}_1 & 0\end{bmatrix}$$

$$G(\theta)=\begin{bmatrix}m_2l_2g\cos(\theta_1+\theta_2)+(m_1+m_2)l_1g\cos\theta_1\\m_2l_2g\cos(\theta_1+\theta_2)\end{bmatrix}$$

4.4.4　案例 2　二自由度机器人拉格朗日方程动力学建模

二自由度机器人的数学模型如图 4.5 所示。

与 4.4.3 节案例 1 相同，设固定坐标系 $O_0X_0Y_0$ 的坐标轴为 X_0、Y_0，两个连杆坐标系 $O_1X_1Y_1$ 和 $O_2X_2Y_2$ 分别固连在关节 1 和关节 2 上，坐标轴分别为 X_1、Y_1 和 X_2、Y_2。机器人末端的坐标系为坐标系 $O_3X_3Y_3$。设两连杆长度分别为 l_1、l_2，质量为 m_1、m_2，集中在连杆的末端。θ_1、θ_2 分别表示两转动关节变量，g 为重力加速度。

杆 1 的质心 C_1 位置坐标为

$$\begin{cases}x_1=l_1\cos\theta_1\\y_1=l_1\sin\theta_1\end{cases}$$

杆 1 质心 C_1 的速度平方和为

$$\dot{x}_1^2+\dot{y}_1^2=(l_1\dot{\theta}_1)^2$$

杆 2 质心 C_2 的位置坐标为

$$\begin{cases}x_2=l_1\cos\theta_1+l_2\cos(\theta_1+\theta_2)\\y_2=l_1\sin\theta_1+l_2\sin(\theta_1+\theta_2)\end{cases}$$

杆 2 质心 C_2 的速度及其平方和为

$$\begin{cases}\dot{x}_2=-l_1\sin\theta_1\dot{\theta}_1-l_2\sin(\theta_1+\theta_2)(\dot{\theta}_1+\dot{\theta}_2)\\\dot{y}_2=l_1\cos\theta_1\dot{\theta}_1+l_2\cos(\theta_1+\theta_2)(\dot{\theta}_1+\dot{\theta}_2)\end{cases}$$

$$\dot{x}_2^2+\dot{y}_2^2=l_1^2\dot{\theta}_1^2+l_2^2(\dot{\theta}_1+\dot{\theta}_2)^2+2l_1l_2(\dot{\theta}_1^2+\dot{\theta}_1\dot{\theta}_2)\cos\theta_2$$

（1）系统动能

$$E_{k1}=\frac{1}{2}m_1 l_1^2\dot{\theta}_1^2$$

$$E_{k2}=\frac{1}{2}m_2 l_1^2\dot{\theta}_1^2+\frac{1}{2}m_2 l_2^2(\dot{\theta}_1+\dot{\theta}_2)^2+m_2 l_1 l_2(\dot{\theta}_1^2+\dot{\theta}_1\dot{\theta}_2)\cos\theta_2$$

$$E_{k}=\frac{1}{2}(m_1 l_1^2+m_2 l_1^2)\dot{\theta}_1^2+\frac{1}{2}m_2 l_2^2(\dot{\theta}_1+\dot{\theta}_2)^2+m_2 l_1 l_2(\dot{\theta}_1^2+\dot{\theta}_1\dot{\theta}_2)\cos\theta_2$$

（2）系统势能

$$E_{p1}=m_1 l_1 g\sin\theta_1$$

$$E_{p2}=m_2 l_1 g\sin\theta_1+m_2 l_2 g\sin(\theta_1+\theta_2)$$

$$E_{p}=(m_1 l_1+m_2 l_1)g\sin\theta_1+m_2 l_2 g\sin(\theta_1+\theta_2)$$

（3）拉格朗日函数

$$\begin{aligned}L&=E_k-E_p\\&=\frac{1}{2}(m_1 l_1^2+m_2 l_1^2)\dot{\theta}_1^2+\frac{1}{2}m_2 l_2^2(\dot{\theta}_1+\dot{\theta}_2)^2+m_2 l_1 l_2(\dot{\theta}_1^2+\dot{\theta}_1\dot{\theta}_2)\cos\theta_2-\\&\quad(m_1 l_1+m_2 l_1)g\sin\theta_1-m_2 l_2 g\sin(\theta_1+\theta_2)\end{aligned}$$

（4）系统动力学方程

由于

$$\frac{\partial L}{\partial\dot{\theta}_1}=(m_1 l_1^2+m_2 l_1^2)\dot{\theta}_1+m_2 l_2^2(\dot{\theta}_1+\dot{\theta}_2)+m_2 l_1 l_2(2\dot{\theta}_1+\dot{\theta}_2)\cos\theta_2$$

$$\frac{\partial L}{\partial\theta_1}=-(m_1 l_1+m_2 l_1)g\cos\theta_1-m_2 l_2 g\cos(\theta_1+\theta_2)$$

可得

$$\begin{aligned}\tau_1=\frac{\mathrm{d}}{\mathrm{d}t}\frac{\partial L}{\partial\dot{\theta}_1}-\frac{\partial L}{\partial\theta_1}&=(m_1 l_1^2+m_2 l_2^2+m_2 l_1^2+2m_2 l_1 l_2\cos\theta_2)\ddot{\theta}_1+\\&\quad(m_2 l_2^2+m_2 l_1 l_2\cos\theta_2)\ddot{\theta}_2-m_2 l_1 l_2(2\dot{\theta}_1+\dot{\theta}_2)\sin\theta_2\dot{\theta}_2+\\&\quad(m_1 l_1+m_2 l_1)g\cos\theta_1+m_2 l_2 g\cos(\theta_1+\theta_2)\end{aligned}$$

求 τ_2：

$$\frac{\partial L}{\partial\dot{\theta}_2}=m_2 l_2^2(\dot{\theta}_1+\dot{\theta}_2)+m_2 l_1 l_2\dot{\theta}_1\cos\theta_2$$

$$\frac{\partial L}{\partial\theta_2}=-m_2 l_1 l_2(\dot{\theta}_1^2+\dot{\theta}_1\dot{\theta}_2)\sin\theta_2-m_2 l_2 g\cos(\theta_1+\theta_2)$$

得

$$\begin{aligned}\tau_2&=\frac{\mathrm{d}}{\mathrm{d}t}\frac{\partial L}{\partial\dot{\theta}_2}-\frac{\partial L}{\partial\theta_2}\\&=(m_2 l_2^2+m_2 l_1 l_2\cos\theta_2)\ddot{\theta}_1+(m_2 l_2^2)\ddot{\theta}_2-m_2 l_1 l_2\dot{\theta}_1\sin\theta_2\dot{\theta}_2+\\&\quad m_2 l_1 l_2(\dot{\theta}_1^2+\dot{\theta}_1\dot{\theta}_2)\sin\theta_2+m_2 l_2 g\cos(\theta_1+\theta_2)\end{aligned}$$

令关节变量 $\theta=\begin{bmatrix}\theta_1\\ \theta_2\end{bmatrix}$,各关节的力矩矩阵可以简写为

$$\tau=\begin{bmatrix}\tau_1\\ \tau_2\end{bmatrix}=D(\theta)\ddot{\theta}+C(\theta,\dot{\theta})+G(\theta)$$

$$D(\theta)=\begin{bmatrix}m_1 l_1^2+m_2(l_1^2+l_2^2+2l_1 l_2\cos\theta_2) & m_2(l_2^2+l_1 l_2\cos\theta_2)\\ m_2(l_2^2+l_1 l_2\cos\theta_2) & m_2 l_2^2\end{bmatrix}$$

$$C(\theta,\dot{\theta})=\begin{bmatrix}-m_2 l_1 l_2\sin\theta_2\dot{\theta}_2 & -m_2 l_1 l_2\sin\theta_2(\dot{\theta}_1+\dot{\theta}_2)\\ m_2 l_1 l_2\sin\theta_2\dot{\theta}_1 & 0\end{bmatrix}$$

$$G(\theta)=\begin{bmatrix}m_2 l_2 g\cos(\theta_1+\theta_2)+(m_1+m_2)l_1 g\cos\theta_1\\ m_2 l_2 g\cos(\theta_1+\theta_2)\end{bmatrix}$$

对比案例 1 可以发现,两个方法最后得出的机器人方程是一样的。

4.4.5　案例 3　用拉格朗日方程建立二自由度质心非末端机器人动力学方程

1）选取坐标系,选定完全而且独立的广义关节变量 $q_i,i=1,2,\cdots,n$。

2）选定相应的关节上的广义力 F_i。当 q_i 是位移变量时,F_i 为力;当 q_i 是角度变量时,F_i 为力矩。

3）求出机器人各构件的动能和势能,构造拉格朗日函数。

4）代入拉格朗日方程求得机器人系统的动力学方程。

用拉格朗日法建立二自由度质心非末端工业机器人动力学方程:

(1) 广义关节变量及广义力的选定

选取笛卡儿坐标系如图 4.6 所示,连杆 1 和连杆 2 的关节变量分别为转角 θ_1 和 θ_2,相应的关节 1 和关节 2 的力矩是 τ_1 和 τ_2,连杆 1 和连杆 2 的质量分别是 m_1 和 m_2,杆长分别为 l_1 和 l_2,质心分别在 C_1 和 C_2 处,离相应关节中心的距离分别为 p_1 和 p_2。

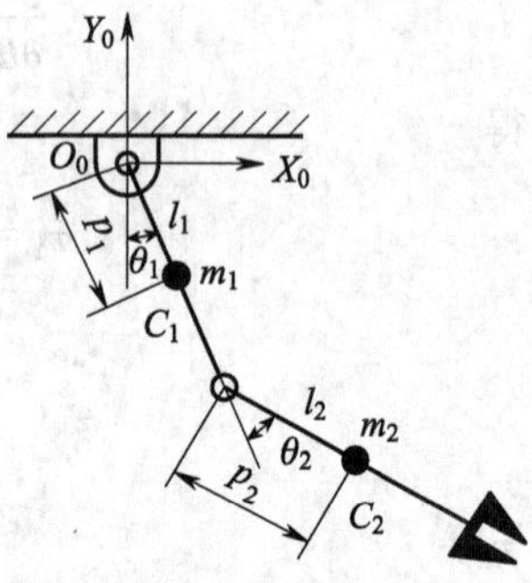

图 4.6　二自由度质心非末端工业机器人

因此,杆 1 质心 C_1 的位置坐标为

$$x_1=p_1\sin\theta_1$$
$$y_1=-p_1\cos\theta_1$$

杆 1 质心 C_1 的速度平方和为

$$\dot{x}_1^2+\dot{y}_1^2=(p_1\dot{\theta}_1)^2$$

杆 2 质心 C_2 的位置坐标为

$$\begin{cases}x_2=l_1\sin\theta_1+p_2\sin(\theta_1+\theta_2)\\ y_2=-l_1\cos\theta_1-p_2\cos(\theta_1+\theta_2)\end{cases}$$

杆 2 质心C_2 的速度及其平方和为

$$\begin{cases}\dot{x}_2=l_1\cos\theta_1\dot{\theta}_1+p_2\cos(\theta_1+\theta_2)(\dot{\theta}_1+\dot{\theta}_2)\\ \dot{y}_2=l_1\sin\theta_1\dot{\theta}_1+p_2\sin(\theta_1+\theta_2)(\dot{\theta}_1+\dot{\theta}_2)\end{cases}$$

$$\dot{x}_2^2+\dot{y}_2^2=l_1^2\dot{\theta}_1^2+p_2^2(\dot{\theta}_1+\dot{\theta}_2)^2+2l_1p_2(\dot{\theta}_1^2+\dot{\theta}_1\dot{\theta}_2)\cos\theta_2$$

（2）系统动能

$$E_{\mathrm{k1}}=\frac{1}{2}m_1p_1^2\dot{\theta}_1^2$$

$$E_{\mathrm{k2}}=\frac{1}{2}m_2l_1^2\dot{\theta}_1^2+\frac{1}{2}m_2p_2^2(\dot{\theta}_1+\dot{\theta}_2)^2+m_2l_1p_2(\dot{\theta}_1^2+\dot{\theta}_1\dot{\theta}_2)\cos\theta_2$$

$$E_{\mathrm{k}}=\frac{1}{2}(m_1p_1^2+m_2l_1^2)\dot{\theta}_1^2+\frac{1}{2}m_2p_2^2(\dot{\theta}_1+\dot{\theta}_2)^2+m_2l_1p_2(\dot{\theta}_1^2+\dot{\theta}_1\dot{\theta}_2)\cos\theta_2$$

（3）系统势能

$$E_{\mathrm{p1}}=-m_1p_1g\cos\theta_1$$

$$E_{\mathrm{p2}}=-m_2l_1g\cos\theta_1-m_2p_2g\cos(\theta_1+\theta_2)$$

$$E_{\mathrm{p}}=-(m_1p_1+m_2l_1)g\cos\theta_1-m_2p_2g\cos(\theta_1+\theta_2)$$

（4）拉格朗日函数

$$\begin{aligned}L&=E_{\mathrm{k}}-E_{\mathrm{p}}\\&=\frac{1}{2}(m_1p_1^2+m_2l_1^2)\dot{\theta}_1^2+\frac{1}{2}m_2p_2^2(\dot{\theta}_1+\dot{\theta}_2)^2+m_2l_1p_2(\dot{\theta}_1^2+\dot{\theta}_1\dot{\theta}_2)\cos\theta_2-\\&\quad(m_1p_1+m_2l_1)g\cos\theta_1-m_2p_2g\cos(\theta_1+\theta_2)\end{aligned}$$

（5）系统动力学方程

根据拉格朗日方程

$$F_i=\frac{\mathrm{d}}{\mathrm{d}t}\frac{\partial L}{\partial\dot{\theta}_i}-\frac{\partial L}{\partial\theta_i},i=1,2,\cdots,n$$

可计算各关节上的力矩，得到系统动力学方程。

计算关节 1 上的力矩τ_1：

$$\frac{\partial L}{\partial\dot{\theta}_1}=(m_1p_1^2+m_2l_1^2)\dot{\theta}_1+m_2p_2^2(\dot{\theta}_1+\dot{\theta}_2)+m_2l_1p_2(2\dot{\theta}_1+\dot{\theta}_2)\cos\theta_2$$

$$\frac{\partial L}{\partial\theta_1}=(m_1p_1+m_2l_1)g\sin\theta_1+m_2p_2g\sin(\theta_1+\theta_2)$$

所以

$$\begin{aligned}\tau_1&=\frac{\mathrm{d}}{\mathrm{d}t}\frac{\partial L}{\partial\dot{\theta}_1}-\frac{\partial L}{\partial\theta_1}\\&=(m_1p_1^2+m_2p_2^2+m_2l_1^2+2m_2l_1p_2\cos\theta_2)\ddot{\theta}_1+(m_2p_2^2+m_2l_1p_2\cos\theta_2)\ddot{\theta}_2-\\&\quad m_2l_1p_2(2\dot{\theta}_1+\dot{\theta}_2)\sin\theta_2\dot{\theta}_2-(m_1p_1+m_2l_1)g\sin\theta_1-m_2p_2g\sin(\theta_1+\theta_2)\end{aligned}$$

求 τ_2:

$$\frac{\partial L}{\partial \dot{\theta}_2}=m_2p_2^2(\dot{\theta}_1+\dot{\theta}_2)+m_2l_1p_2\dot{\theta}_1\cos\theta_2$$

$$\frac{\partial L}{\partial \theta_2}=-m_2l_1p_2(\dot{\theta}_1^2+\dot{\theta}_1\dot{\theta}_2)\sin\theta_2+m_2p_2g\sin(\theta_1+\theta_2)$$

得

$$\begin{aligned}\tau_2&=\frac{\mathrm{d}}{\mathrm{d}t}\frac{\partial L}{\partial \dot{\theta}_2}-\frac{\partial L}{\partial \theta_2}\\&=(m_2p_2^2+m_2l_1p_2\cos\theta_2)\ddot{\theta}_1+(m_2p_2^2)\ddot{\theta}_2-m_2l_1p_2\sin\theta_2\dot{\theta}_1\dot{\theta}_2+\\&\quad m_2l_1p_2(\dot{\theta}_1^2+\dot{\theta}_1\dot{\theta}_2)\sin\theta_2-m_2p_2g\sin(\theta_1+\theta_2)\end{aligned}$$

令关节变量 $\theta=\begin{bmatrix}\theta_1\\\theta_2\end{bmatrix}$,上式可表示为

$$D(\theta)\ddot{\theta}+C(\theta,\dot{\theta})\dot{\theta}+G(\theta)=\tau$$

$$D(\theta)=\begin{bmatrix}m_1p_1^2+m_2p_2^2+m_2l_1^2+2m_2l_1p_2\cos\theta_2 & m_2p_2^2+m_2l_1p_2\cos\theta_2\\ m_2p_2^2+m_2l_1p_2\cos\theta_2 & m_2p_2^2\end{bmatrix}$$

$$C(\theta,\dot{\theta})=\begin{bmatrix}-2m_2l_1p_2\dot{\theta}_2\sin\theta_2 & -m_2l_1p_2\dot{\theta}_2\sin\theta_2\\ m_2l_1p_2\sin\theta_2\dot{\theta}_1 & 0\end{bmatrix}$$

$$G(\theta)=\begin{bmatrix}-(m_1p_1+m_2l_1)g\sin\theta_1-m_2p_2g\sin(\theta_1+\theta_2)\\ -m_2p_2g\sin(\theta_1+\theta_2)\end{bmatrix}$$

第五章　机器人 PID 控制

【学习目标】

1. 了解 PID 控制的原理和特点，以及各个控制单元的作用；
2. 学会将 PD 和 PID 控制算法应用于机器人控制中。

5.1　PID 控制概述

PID 控制器作为最受欢迎和最广泛应用的控制器，由于其具有简单、有效、实用等优点，被普遍地用于刚性机器人控制，小到控制一个元件的温度，大到控制无人机的飞行姿态和飞行速度等，都可以使用 PID 控制。使用自校正 PID 控制器或与其他控制方法结合构成复合控制系统，常通过调整控制器增益来改善 PID 控制器性能。

总的来说，PID(proportion integration differentiation)控制器由比例单元(P)、积分单元(I)和微分单元(D)组成。其输入 $e(t)$ 与输出 $P(t)$ 的关系为

$$\begin{aligned} P(t) &= K_P\left[e(t)+\frac{1}{T_I}\int e(t)\,dt+T_D\frac{de(t)}{dt}\right] \\ &= K_P e(t)+\frac{K_P}{T_I}\int e(t)\,dt+K_P T_D\frac{de(t)}{dt} \\ &= P_K(t)+P_I(t)+P_D(t) \end{aligned} \tag{5.1}$$

其中，输入信号 $e(t)$ 为控制器的偏差信号(测量值与给定值之差)，K_P 为控制器的比例系数，T_I 为控制器的积分常数，T_D 为控制器的微分常数，$P_K(t)$ 为比例控制器输出，$P_I(t)$ 为积分控制器作用，$P_D(t)$ 为微分控制器作用。

控制器利用 PID 算法根据设定值与实际值的偏差得到驱动控制信号，然后利用控制信号作用于被控对象。将式(5.1)离散化，积分项用求和式表示：

$$\int_0^{-t} e(t)\,dt = \sum_{j=0}^{k} e(j)\Delta t = T\sum_{j=0}^{k} e(j) \tag{5.2}$$

微分项用增量式表示：

$$\frac{de(t)}{dt} \approx \frac{e(k)-e(k-1)}{\Delta t} = \frac{e(k)-e(k-1)}{T} \tag{5.3}$$

离散的 PID 算法表达式为

$$P(k)=K_{\mathrm{P}}\left\{e(k)+\frac{T}{T_{\mathrm{I}}}\sum_{j=0}^{k}e(j)+\frac{T_{\mathrm{D}}}{T}[e(k)-e(k-1)]\right\} \tag{5.4}$$

其中,T 为采样时间间隔。

PID 的各个控制单元的作用如下:

1) 比例控制　比例控制器实际上就是个放大倍数可调的放大器,即 $\Delta P=K_{\mathrm{P}}e$,式中 K_{P} 为比例增益,即 K_{P} 可大于 1,也可小于 1;e 为控制器的输入,也就是测量值与给定值之差,又称为偏差。

比例控制有个缺点,就是会产生稳态误差,要克服稳态误差就必须引入积分控制。

2) 积分控制　积分控制器就是为了消除自控系统的稳态误差而设置的。所谓积分,就是随时间进行累积的意思,即当有偏差 e 输入时,积分控制器就要将偏差随时间不断累积起来,也就是积分累积的快慢与偏差 e 的大小和积分速度成正比。只要有偏差 e 存在,积分控制器的输出就要改变,也就是说积分总是起作用的。只有偏差不存在时,积分才会停止。对于恒定的偏差,调整积分作用的实质就是改变控制器输出的变化速率,这个速率是用积分作用的输出等于比例作用的输出所需的时间(称为积分时间)来衡量的。积分时间短,则积分作用强;反之,积分时间大,则积分作用弱。如果积分时间无穷大,说明没有积分作用,控制器就成为纯比例控制器。

实际上,积分作用很少单独使用,通常与比例作用一起使用,使其既具有把偏差放大(或缩小)的比例作用,又具有将偏差随时间累积的积分作用,且其作用方向是一致的。这时控制器的输出为 $P=P_{\mathrm{K}}+P_{\mathrm{I}}$,式中 P 为控制器输出值的变化;P_{K} 为比例作用引起的输出;P_{I} 为积分作用引起的输出。

3) 微分控制　微分控制主要是用来克服被控对象的滞后,常用于温度控制系统。除采用微分控制外,在使用控制系统时要注意测量传送的滞后问题,如温度测量元件的选择和安装位置等。

在常规 PID 控制器中,微分控制的输出变化与微分时间和偏差的变化速度成比例,而与偏差的大小无关,偏差的变化速度越大,微分时间越长,则微分控制的输出变化越大。但如果微分作用过强,则可能由于变化太快而引起振荡,使控制器输出中产生明显的“尖峰”或“突跳”。

在实际应用中,经常根据需要采取 P、I、D 三个控制器的组合控制,如 PI 控制器、PD 控制器、PID 控制器等。

5.2　二自由度机器人 PD 控制案例

5.2.1　算法原理

实际应用中采用比例微分(PD)控制器对二自由度机器人进行控制。PD 控制器具有设计简单、响应速度快的优点,常用于机器人控制系统的设计。其控制框图如图 5.1 所示。其中,期望指令给出机器人预期的关节角度和角速度,并与机器人实际输出的角度和角速度作差,将由 PD 控制器得到的控制力矩输入机器人进行控制。

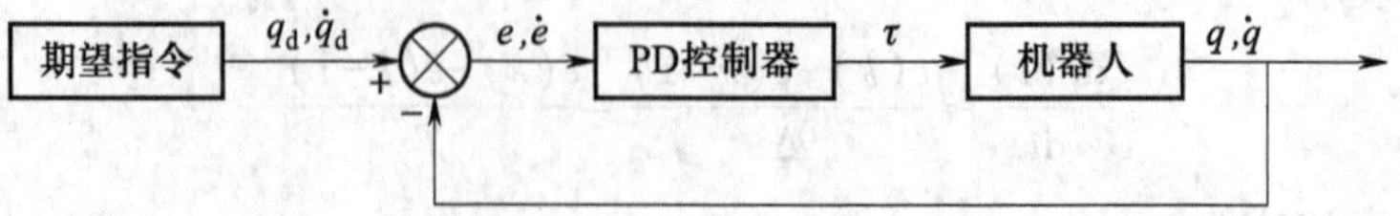

图 5.1　机器人 PD 控制框图

5.2.2 控制器设计

忽略重力和外加干扰，二自由度机器人动力学方程为

$$\tau=\begin{bmatrix}\tau_1\\ \tau_2\end{bmatrix}=D(\theta)\ddot{\theta}+C(\theta,\dot{\theta})\dot{\theta} \tag{5.5}$$

其中，$D(\theta)$ 为 $n\times n$ 阶正定惯性矩阵，$C(\theta,\dot{\theta})$ 为 $n\times n$ 阶离心力和科氏力项，其具体表达式见4.4.2章节。

独立的PD控制律为

$$\tau=K_{\mathrm{d}}\dot{e}+K_{\mathrm{p}}e \tag{5.6}$$

其中，PD控制参数 K_{p} 和 K_{d} 为二维对角矩阵，取跟踪误差 $e=\theta_{\mathrm{d}}-\theta$，$\theta_{\mathrm{d}}$ 为期望的关节角度，当 θ_{d} 固定时，$\dot{\theta}_{\mathrm{d}}=\ddot{\theta}_{\mathrm{d}}\equiv 0$。

5.2.3 稳定性分析

将式(5.6)代入式(5.5)得到机器人方程为

$$D(\theta)\ddot{\theta}+C(\theta,\dot{\theta})\dot{\theta}-K_{\mathrm{d}}\dot{e}-K_{\mathrm{p}}e=0 \tag{5.7}$$

当 $\theta=\theta_{\mathrm{d}}$ 时，

$$D(\theta)\ddot{\theta}_{\mathrm{d}}+C(\theta,\dot{\theta})\dot{\theta}_{\mathrm{d}}=0 \tag{5.8}$$

由式(5.8)-式(5.7)得

$$D(\theta)(\ddot{\theta}_{\mathrm{d}}-\ddot{\theta})+C(\theta,\dot{\theta})(\dot{\theta}_{\mathrm{d}}-\dot{\theta})+K_{\mathrm{d}}\dot{e}+K_{\mathrm{p}}e=0 \tag{5.9}$$

即

$$D(\theta)\ddot{e}+C(\theta,\dot{\theta})\dot{e}+K_{\mathrm{p}}e=-K_{\mathrm{d}}\dot{e} \tag{5.10}$$

取李雅普诺夫(Lyapunov)函数

$$V=\frac{1}{2}\dot{e}^{\mathrm{T}}D(\theta)\dot{e}+\frac{1}{2}e^{\mathrm{T}}K_{\mathrm{p}}e$$

则

$$\dot{V}=\dot{e}^{\mathrm{T}}D(\theta)\ddot{e}+\frac{1}{2}\dot{e}^{\mathrm{T}}\dot{D}\dot{e}+\dot{e}K_{\mathrm{p}}e$$

由 $\dot{D}-2C$ 的斜对称性可得 $\dot{e}^{\mathrm{T}}\dot{D}\dot{e}=2\dot{e}^{\mathrm{T}}C\dot{e}$，故

$$\begin{aligned}\dot{V}&=\dot{e}^{\mathrm{T}}D(\theta)\ddot{e}+\dot{e}^{\mathrm{T}}C\dot{e}+\dot{e}K_{\mathrm{p}}e\\&=\dot{e}^{\mathrm{T}}(D\ddot{e}+C\dot{e}+K_{\mathrm{p}}e)\\&=-\dot{e}^{\mathrm{T}}K_{\mathrm{d}}\dot{e}\leqslant 0\end{aligned}$$

因此控制系统全局稳定，证毕。

5.2.4 仿真实例

控制过程介绍：首先设置两个关节角度的期望运动，而实际的关节角度为 θ_1 和 θ_2，将期望的关节角度和实际的关节角度进行比较，通过PD控制律 $\tau=K_{\mathrm{d}}\dot{e}+K_{\mathrm{p}}e$ 来得到控制力矩的大小，再将得到的控制力矩输入二关节机器人中，通过公式：$D(\theta)\ddot{\theta}+C(\theta,\dot{\theta})\dot{\theta}=\tau$ 可逆推 $\ddot{\theta}=D(\theta)^{-1}[\tau-C(\theta,\dot{\theta})\dot{\theta}]$，求得关节加速度等，即通过偏差不断修正，使实际的关节角度趋近期望的关节角度。

采用 PD 控制律对二自由度机器人进行控制，两个关节的位置指令为 $\theta_{d1}=\theta_{d2}=\sin(2\pi t)$，控制参数为 $K_p=\begin{bmatrix}1\,000 & 0\\ 0 & 1\,000\end{bmatrix}$，$K_d=\begin{bmatrix}1\,000 & 0\\ 0 & 1\,000\end{bmatrix}$。两个关节的位置跟踪仿真结果如图 5.2 和图 5.3所示，仿真实验结果表示输出信号能够跟随给定的输入信号，采用的控制律使得位置误差快速收敛于 0，控制效果良好。

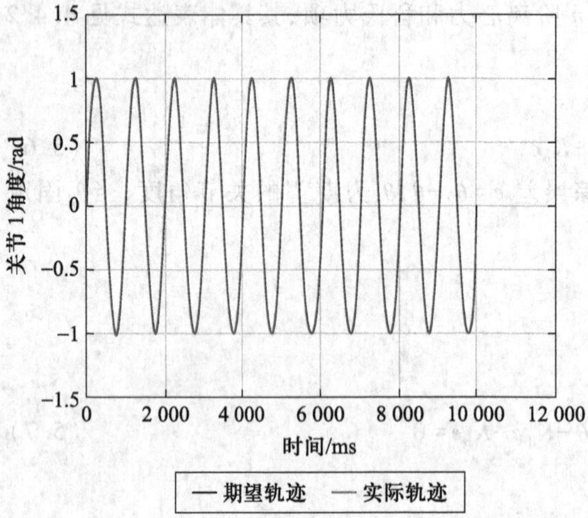

图 5.2　关节 1 角度轨迹跟随结果图

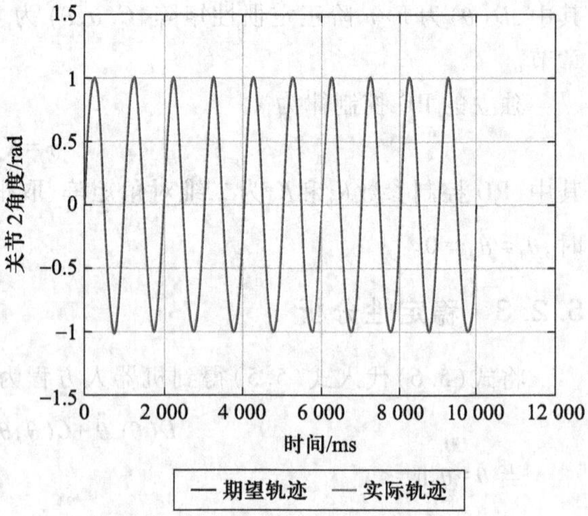

图 5.3　关节 2 角度轨迹跟随结果图

该控制系统在 MATLAB 软件中 simulink 模型连接图如图 5.4 所示。

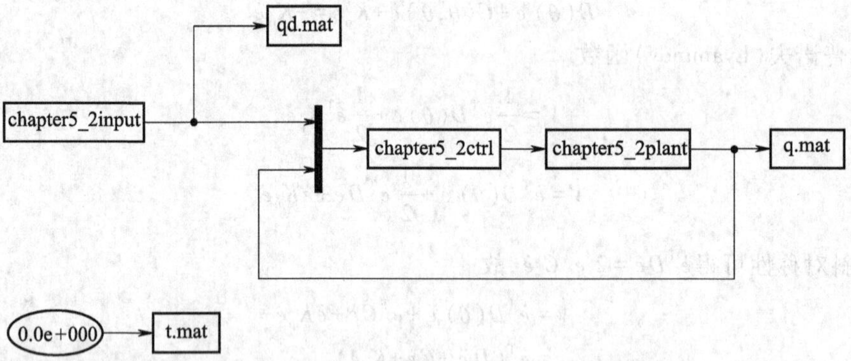

图 5.4　PD 控制系统的 simulink 模型连接图

其中各个自定义模块如下：

Simulink 主程序：chapter5_2. slx

输入指令程序：chapter5_2input. m

%%函数功能：设定机器人的跟随轨迹

%%输入：无

%%输出：关节角度、角速度

```
function [sys,x0,str,ts] = chapter5_2input(t,x,u,flag)

switch flag
case 0
    [sys,x0,str,ts]=mdlInitializeSizes;%% 初始化子函数
case 3
    sys=mdlOutputs(t,x,u);%% 输出子函数
case {1,2,4,9}
    sys=[];
otherwise
    error(['Unhandled flag = ',num2str(flag)]);
end
function [sys,x0,str,ts]=mdlInitializeSizes%% 初始化子函数
sizes = simsizes;%% 生成 sizes 数据结构
sizes.NumContStates=0;%% 连续状态数
sizes.NumDiscStates=0;%% 离散状态数
sizes.NumOutputs =4;%% 输出量个数
sizes.NumInputs = 0;%% 输入量个数
sizes.DirFeedthrough = 0;%% 是否存在代数循环(1—存在,0—不存在,默认为 1)
sizes.NumSampleTimes = 0;%% 采样时间个数,每个系统至少有一个
sys = simsizes(sizes);%% 返回 sizes 数据结构所包含的信息
x0= [];%%设置初始状态
str = [];%%保留变量置空
ts= [];%%采样时间,即采样周期,为 0 表示是连续系统,默认为 0

function sys=mdlOutputs(t,x,u)%%输出子函数
q1_d=sin(2*pi*t);
q2_d=sin(2*pi*t);%% 期望关节角度
dq1_d=2*pi*cos(2*pi*t);
dq2_d=2*pi*cos(2*pi*t);%% 期望关节角速度

sys(1)=q1_d;
sys(2)=dq1_d;
sys(3)=q2_d;
sys(4)=dq2_d;%% 输出
```

控制器程序:chapter5_2ctrl.m

```
%%函数功能:根据给定的条件计算机器人的控制力矩
```

```
%%输入：给定的关节角度、速度；机器人实际输出的关节角度、速度
%%输出：机器人关节的控制力矩

function [sys,x0,str,ts] = chapter5_2ctrl(t,x,u,flag)
switch flag
case 0
    [sys,x0,str,ts]=mdlInitializeSizes;
case 3
    sys=mdlOutputs(t,x,u);
case {1,2,4,9}
    sys=[];
otherwise
    error(['Unhandled flag = ',num2str(flag)]);
end
function [sys,x0,str,ts]=mdlInitializeSizes
sizes = simsizes;
sizes.NumContStates  =0;
sizes.NumDiscStates  = 2;
sizes.NumOutputs     = 2;
sizes.NumInputs      = 8;
sizes.DirFeedthrough = 1;
sizes.NumSampleTimes = 0;
sys =simsizes(sizes);
x0= [0,0];
str = [];
ts= [];

function sys=mdlOutputs(t,x,u)
Kp=1000;
Kd=1000;%%PD 控制参数
q1_d=u(1);dq1_d=u(2);
q2_d=u(3);dq2_d=u(4);%%期望关节角度和角速度

q1=u(5);d_q1=u(6);
q2=u(7);d_q2=u(8);%%实际关节角度和角速度

q_error=[q1_d-q1,q2_d-q2]';
dq_error=[dq1_d-d_q1,dq2_d-d_q2]';%%角度误差和角速度误差
```

```
tol=Kp * q_error+Kd * dq_error;%% PID 控制律

sys(1)= tol(1);
sys(2)= tol(2);%%输出控制力矩
```

被控对象程序:chapter5_2plant. m

```
%%函数功能:根据给定的力矩以及动力学模型,计算机器人运动的角度、角速度
%%输入: 控制力矩
%%输出: 角度、角速度

function [sys,x0,str,ts]=chapter5_2plant(t,x,u,flag)
switch flag
case 0
    [sys,x0,str,ts]=mdlInitializeSizes;
case 1
    sys=mdlDerivatives(t,x,u);%%计算导数子函数,用于计算连续状态的导数
case 3
    sys=mdlOutputs(t,x,u);
case {2,4,9}
    sys = [];
otherwise
    error(['Unhandled flag = ',num2str(flag)]);
end

function [sys,x0,str,ts]=mdlInitializeSizes
sizes = simsizes;
sizes.NumContStates  = 4;
sizes.NumDiscStates  = 0;
sizes.NumOutputs     = 4;
sizes.NumInputs      = 2;
sizes.DirFeedthrough = 0;
sizes.NumSampleTimes = 1;
sys=simsizes(sizes);
x0=[0.0,0,0.0,0];
str=[];
ts=[0 0];
function sys=mdlDerivatives(t,x,u)%%计算导数子函数
l1=0.7;
```

```
l2=0.5;
m1=10;
m2=5;%%机器人参数
tol=[u(1);u(2)];%%输入控制力矩

q1=x(1);
d_q1=x(2);
q2=x(3);
d_q2=x(4);%%机器人状态量(关节角度、角速度)

B=[(2*l1*cos(x(3))+l2)*l2*m2+l1^2*(m1+m2)
l2^2*m2+l1*l2*m2*cos(x(3));
    l2^2*m2+l1*l2*m2*cos(x(3))                    l2^2*m2];%%惯性矩阵

C=[-l1*l2*m2*sin(x(3))*x(4)   -l1*l2*m2*sin(x(3))*(x(2)+x(4));
    l1*l2*m2*sin(x(3))*x(2)   0];%%离心力和科氏力矩阵

S=inv(B)*(tol-C*[d_q1;d_q2]);%%输出关节角加速度

sys(1)=x(2);
sys(2)=S(1);
sys(3)=x(4);
sys(4)=S(2);
function sys=mdlOutputs(t,x,u)
sys(1)=x(1);
sys(2)=x(2);
sys(3)=x(3);
sys(4)=x(4);%%输出积分后的关节角度和关节角速度
```

绘图程序:chapter5_2plot.m

```
close all;
t=load('t.mat');
q=load('q.mat');
qd=load('qd.mat');%%载入数据
t=t.t;
q=q.q;
qd=qd.qd;
q=q';
```

```
qd=qd';
q=q(:,2:5);
qd=qd(:,2:5);
n=size(t);
t=1:1:n(2);
figure(1);
plot(t,qd(:,1),'k',t,q(:,1),'r');
xlabel('时间/ms');ylabel('关节 1 角度/rad');%%坐标
legend('期望轨迹','实际轨迹');%%标注
gridon;%%保持

figure(2);
plot(t,qd(:,3),'k',t,q(:,3),'r');
xlabel('时间/ms');ylabel('关节 2 角度/rad');
legend('期望轨迹','实际轨迹');
grid on;
```

5.3 三自由度机器人 PID 控制案例

5.3.1 三自由度机器人简介

本案例中的控制对象为 Phantom Omni 机器人,Phantom Omni 机器人是由美国 Sensable 公司开发的比较成熟的产品,应用十分广泛。机器人的整体物理结构主要由底部和机器人两部分组成,具有六个自由度,关节 1~关节 3 由电动机驱动和编码器组成,可以实现关节角度、位移等运动参数的检测和控制,关节 4~关节 6 只有编码器可以检测关节角度。Phantom Omni 机器人是 Sensable 公司研发的目前比较经济的触觉设备之一,它可以使操作者具有对软件中虚拟物体表面进行感知的能力。Phantom Omni 机器人在关节 1~关节 3 中均安装有 16 位的计数器正交编码器,实时测量力反馈装置各个关节的转动角度,关节 4~关节 6 均安装有 12 位模拟量输入的用来测量各个关节的角度值,在关节 6 安装有两个开关量的按钮。

Phantom Omni 机器人具有以下技术特征:

1）机器人每个自由度都有角度检测传感器;

2）整个设备设计紧凑、小巧,方便放置且工作空间灵活;

3）设备具有自动校准功能,将感应笔插入插槽即可;

4）适用于工作空间较小的场合;

5）完善的开发接口和高效的力觉/触觉渲染算法,可以为上层应用开发人员节约大量的底层开发时间;

6）设备感应笔中部有切换开关可以在应用开发过程中进行各个状态的切换。

Phantom Omni 机器人的技术参数见表 5.1。

表 5.1 Phantom Omni 机器人的技术参数

底座尺寸/mm×mm	206.4×208.2~168×203
质量/g	1 786
位置分辨率	>450 dpi(~0.055 mm)
摩擦阻力/N	<0.26
最大输出力/N	3.3
连续输出力/N	>0.88
结构强度/(N/mm)	X 轴,>1.26;Y 轴,>2.31;Z 轴,>1.02
末端连杆的质量/g	大约 45
位姿检测	末端位置(x,y,z),关节角度(±5%的线性电位器)

5.3.2 运动学建模

Phantom Omni 机器人是一个具有六自由度结构的小型机器人,6 个关节都是旋转关节,关节 1~关节 3 有驱动电动机,关节 4~关节 6 无驱动电动机,主要是采集旋转角度,本文中的力觉反馈主要是通过前三个具有电动机驱动的关节体现,在动力学与运动学分析中建立了整个六自由度机器人数学模型。

根据设备的特点,将固定坐标系建立在关节 1 处,Z_0轴沿着关节 1 的运动轴。关节 6 没有驱动电动机且是绕着连杆中心旋转的,所以在建模时计算到关节 5。

根据前面的描述建立 Phantom Omni 机器人的关节坐标系如图 5.5 所示。

由于 Phantom Omni 机器人六个关节都是旋转关节,关节 1~关节 3 有驱动电动机,关节 4~关节 6 无驱动电动机,我们选取关节 1~关节 3 进行运动学建模,建模结构图如图 5.6 所示。

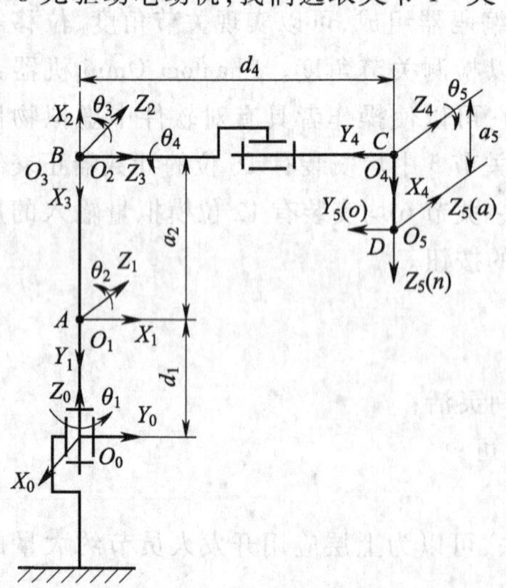

图 5.5 Phantom Omni 机器人的关节坐标系

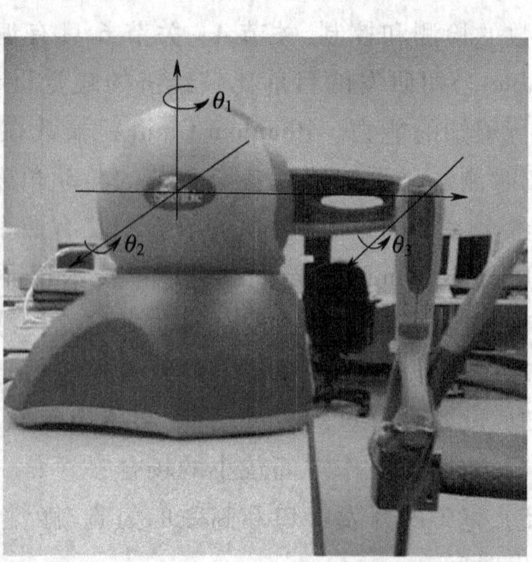

图 5.6 Phantom Omni 机器人的建模结构图

根据D-H参数法，建立Phantom Omni机器人的连杆参数表，见表5.2。

表5.2 Phantom Omni机器人的连杆参数表

连杆 i	θ_i	d_i	a_i	α_i	变量范围
1	θ_1	d_1	0	−90°	45°~180°
2	θ_2	0	a_2	0	0°~90°
3	θ_3	0	0	90°	0°~90°

由D-H参数表可以得到关节的坐标系 $O_iX_iY_iZ_i$ 在机器人的固定坐标系下的齐次转换矩阵 ${}^0T_i$，变换如下：

$$
{}^0T_1=\begin{bmatrix} c_1 & 0 & -s_1 & 0 \\ s_1 & 0 & c_1 & 0 \\ 0 & -1 & 0 & d_1 \\ 0 & 0 & 0 & 1 \end{bmatrix} \qquad {}^1T_2=\begin{bmatrix} c_2 & -s_2 & 0 & a_2c_2 \\ s_2 & c_2 & 0 & a_2s_2 \\ 0 & 0 & 1 & 0 \\ 0 & 0 & 0 & 1 \end{bmatrix}
$$

$$
{}^2T_3=\begin{bmatrix} c_3 & 0 & s_3 & 0 \\ s_3 & 0 & -c_3 & 0 \\ 0 & 1 & 0 & 0 \\ 0 & 0 & 0 & 1 \end{bmatrix} \qquad {}^0T_3={}^0T_1\,{}^1T_2\,{}^2T_3=\begin{bmatrix} n_X & o_X & a_X & p_X \\ n_Y & o_Y & a_Y & p_Y \\ n_Z & o_Z & a_Z & p_Z \\ 0 & 0 & 0 & 1 \end{bmatrix}
$$

其中：

$$
\begin{gathered}
n_X=c_1c_2c_3-c_1s_2s_3 \\
n_Y=s_1c_2c_3-s_1s_2s_3 \\
n_Z=-s_2c_3-c_2s_3 \\
o_X=-s_1 \\
o_Y=c_1 \\
o_Z=0 \\
a_X=c_1c_2s_3+c_1s_2c_3 \\
a_Y=s_1c_2s_3+s_1s_2c_3 \\
a_Z=-s_2s_3+c_2c_3 \\
p_X=x_{O_3}=a_2c_1c_2 \\
p_Y=y_{O_3}=a_2s_1c_2 \\
p_Z=z_{O_3}=d_1-a_2s_2
\end{gathered}
$$

其中 c_i、s_i、c_{ij}、s_{ij} 分别为 $\cos\theta_i$、$\sin\theta_i$、$\cos(\theta_i+\theta_j)$、$\sin(\theta_i+\theta_j)$ 的简化形式。

5.3.3 动力学建模

本节采用拉格朗日法搭建Phantom Omni机器人的动力学方程，通过分析计算机器人单个臂的动能与势能，进而求解整个机器人的总势能和总动能，根据拉格朗日函数的定义，推导出机器人的动力学方程。

由上述运动学建模可知，Phantom Omni 机器人的第一个自由度是在绕 Z_0 轴旋转，第二、三个自由度为链式连杆机构。选取图 5.7 中的 $O_0X_0Y_0Z_0$ 为笛卡儿坐标系。绕 Z_0 轴旋转的关节、连杆 1 和连杆 2 的关节变量分别为 θ_1、θ_2、θ_3，相应的关节力矩为 τ_1、τ_2、τ_3，质量分别为 m_1、m_2、m_3，质心分别位于 C_1、C_2、C_3。连杆 1 和连杆 2 距离对应关节质心的长度为 p_1、p_2。水平旋转关节的质心在 Z_0 轴的高度为 h，连杆 1 和连杆 2 的杆长为 l_1、l_2，水平旋转关节的转动惯量为 J。

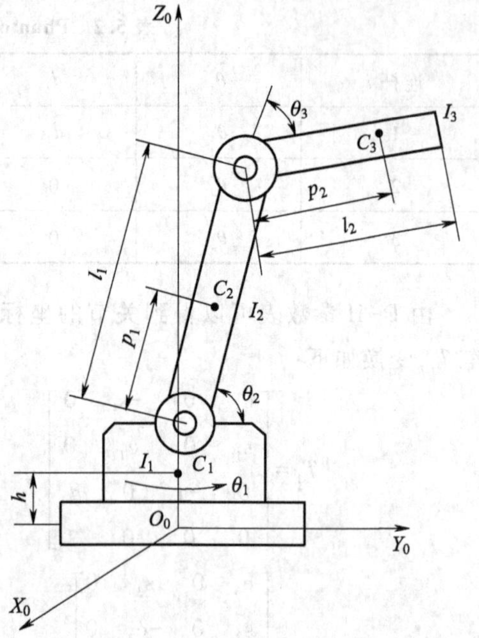

图 5.7 Phantom Omni 机器人笛卡儿坐标系建模

因此，水平旋转关节质心 C_1 的位置坐标为

$$\begin{cases} x_1=0 \\ y_1=0 \\ z_1=h \end{cases}$$

杆 1 质心 C_2 的位置坐标为

$$\begin{cases} x_2=p_1\mathrm{c}_1\mathrm{s}_2 \\ y_2=p_1\mathrm{s}_1\mathrm{s}_2 \\ z_2=d_1+p_1\mathrm{c}_2 \end{cases}$$

杆 1 质心 C_2 的速度平方和为

$$\dot{x}_2^2+\dot{y}_2^2+\dot{z}_2^2=p_1^2(\dot{\theta}_2\mathrm{c}_1\mathrm{c}_2-\dot{\theta}_1\mathrm{s}_1\mathrm{s}_2)^2+p_1^2(\dot{\theta}_1\mathrm{c}_1\mathrm{s}_2+\dot{\theta}_2\mathrm{s}_1\mathrm{c}_2)^2+\dot{\theta}_2^2p_1^2\mathrm{s}_2^2=p_1^2\dot{\theta}_1^2\mathrm{s}_2^2+p_1^2\dot{\theta}_2^2$$

杆 2 质心 C_3 的位置坐标为

$$\begin{cases} x_3=l_1\mathrm{c}_1\mathrm{s}_2+p_2\mathrm{c}_1\mathrm{s}_{23} \\ y_3=l_1\mathrm{s}_1\mathrm{s}_2+p_2\mathrm{s}_1\mathrm{s}_{23} \\ z_3=d_1+l_1\mathrm{c}_2+p_2\mathrm{c}_{23} \end{cases}$$

杆 2 质心 C_3 的速度平方和为

$$\begin{aligned} \dot{x}_3^2+\dot{y}_3^2+\dot{z}_3^2 &=\{l_1(\dot{\theta}_2\mathrm{c}_1\mathrm{c}_2-\dot{\theta}_1\mathrm{s}_1\mathrm{s}_2)+p_2[(\dot{\theta}_2+\dot{\theta}_3)\mathrm{c}_1\mathrm{c}_{23}-\dot{\theta}_1\mathrm{s}_1\mathrm{s}_{23}]\}^2+ \\ &\quad \{l_1(\dot{\theta}_1\mathrm{c}_1\mathrm{s}_2+\dot{\theta}_2\mathrm{s}_1\mathrm{c}_2)+p_2[\dot{\theta}_1\mathrm{c}_1\mathrm{s}_{23}+(\dot{\theta}_2+\dot{\theta}_3)\mathrm{s}_1\mathrm{c}_{23}]\}^2+ \\ &\quad [l_1\dot{\theta}_2\mathrm{s}_2+p_2(\dot{\theta}_2+\dot{\theta}_3)\mathrm{s}_{23}]^2 \\ &=l_1^2\dot{\theta}_1^2\mathrm{s}_2^2+l_1^2\dot{\theta}_2^2+p_2^2\dot{\theta}_1^2\mathrm{s}_{23}^2+p_2^2(\dot{\theta}_2+\dot{\theta}_3)^2+2l_1p_2\dot{\theta}_2(\dot{\theta}_2+\dot{\theta}_3)\mathrm{c}_3+2l_1p_2\dot{\theta}_1^2\mathrm{s}_2\mathrm{s}_{23} \end{aligned}$$

(1) 系统动能

$$\begin{cases} E_{\mathrm{k}1}=\dfrac{1}{2}J\dot{\theta}_1^2 \\ E_{\mathrm{k}2}=\dfrac{1}{2}m_2[p_1^2\dot{\theta}_1^2\mathrm{s}_2^2+p_1^2\dot{\theta}_2^2] \\ E_{\mathrm{k}3}=\dfrac{1}{2}m_3[l_1^2\dot{\theta}_1^2\mathrm{s}_2^2+l_1^2\dot{\theta}_2^2+p_2^2\dot{\theta}_1^2\mathrm{s}_{23}^2+p_2^2(\dot{\theta}_2+\dot{\theta}_3)^2]+m_3[l_1p_2\dot{\theta}_2(\dot{\theta}_2+\dot{\theta}_3)\mathrm{c}_3+l_1p_2\dot{\theta}_1^2\mathrm{s}_2\mathrm{s}_{23}] \end{cases}$$

$$E_{\mathrm{k}}=\sum_{i=1}^{3}E_{\mathrm{k}i}=\frac{1}{2}J\dot{\theta}_1^2+\frac{1}{2}m_2[p_1^2\dot{\theta}_1^2\mathrm{s}_2^2+p_1^2\dot{\theta}_2^2]+$$

$$\frac{1}{2}m_3[l_1^2\dot{\theta}_1^2\mathrm{s}_2^2+l_1^2\dot{\theta}_2^2+p_2^2\dot{\theta}_1^2\mathrm{s}_{23}^2+p_2^2(\dot{\theta}_2+\dot{\theta}_3)^2]+$$

$$m_3[l_1p_2\dot{\theta}_2(\dot{\theta}_2+\dot{\theta}_3)\mathrm{c}_3+l_1p_2\dot{\theta}_1^2\mathrm{s}_2\mathrm{s}_{23}]$$

（2）系统势能（以各个杆件质心最低点作为势能零点）

$$\begin{cases}E_{\mathrm{p1}}=0\\E_{\mathrm{p2}}=m_2gp_1(1-\mathrm{c}_2)\\E_{\mathrm{p3}}=m_3g[l_1(1-\mathrm{c}_2)+p_2(1-\mathrm{c}_{23})]\end{cases}$$

$$E_{\mathrm{p}}=\sum_{i=1}^{3}E_{\mathrm{p}i}=m_2gp_1(1-\mathrm{c}_2)+m_3g[l_1(1-\mathrm{c}_2)+p_2(1-\mathrm{c}_{23})]$$

（3）拉格朗日函数

$$L=E_{\mathrm{k}}-E_{\mathrm{p}}=\frac{1}{2}(J+m_2p_1^2\mathrm{s}_2^2+m_3l_1^2\mathrm{s}_2^2+m_3p_2^2\mathrm{s}_{23}^2+2m_3l_1p_2\mathrm{s}_2\mathrm{s}_{23})\dot{\theta}_1^2+$$

$$\frac{1}{2}(m_2p_1^2+m_3l_1^2+m_3p_2^2+2m_3l_1p_2\mathrm{c}_3)\dot{\theta}_2^2+\frac{1}{2}m_3p_2^2\dot{\theta}_3^2+(m_3p_2^2+m_3l_1p_2\mathrm{c}_3)\dot{\theta}_2\dot{\theta}_3-$$

$$(m_2p_1+m_3l_1)g(1-\mathrm{c}_2)-m_3gp_2(1-\mathrm{c}_{23})$$

计算关节 1 上的力矩 τ_1：

$$\frac{\partial L}{\partial\dot{\theta}_1}=(J+m_2p_1^2\mathrm{s}_2^2+m_3l_1^2\mathrm{s}_2^2+m_3p_2^2\mathrm{s}_{23}^2+2m_3l_1p_2\mathrm{s}_2\mathrm{s}_{23})\dot{\theta}_1$$

$$\frac{\partial L}{\partial\theta_1}=0$$

可得

$$\begin{aligned}\tau_1&=\frac{\mathrm{d}}{\mathrm{d}t}\frac{\partial L}{\partial\dot{\theta}_1}-\frac{\partial L}{\partial\theta_1}\\&=(J+m_2p_1^2\mathrm{s}_2^2+m_3l_1^2\mathrm{s}_2^2+m_3p_2^2\mathrm{s}_{23}^2+2m_3l_1p_2\mathrm{s}_2\mathrm{s}_{23})\ddot{\theta}_1+\\&\quad(2m_2p_1^2+2m_3l_1^2+2m_3l_1p_2\mathrm{s}_{23})\mathrm{c}_2\dot{\theta}_1\dot{\theta}_2+\\&\quad(2m_3p_2^2+2m_3l_1p_2\mathrm{s}_2)\mathrm{c}_{23}(\dot{\theta}_2+\dot{\theta}_3)\dot{\theta}_1\end{aligned}\tag{5.11}$$

计算关节 2 上的力矩 τ_2：

$$\frac{\partial L}{\partial\dot{\theta}_2}=(m_2p_1^2+m_3l_1^2+m_3p_2^2+2m_3l_1p_2\mathrm{c}_3)\dot{\theta}_2+(m_3p_2^2+m_3l_1p_2\mathrm{c}_3)\dot{\theta}_3$$

$$\frac{\partial L}{\partial\theta_2}=(m_2p_1^2\mathrm{c}_2+m_3l_1^2\mathrm{c}_2+m_3p_2^2\mathrm{c}_{23}+m_3l_1p_2\mathrm{c}_2\mathrm{s}_{23}+m_3l_1p_2\mathrm{c}_2\mathrm{c}_{23})\dot{\theta}_1^2-$$

$$(m_2p_1+m_3l_1)g\mathrm{s}_2-m_3gp_2\mathrm{s}_{23}$$

可得

$$\tau_2=\frac{\mathrm{d}}{\mathrm{d}t}\frac{\partial L}{\partial\dot{\theta}_2}-\frac{\partial L}{\partial\theta_2}$$

$$
\begin{aligned}
&=(m_2p_1^2+m_3l_1^2+m_3p_2^2+2m_3l_1p_2c_3)\ddot{\theta}_2-2m_3l_1p_2s_3\dot{\theta}_2\dot{\theta}_3+\\
&(m_3p_2^2+m_3l_1p_2c_3)\ddot{\theta}_3-m_3l_1p_2s_3\dot{\theta}_3^2-\\
&(m_2p_1^2c_2+m_3l_1^2c_2+m_3p_2^2c_{23}+m_3l_1p_2c_2s_{23}+\\
&m_3l_1p_2c_2c_{23})\dot{\theta}_1^2+(m_2p_1+m_3l_1)gs_2+m_3gp_2s_{23}
\end{aligned}
\tag{5.12}
$$

计算关节 3 上的力矩 τ_3：

$$\frac{\partial L}{\partial\dot{\theta}_3}=m_3p_2^2\dot{\theta}_3+(m_3p_2^2+m_3l_1p_2c_3)\dot{\theta}_2$$

$$\frac{\partial L}{\partial\theta_3}=(m_3p_2^2s_{23}+m_3l_1p_2s_2c_{23})\dot{\theta}_1^2-m_3l_1p_2s_3\dot{\theta}_2^2-m_3l_1p_2s_3\dot{\theta}_2\dot{\theta}_3-m_3gp_2s_{23}$$

可得

$$
\begin{aligned}
\tau_3&=\frac{\mathrm{d}}{\mathrm{d}t}\frac{\partial L}{\partial\dot{\theta}_3}-\frac{\partial L}{\partial\theta_3}\\
&=m_3p_2^2\ddot{\theta}_3+(m_3p_2^2+m_3l_1p_2c_3)\ddot{\theta}_2+m_3l_1p_2s_3\dot{\theta}_2^2-\\
&\quad(m_3p_2^2s_{23}+m_3l_1p_2s_2c_{23})\dot{\theta}_1^2+m_3gp_2s_{23}
\end{aligned}
\tag{5.13}
$$

5.3.4　仿真实例

本节采用 simulink 中的 PID 控制模块对 Phantom Omni 机器人进行控制仿真，仿真框图如图 5.8 所示。

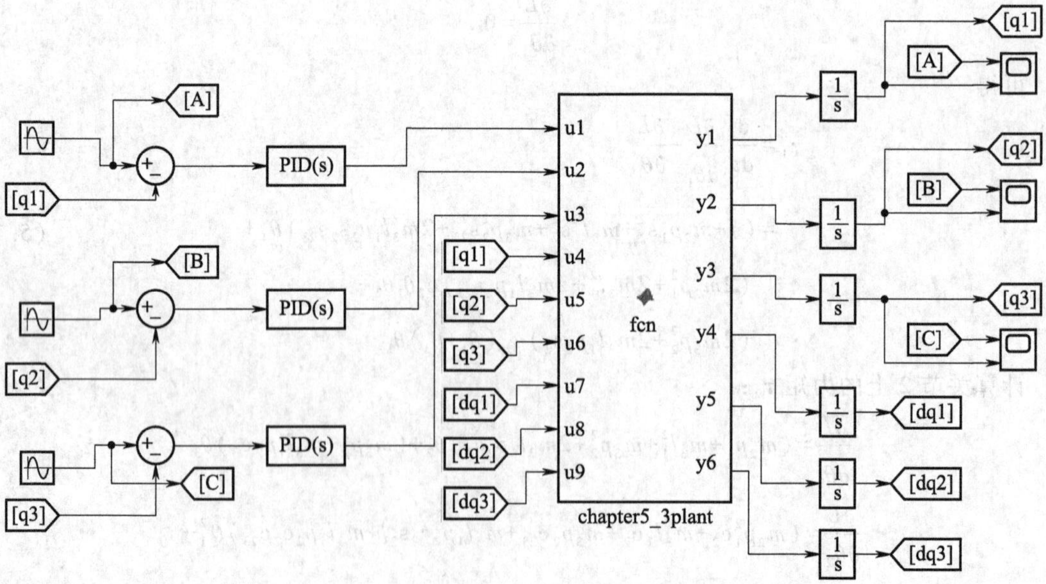

图 5.8　PID 控制仿真框图

PID 控制模块能够实现连续和离散 PID 控制算法，以及抗饱和、外部复位、信号跟踪等高级功能。PID 控制模块界面如图 5.9 所示。

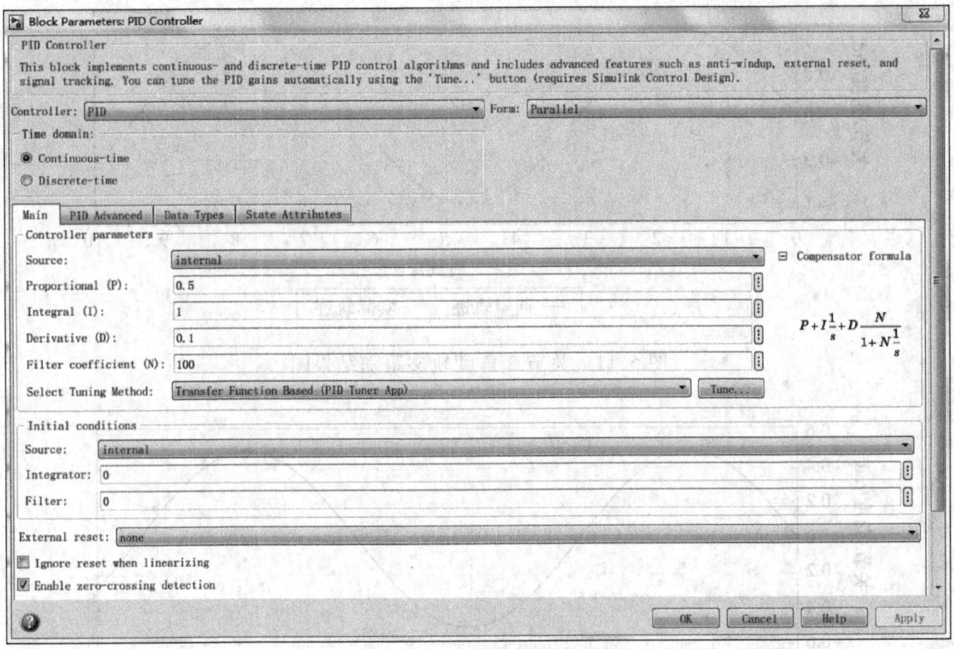

图 5.9 PID 控制模块界面

三个关节的期望轨迹均为正弦信号,分别设置为

$$\theta_{d1}=0.5\sin(t),\theta_{d2}=\sin(t),\theta_{d3}=0.5\sin(t)$$

PID 控制参数设置为

$$P_1=0.5,I_1=1,D_1=0.1;$$

$$P_2=5,I_2=3,D_2=0.5;$$

$$P_3=5,I_3=3,D_3=0.1;$$

仿真结果如图 5.10、图 5.11、图 5.12 所示。

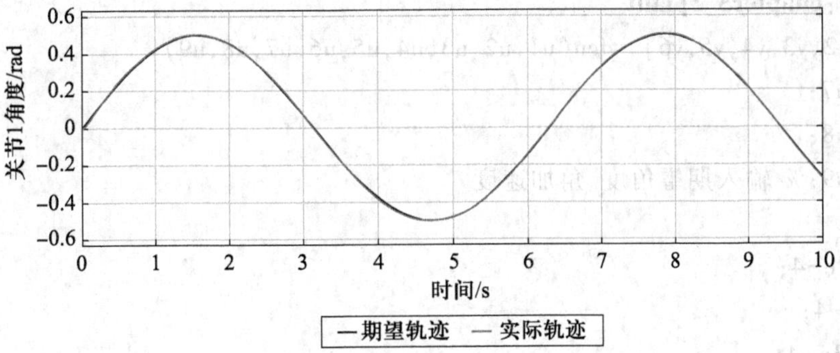

图 5.10 关节 1 角度轨迹跟随结果图

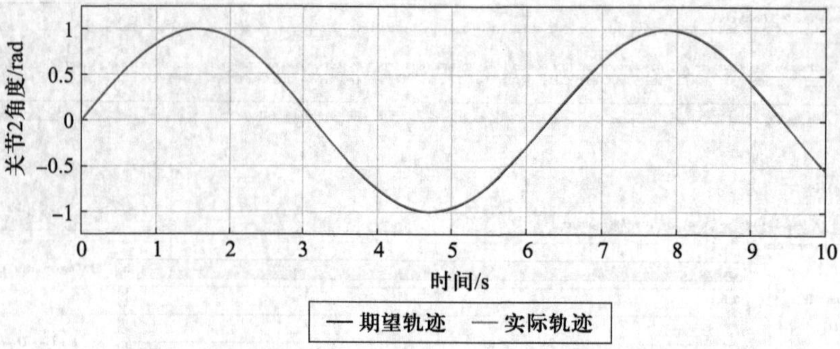

图 5.11 关节 2 角度轨迹跟随结果图

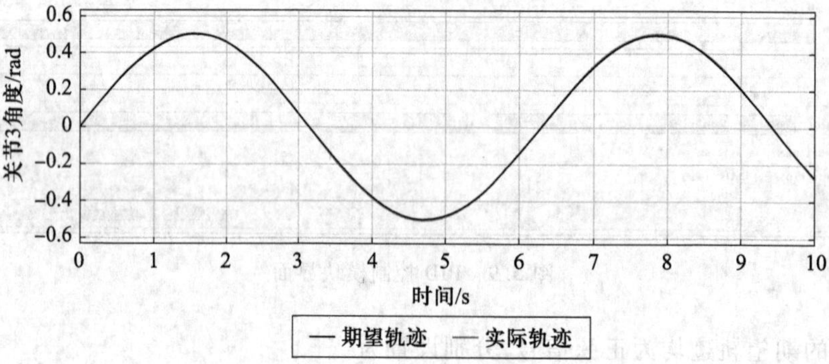

图 5.12 关节 3 角度轨迹跟随结果图

仿真结果表明,输出信号很好地跟随预期给定的输入信号,达到了很好的控制效果。

chapter5_3plant 模块是一个自定义的 Phantom Omni 机器人模块,按照 5.3.3 中的建模方法建立动力学模型。在控制力矩 τ 的作用下,输出各关节位移q_i和速度dq_i($i=1,2,3$)。具体模型文件如下:

被控对象程序:chapter5_3plant

```
function [y1,y2,y3,y4,y5,y6] =fcn(u1,u2,u3,u4,u5,u6,u7,u8,u9)
q1=u4;dq1=u7;
q2=u5;dq2=u8;
q3=u6;dq3=u9;% 输入期望角度、角加速度

Ibaseyy=11.87e-4;
Iaxx=0.4864e-4;
Iayy=0.001843e-4;
Iazz=0.4864e-4;
Icxx=0.959e-4;
Icyy=0.959e-4;
Iczz=0.0051e-4;
```

```
Ibexx = 11.09e-4;
Ibeyy = 10.06e-4;
Ibezz = 0.591e-4;
Idfxx = 7.11e-4;
Idfyy = 0.629e-4;
Idfzz = 6.246e-4;
l1 = 0.215;
l2 = 0.17;
l3 = 0.0325;
l5 = -0.0368;
l6 = 0.0527;
ma = 0.0202;
mc = 0.0249;
mbe = 0.2359;
mdf = 0.1906;% 机器人长度与质量的参数
g = 9.8;% 重力加速度

D_11 = (1/8 * (4 * Iayy+4 * Iazz+8 * Ibaseyy+4 * Ibeyy+4 * Ibezz+4 * Icyy+4 * Iczz+4 * Idfyy+4 *
Idfzz+4 * ma * l1^2+ma * l2^2+mc * l1^2+4 * mc * l3^2) + 1/8 * (4 * Ibeyy-4 * Ibezz+4 * Icyy-4 *
Iczz+l1^2 * (4 * ma+mc)) * cos(2 * q2) + 1/8 * (4 * Iayy-4 * Iazz+4 * Idfyy-4 * Idfzz-ma * l2^2-4 *
mc * l3^2) * cos(2 * q3) +l1 * (ma * l2+mc * l3) * cos(q2) * sin(q3));
D_22 = 1/4 * (4 * (Ibexx+Icxx+ma * l1^2) +mc * l1^2);
D_23 = 1/2 * l1 * (ma * l2+mc * l3) * sin(q2-q3);
D_32 = 1/2 * l1 * (ma * l2+mc * l3) * sin(q2-q3);
D_33 = 1/4 * (4 * Iaxx+4 * Idfxx+ma * l2^2+4 * mc * l3^2);
C_11 = 1/8 * (-2 * sin(q2) * ((4 * Ibeyy-4 * Ibezz+4 * Icyy-4 * Iczz+4 * l1^2 * ma+l1^2 * mc) *
cos(q2)+2 * l1 * (l2 * ma+l3 * mc) * sin(q3)) * dq2+2 * cos(q3) * (2 * l1 * (l2 * ma+l3 * mc) *
cos(q2)+(-4 * Iayy+4 * Iazz-4 * Idfyy+4 * Idfzz+l2^2 * ma+4 * l3^2 * mc) * sin(q3)) * dq3);
C_12 = -1/8 * ((4 * Ibeyy-4 * Ibezz+4 * Icyy-4 * Iczz+l1^2 * (4 * ma+mc)) * sin(2 * q2)+4 * l1 *
(l2 * ma+l3 * mc) * sin(q2) * sin(q3)) * dq1;
C_13 = -1/8 * (-4 * l1 * (l2 * ma+l3 * mc) * cos(q2) * cos(q3)-(-4 * Iayy+4 * Iazz-4 * Idfyy+4 *
Idfzz+l2^2 * ma+4 * l3^2 * mc) * sin(2 * q3)) * dq1;
C_21 = -C_12;
C_23 = 1/2 * l1 * (l2 * ma+l3 * mc) * cos(q2-q3) * dq3;
C_31 = -C_13;
C_32 = -1/2 * l1 * (l2 * ma+l3 * mc) * cos(q2-q3) * dq2;
G_2 = 1/2 * g * (2 * l1 * ma+2 * l5 * mbe+l1 * mc) * cos(q2);
G_3 = 1/2 * g * (l2 * ma+2 * l3 * mc-2 * l6 * mdf) * sin(q3);
```

```
D=[D_11 0 0;
   0 D_22 D_23;
   0 D_32 D_33];% 惯性矩阵
C=[C_11 C_12 C_13;
     C_21 0 C_23;
     C_31 C_32 0];% 离心力和科氏力矩阵
G=[0;
   G_2;
   G_3];% 重力向量

S=inv(D)*([u1;u2;u3]-C*[u7;u8;u9]-G);

y1=u7;
y2=u8;
y3=u9;%输出关节角速度
y4=S(1);
y5=S(2);
y6=S(3);%输出关节角加速度
```

第六章　机器人工作区间和奇异性的分析

【学习目标】

1. 了解机器人工作区间的概念和一般求解方法；
2. 学会用数值方法分析机器人的工作区间；
3. 学会机器人奇异点的分析方法。

6.1　工作区间分析

6.1.1　工作区间分析原理

机器人工作区间是指机器人末端执行器运动描述参考点所能达到的空间点的集合，一般用在水平面和竖直面上的投影表示。

机器人工作区间的形状和大小是十分重要的，机器人在执行某作业时可能会因为存在手部不能到达的作业死区(dead zone)而不能完成任务。

工作区间的形状因机器人的运动坐标形式不同而有所不同。例如，直角坐标式机器人的工作区间是一个矩形六面体。圆柱坐标式机器人的工作区间是一个开口空心圆柱体。极坐标式机器人的工作区间是一个空心球面。关节式机器人的工作区间是一个球。因为机器人的转动副受结构的限制，一般不能整圈转动，故后两种工作区间实际上均不能达到整个球体。

6.1.2　工作区间分析方法

目前的求解工作区间的方法有解析法、几何法、数值法三种。

1. 解析法

解析法是基于雅可比矩阵计算运动学逆解以确定机器人工作区间的方法。由于对机器人运动学的雅可比矩阵降秩会导致表达式过于复杂，以及涉及复杂的空间曲面相交和裁剪等计算机图形学内容，该方法只能处理某些特定结构的机器人工作区间问题，难以适用于工程设计。

2. 几何法

几何法得到的往往是工作区间的各类剖截面或者剖截线。这种方法直观性强，但是也受到自由度的限制。当关节数较多时，必须进行分组处理，并且对于三维空间机器人无法准确描述。

3. 数值法

数值法是以极值理论和优化方法为基础的，首先计算机器人工作区间边界曲面上的特征点,用这些点构成的线表示机器人的边界曲线,然后用这些边界曲线构成的面表示机器人的边界曲面。这种方法理论简单,操作性强,适合编程求解,但所得区间的准确性与取点的多少有很大的关系,而且点太多会影响计算机速度。

蒙特卡洛法是一种通过对变量进行随机抽样来解决问题取值的数值法,相当于在给定关节变量的范围之内随机取一组关节变量去求解机器人的工作区间。

本章采用蒙特卡洛法对机器人进行工作区间分析。蒙特卡洛法可以用于以下两种场合:一是所求解的问题本身具有内在的随机性,借助计算机的运算能力可以直接模拟这种随机的过程;另一个是所求解问题可以转化为某种随机分布的特征数,比如随机事件出现的概率,或者随机变量的期望值。通过随机抽样的方法,以随机事件出现的频率估计其概率,或者以抽样的数字特征估算随机变量的数字特征,并将其作为问题的解。

利用蒙特卡洛法求解机器人工作区间,首先在关节变量的运动范围内对不同的关节角度变量进行随机取值,每一个关节的随机取值的函数表达式如下:

$$\theta_i=\theta_{i\min}+(\theta_{i\max}-\theta_{i\min})\mathrm{rand}() \tag{6.1}$$

其中,$\theta_{i\min}$ 和 $\theta_{i\max}$ 分别表示第 i 个关节运动的最小角度和最大角度,rand( )表示随机数。

然后将取出的角度值组成 N 个关节向量,然后将该关节向量代入正向运动学方程,计算出末端坐标系原点在操作空间中所形成的位置点云图。

也可以采用 MATLAB 中的 simMechanics 工具箱建立机器人的模型,然后进行仿真运行得到机器人的工作区间范围。

机器人的工作区间通常分为以下三类:

灵巧工作区间(dexterous workspace):是指机器人的末端执行器能够从各个方向到达的空间区域。这样灵巧的工作区间只在某些理想的几何体上存在,具有关节限制的实际工业机器手几乎不拥有灵巧工作空间。

可达工作区间(reachable workspace):是指至少存在一个方向是机器人可以到达的空间,就是可以放置末端执行器的点的总位置。

全工作区间(global workspace):是指给定所有位姿时机器人末端可达点的集合。

如图 6.1 所示,假设两连杆的所有关节能旋转 360°(二维),这种情况在实际机构中很少见。

如果 $l_1=l_2$,那么灵巧工作区间只有原点处单独的一个点,可达工作区间是半径为 l_1+l_2 的圆;

如果 $l_1\neq l_2$,就不存在灵巧工作空间,可达工作区间是外径为 l_1+l_2,内径为 $|l_1-l_2|$ 的圆环。

由此不难看出来,灵巧工作区间是可达工作区间的子集。

一般来说,工具坐标系的变换与机器人的正向运动学和逆向运动学无关,所以一般常去研究腕部坐标系的工作区间(腕部是指连接末端执行器的最后一个关节)。

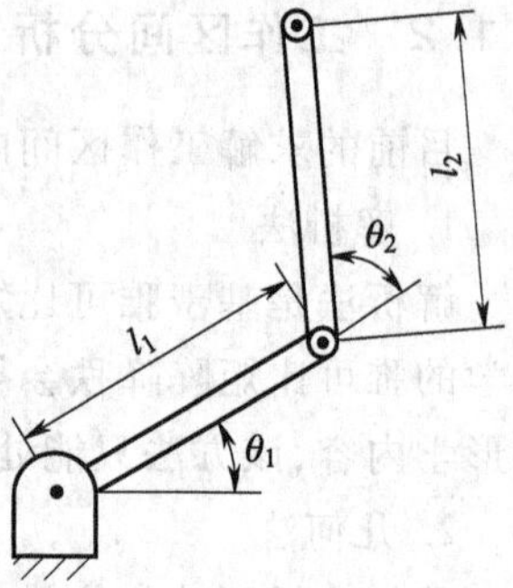

图 6.1 两连杆结构示意图

一般用户关注的工作区间是以末端执行器的中心点(或工具坐标系)定义的,而在研究计算中可能大部分比较关心的则是腕部中心点(或腕部坐标系)的工作区间。

6.1.3 案例1 Premium 3.0 HF 机器人工作区间分析

在由表 6.1 中确定的关节角度范围内，对每一个关节变量取 $N=100\ 000$ 个随机值，组成 N 个关节向量，然后将该关节向量代入到正向运动学方程，计算出末端坐标系原点在操作空间中所形成的位置点云图，计算结果如图 6.2 所示。

表 6.1 Premium 3.0 HF 机器人关节角度范围

关节编号	角度范围
θ_1	$-90°\sim90°$
θ_2	$-30°\sim60°$
θ_3	$-40°\sim60°$
θ_4	$-150°\sim150°$
θ_5	$-210°\sim40°$
θ_6	$-160°\sim160°$

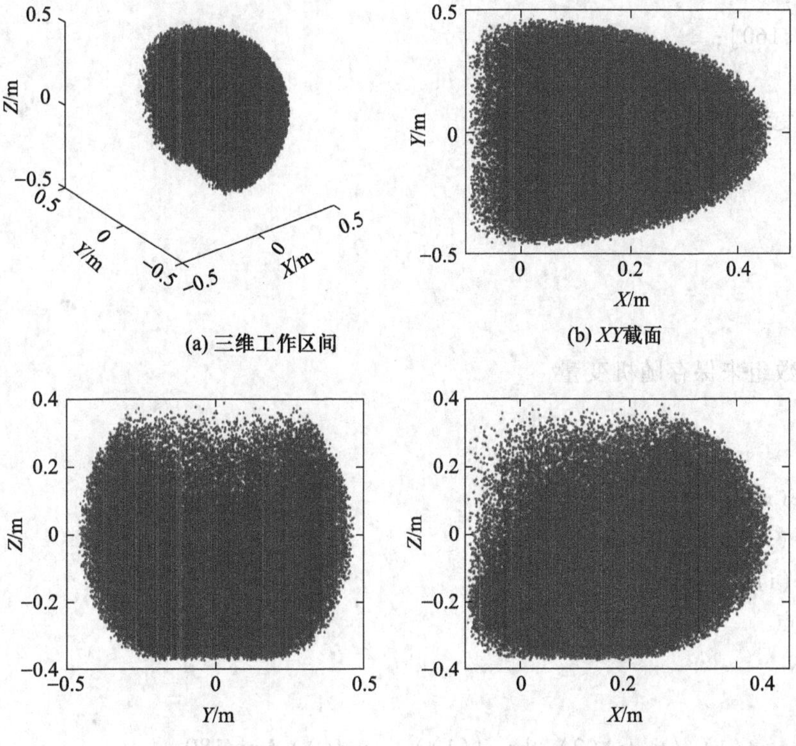

(a) 三维工作区间　(b) *XY*截面

(c) *YZ*截面　(d) *XZ*截面

图 6.2 Premium 3.0 HF 机器人工作区间点云图

从图 6.2 的试验结果可知，机器人末端空间范围内部空间紧凑。Premium 3.0 HF 机器人的工作区间在 *YZ* 平面内可以近似为一个半径为 0.35 m 的圆形区域，在 *XY* 平面可以近似为一个底为0.8 m、高为 0.5 m 的三角形区域。

仿真程序：chapter6_1_3. m

```
%%函数功能:蒙特卡洛法求解 Premium 3.0 HF 机器人工作区间
%%输入：无
%%输出：无

function chapter6_1_3()
%%定义变量
deg=180/pi;

%%定义关节角度范围
theta1=[-90,90];
theta2=[-32,64];
theta3=[-40,60];
theta4=[-150,150];
theta5=[-210,40];
theta6=[-160,160];

%%定义连杆变量
a1 = 0.215;
a2 = 0.190;
a3 = 0.025;
a4 = 0.07;

%%生成一个数组来保存随机变量
N=100000;
i=1:N;
PX=zeros(size(i));
PY=zeros(size(i));
PZ=zeros(size(i));
%%设置随机点
for j=1:1:N

    qq_1=(theta1(1)+(theta1(2)-theta1(1))*rand())*pi/180;
    qq_2=(theta2(1)+(theta2(2)-theta2(1))*rand())*pi/180;
    qq_3=(theta3(1)+(theta3(2)-theta3(1))*rand())*pi/180;
    qq_4=(theta4(1)+(theta4(2)-theta4(1))*rand())*pi/180;
    qq_5=(theta5(1)+(theta5(2)-theta5(1))*rand())*pi/180;
    qq_6=(theta6(1)+(theta6(2)-theta6(1))*rand())*pi/180;
```

```
%%根据运动学方程,求出机器人末端执行器在固定坐标系中的位置向量表达式

PX(j)=(cos(qq_1)*cos(qq_2)*sin(qq_3)+
cos(qq_1)*cos(qq_3)*sin(qq_2))*(sin(qq_5)*(a1 + a3)- a2*(cos(qq_5)- 1))-
(a2*sin(qq_5)+(a1 + a3)*(cos(qq_5)- 1))*(sin(qq_1)*sin(qq_4)+
cos(qq_4)*(cos(qq_1)*cos(qq_2)*cos(qq_3)-
cos(qq_1)*sin(qq_2)*sin(qq_3)))- a2*(sin(qq_6)*(cos(qq_4)*sin(qq_1)-
sin(qq_4)*(cos(qq_1)*cos(qq_2)*cos(qq_3)-
cos(qq_1)*sin(qq_2)*sin(qq_3)))-
cos(qq_6)*(sin(qq_5)*(sin(qq_1)*sin(qq_4)+
cos(qq_4)*(cos(qq_1)*cos(qq_2)*cos(qq_3)-
cos(qq_1)*sin(qq_2)*sin(qq_3)))+
cos(qq_5)*(cos(qq_1)*cos(qq_2)*sin(qq_3)+
cos(qq_1)*cos(qq_3)*sin(qq_2))))+(cos(qq_5)*(sin(qq_1)*sin(qq_4)+
cos(qq_4)*(cos(qq_1)*cos(qq_2)*cos(qq_3)-
cos(qq_1)*sin(qq_2)*sin(qq_3)))-
sin(qq_5)*(cos(qq_1)*cos(qq_2)*sin(qq_3)+
cos(qq_1)*cos(qq_3)*sin(qq_2)))*(a1 + a3 + a4)-
a2*(sin(qq_5)*(sin(qq_1)*sin(qq_4)+
cos(qq_4)*(cos(qq_1)*cos(qq_2)*cos(qq_3)-
cos(qq_1)*sin(qq_2)*sin(qq_3)))+
cos(qq_5)*(cos(qq_1)*cos(qq_2)*sin(qq_3)+
cos(qq_1)*cos(qq_3)*sin(qq_2)))*(cos(qq_6)- 1)- a1*(cos(qq_4)-
1)*(cos(qq_1)*cos(qq_2)*cos(qq_3)- cos(qq_1)*sin(qq_2)*sin(qq_3))-
a1*sin(qq_1)*sin(qq_4)+ a2*sin(qq_6)*(cos(qq_4)*sin(qq_1)-
sin(qq_4)*(cos(qq_1)*cos(qq_2)*cos(qq_3)-
cos(qq_1)*sin(qq_2)*sin(qq_3)))+ a1*cos(qq_1)*sin(qq_2)*sin(qq_3)-
a1*cos(qq_1)*cos(qq_2)*(cos(qq_3)- 1);

PY(j)=(cos(qq_1)*sin(qq_4)+ cos(qq_4)*(sin(qq_1)*sin(qq_2)*sin(qq_3)-
cos(qq_2)*cos(qq_3)*sin(qq_1)))*(a2*sin(qq_5)+(a1 + a3)*(cos(qq_5)-
1))-(cos(qq_5)*(cos(qq_1)*sin(qq_4)+
cos(qq_4)*(sin(qq_1)*sin(qq_2)*sin(qq_3)-
cos(qq_2)*cos(qq_3)*sin(qq_1)))+
sin(qq_5)*(cos(qq_2)*sin(qq_1)*sin(qq_3)+
cos(qq_3)*sin(qq_1)*sin(qq_2)))*(a1 + a3 + a4)+
(cos(qq_2)*sin(qq_1)*sin(qq_3)+
cos(qq_3)*sin(qq_1)*sin(qq_2))*(sin(qq_5)*(a1 + a3)- a2*(cos(qq_5)- 1))+
```

```
a2 * (sin(qq_6) * (cos(qq_1) * cos(qq_4) -
sin(qq_4) * (sin(qq_1) * sin(qq_2) * sin(qq_3) -
cos(qq_2) * cos(qq_3) * sin(qq_1))) -
cos(qq_6) * (sin(qq_5) * (cos(qq_1) * sin(qq_4) +
cos(qq_4) * (sin(qq_1) * sin(qq_2) * sin(qq_3) -
cos(qq_2) * cos(qq_3) * sin(qq_1))) -
cos(qq_5) * (cos(qq_2) * sin(qq_1) * sin(qq_3) +
cos(qq_3) * sin(qq_1) * sin(qq_2)))) + a2 * (cos(qq_6) -
1) * (sin(qq_5) * (cos(qq_1) * sin(qq_4) +
cos(qq_4) * (sin(qq_1) * sin(qq_2) * sin(qq_3) -
cos(qq_2) * cos(qq_3) * sin(qq_1))) -
cos(qq_5) * (cos(qq_2) * sin(qq_1) * sin(qq_3) +
cos(qq_3) * sin(qq_1) * sin(qq_2))) + a1 * (cos(qq_4) -
1) * (sin(qq_1) * sin(qq_2) * sin(qq_3) - cos(qq_2) * cos(qq_3) * sin(qq_1)) +
a1 * cos(qq_1) * sin(qq_4) - a2 * sin(qq_6) * (cos(qq_1) * cos(qq_4) -
sin(qq_4) * (sin(qq_1) * sin(qq_2) * sin(qq_3) -
cos(qq_2) * cos(qq_3) * sin(qq_1))) + a1 * sin(qq_1) * sin(qq_2) * sin(qq_3) -
a1 * cos(qq_2) * sin(qq_1) * (cos(qq_3) - 1);

PZ(j) = (sin(qq_5) * (cos(qq_2) * cos(qq_3) - sin(qq_2) * sin(qq_3)) +
cos(qq_4) * cos(qq_5) * (cos(qq_2) * sin(qq_3) + cos(qq_3) * sin(qq_2))) * (a1 +
a3 + a4) -(cos(qq_2) * cos(qq_3) - sin(qq_2) * sin(qq_3)) * (sin(qq_5) * (a1 +
a3) - a2 * (cos(qq_5) - 1)) - a2 * (cos(qq_6) * (cos(qq_5) * (cos(qq_2) * cos(qq_3) -
sin(qq_2) * sin(qq_3)) - cos(qq_4) * sin(qq_5) * (cos(qq_2) * sin(qq_3) +
cos(qq_3) * sin(qq_2))) - sin(qq_4) * sin(qq_6) * (cos(qq_2) * sin(qq_3) +
cos(qq_3) * sin(qq_2))) - a1 * cos(qq_2) * sin(qq_3) -
cos(qq_4) * (cos(qq_2) * sin(qq_3) + cos(qq_3) * sin(qq_2)) * (a2 * sin(qq_5) +
(a1 + a3) * (cos(qq_5) - 1)) - a1 * (cos(qq_4) - 1) * (cos(qq_2) * sin(qq_3) +
cos(qq_3) * sin(qq_2)) + a2 * (cos(qq_6) -
1) * (cos(qq_5) * (cos(qq_2) * cos(qq_3) - sin(qq_2) * sin(qq_3)) -
cos(qq_4) * sin(qq_5) * (cos(qq_2) * sin(qq_3) + cos(qq_3) * sin(qq_2))) -
a1 * sin(qq_2) * (cos(qq_3) - 1) -
a2 * sin(qq_4) * sin(qq_6) * (cos(qq_2) * sin(qq_3) + cos(qq_3) * sin(qq_2));

end

%%求解坐标值并且输出三视图
figure(1)
```

```
plot3(PX,PY,PZ,'.');%绘图
xlabel('X/m');
ylabel('Y/m');
zlabel('Z/m');%坐标

set(gca,'FontSize',16);

figure(2)
plot(PX,PY,'.');%绘图
xlabel('X/m');
ylabel('Y/m');%坐标

set(gca,'FontSize',16);

figure(3)
plot(PX,PZ,'.');%绘图
xlabel('X/m');
ylabel('Z/m');%坐标

set(gca,'FontSize',16);

figure(4)
plot(PY,PZ,'.');%绘图
xlabel('Y/m');
ylabel('Z/m');%坐标

set(gca,'FontSize',16);%插入坐标标注

end
```

6.1.4 案例 2 DENSO 机器人工作区间分析

在由表 6.2 中确定的关节范围内，对每一个关节变量取 $N=100\ 000$ 个随机值，组成 N 个关节向量，然后将代入正向运动学方程中计算出末端坐标系原点在工作区间中所形成的位置点云图，计算结果如图 6.3 所示。

表 6.2　DENSO 机器人关节角度范围

关节编号	角度范围
θ_1	−160°~160°
θ_2	−120°~120°
θ_3	−160°~−20°
θ_4	−160°~160°
θ_5	−110°~110°
θ_6	−360°~−360°

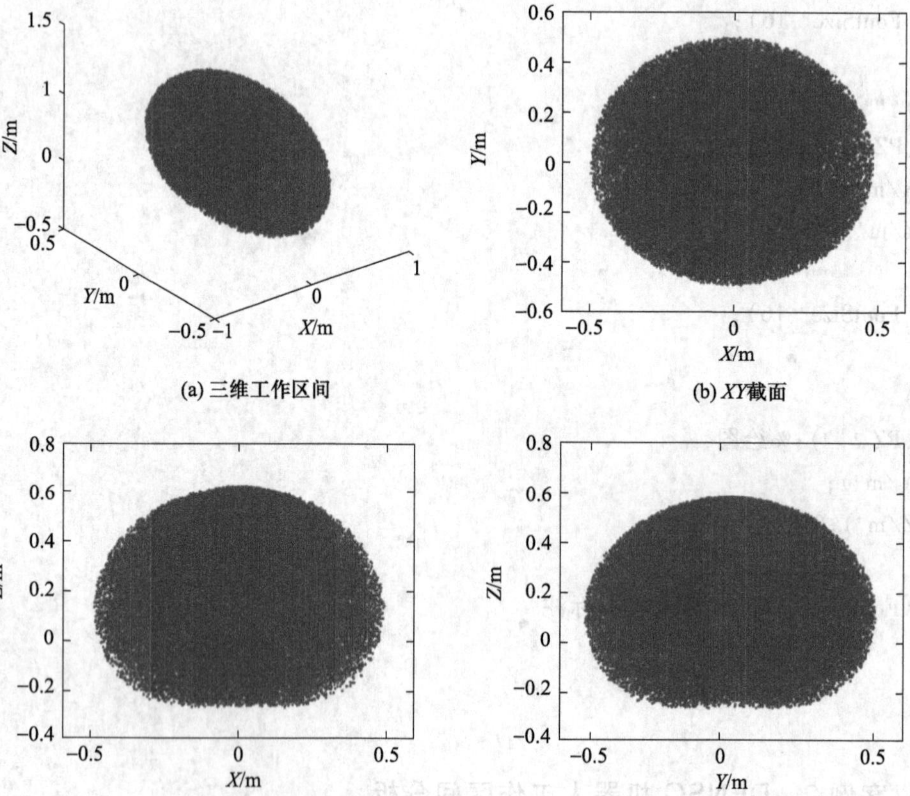

(a) 三维工作区间　(b) *XY*截面

(c) *XZ*截面　(d) *YZ*截面

图 6.3　DENSO 机器人工作区间示意图

从图 6.3 中可以看到，末端执行器工作区间近似为椭球体，末端空间范围内部空间紧凑。机器人工作区间受连杆长度和关节范围影响较大。末端执行器沿 X 轴的移动范围约为[−0.5, 0.5]（单位为 m），沿 Y 轴的移动范围约为[−0.5, 0.5]（单位为 m），沿 Z 轴移动范围约为[−0.28, 0.58]（单位为 m）。

仿真程序:chapter6_1_4.m

```
%%函数功能:蒙特卡洛法求解 DENSO 机器人工作区间
%%输入: 无
%%输出: 无

function chapter6_1_4()
%%定义变量
deg=pi/180;

%%定义关节角度范围
theta1=[-160,160] * deg;
theta2=[-120,120] * deg;
theta3=[-160,-20] * deg;
theta4=[-160,160] * deg;
theta5=[-110,110] * deg;
theta6=[-360,360] * deg;

%%定义连杆变量
d1 = 0.125;
a2 = 0.210;
a3 = 0.075;
d4 = 0.2100;
d6 = 0.070;

%%生成一个数组来保存随机变量
N=100000;
i=1 : N;
PX=zeros(size(i));
PY=zeros(size(i));
PZ=zeros(size(i));
%%设置随机点
for j=1 : 1 : N

    qq_1=(-160+320 * rand()) * pi/180;
    qq_2=(-120+240 * rand()) * pi/180;
    qq_3=(-160+320 * rand()) * pi/180;
    qq_4=(-160+320 * rand()) * pi/180;
    qq_5=(-110+220 * rand()) * pi/180;
```

```
    qq_6=(-360+720*rand())*pi/180;

%%根据运动学方程,求出机器人末端执行器在固定坐标系中的位置向量表达式
PX(j)=d6*(sin(qq_5)*(sin(qq_1)*sin(qq_4)+
cos(qq_4)*(cos(qq_1)*sin(qq_2 + pi/2)*sin(qq_3 - pi/2)-
cos(qq_1)*cos(qq_2 + pi/2)*cos(qq_3 - pi/2)))-
cos(qq_5)*(cos(qq_1)*cos(qq_2 + pi/2)*sin(qq_3 - pi/2)+
cos(qq_1)*cos(qq_3 - pi/2)*sin(qq_2 + pi/2)))- d4*(cos(qq_1)*cos(qq_2 +
pi/2)*sin(qq_3 - pi/2)+ cos(qq_1)*cos(qq_3 - pi/2)*sin(qq_2 + pi/2))+
a2*cos(qq_1)*cos(qq_2 + pi/2)- a3*cos(qq_1)*cos(qq_2 + pi/2)*cos(qq_3-
pi/2)+ a3*cos(qq_1)*sin(qq_2 + pi/2)*sin(qq_3 - pi/2);

PY(j)= a2*cos(qq_2 + pi/2)*sin(qq_1)- d6*(sin(qq_5)*(cos(qq_1)*sin(qq_4)+
cos(qq_4)*(cos(qq_2 + pi/2)*cos(qq_3 - pi/2)*sin(qq_1)-
sin(qq_1)*sin(qq_2 + pi/2)*sin(qq_3 - pi/2)))+ cos(qq_5)*(cos(qq_2 +
pi/2)*sin(qq_1)*sin(qq_3 - pi/2)+ cos(qq_3 - pi/2)*sin(qq_1)*sin(qq_2 +
pi/2)))- d4*(cos(qq_2 + pi/2)*sin(qq_1)*sin(qq_3 - pi/2)+ cos(qq_3 -
pi/2)*sin(qq_1)*sin(qq_2 + pi/2))- a3*cos(qq_2 + pi/2)*cos(qq_3 -
pi/2)*sin(qq_1)+ a3*sin(qq_1)*sin(qq_2 + pi/2)*sin(qq_3 - pi/2);

PZ(j)= d1 + d6*(cos(qq_5)*(cos(qq_2 + pi/2)*cos(qq_3 - pi/2)- sin(qq_2 +
pi/2)*sin(qq_3 - pi/2))- cos(qq_4)*sin(qq_5)*(cos(qq_2 +
pi/2)*sin(qq_3 - pi/2)+ cos(qq_3 - pi/2)*sin(qq_2 + pi/2)))+ d4*(cos(qq_2 +
pi/2)*cos(qq_3 - pi/2)- sin(qq_2 + pi/2)*sin(qq_3 - pi/2))+ a2*sin(qq_2 +
pi/2)- a3*cos(qq_2 + pi/2)*sin(qq_3 - pi/2)- a3*cos(qq_3 -
pi/2)*sin(qq_2 + pi/2);

end

%%求解坐标值并且输出三视图
figure(1)
plot3(PX,PY,PZ,'.');%绘图
xlabel('X/m');
ylabel('Y/m');
zlabel('Z/m');%坐标
grid on %保持
set(gca,'FontSize',16);%插入坐标标注
```

```
figure(2)
plot(PX,PY,'.');%绘图
xlabel('X/m');
ylabel('Y/m');%坐标
set(gca,'FontSize',16);%插入坐标标注

figure(3)
plot(PX,PZ,'.');%绘图
xlabel('X/m');
ylabel('Z/m');%坐标
set(gca,'FontSize',16);%插入坐标标注

figure(4)
plot(PY,PZ,'.');%绘图
xlabel('Y/m');
ylabel('Z/m');%坐标
set(gca,'FontSize',16);%插入坐标标注
```

6.2 奇异性分析

6.2.1 奇异性分析原理

一个线性变换可以将关节速度和笛卡儿速度(即机器人执行器的速度)联系起来,如果这个线性变换矩阵是非奇异的,那么已知笛卡儿速度,就可以对该矩阵计算出关节速度。但大多数机器人都有使雅可比矩阵出现奇异的关节角度值,这些位置就称为机器人的奇异位型或奇异点。

奇异位型由下式计算:

$$\det[J(\theta)]=0 \tag{6.2}$$

即雅可比矩阵的行列式为0。

机器人的奇异位型大致可分为以下两类:

1) 工作区间边界的奇异位型出现在机器人完全展开或者完全收回使得末端执行器处于或非常接近工作区间边界的情况。

2) 工作区间内部的奇异位型出现在远离工作区间边界的情况,通常是由于两个或者两个以上的关节轴线共线引起的。

当一个机器人处于奇异位型时,它会失去一个或多个自由度(在笛卡儿坐标系中观察),也就是说,在笛卡儿空间的某个方向上(或某个子空间中),无论选择什么样的关节速度,都不能使机器人运动。显然这种情况也会在机器人的工作区间的边界发生。

因此,从某种意义上来讲,机器人离奇异点越远,机器人越能均匀地在各个方向上移动和施

力。目前已有多种方法可以定量分析这种效果，如果在设计过程中采用这些方法，可以使机器人的设计工作区间具有最大良好条件的子空间，同时可以很自然地使用雅可比矩阵的行列式来判断机器人的灵巧性。

6.2.2 奇异性分析方法

定义可操作度 w 为

$$w=\sqrt{\det[J(\theta)J^{\mathrm{T}}(\theta)]} \tag{6.3}$$

对于非冗余机器人可将其简化为

$$w=|\det[J(\theta)]| \tag{6.4}$$

对机器人进行雅可比矩阵分析，可以判断机器人在运行过程中是否会陷入奇异位型。

机器人机构奇异、矩阵奇异以及多解直接的关系，变换矩阵确实在关节角度处于某些数值时会奇异，这些位置正是机器人奇异位置，但并不是代表机器人逆向运动学无法求解，而是会有无数多个解，这些奇异位置恰好是机器人运动学逆解的个数发生突变的位置。对 DENSO 机器人进行求逆解的过程中，当关节 5 的角度为零时，其逆解的个数有无穷多个，在数学上直观描述是多条曲线（每条曲线代表一个解）的交叉点，曲线在这个点连续但是不可导；在力学上直观描述是，曲线在这个点是连续的，但不可导，导致速度无穷大，这就是机器人奇异点最核心的概念。所以，机器人的奇异点就是速度矩阵也称作雅可比矩阵非满秩的那些点。奇异性的种类一般有边界奇异、内部奇异、腕部奇异、结果边界奇异。通过雅可比矩阵以及速度分析可得到协调控制。当接近奇异位型时，应该采用一些其他的措施，比如把关节 4 和关节 6 转动一定的角度，以规避奇异位型。

雅可比矩阵的计算方法有微分变换法、矢量积法、旋量法等。由于微分变换法对于高自由度的机器人并不适用，而从端机器人的运动学方程的建立采用的是 D-H 法，为了避免重复建模，因此旋量法也不适用，故下面采用矢量积法去推导 DENSO 机器人的雅可比矩阵。

矢量积法是在正运动学的基础上求解机器人的雅可比矩阵，其求解的公式如下：

$$J=\begin{bmatrix} Z_0\times(P-P_0) & Z_1\times(P-P_1) & Z_2\times(P-P_2) & Z_3\times(P-P_3) & Z_4\times(P-P_4) & Z_5\times(P-P_5) \\ Z_0 & Z_1 & Z_2 & Z_3 & Z_4 & Z_5 \end{bmatrix} \tag{6.5}$$

其中 Z_0 为固定坐标系中 Z 轴方向的单位向量，P_0 为固定坐标系原点的坐标，P 为当前位型下的机器人末端在世界坐标系的坐标，$P_i={}^0T_1^1T_2\cdots{}^{i-1}T_i(1:3,4)$，$Z_i={}^0T_1^1T_2\cdots{}^{i-1}T_i(1:3,3)$，$i=1,2,\cdots,n-1$，其中

$${}^0T_1=\begin{bmatrix} c_1 & 0 & s_1 & 0 \\ s_1 & 0 & -c_1 & 0 \\ 0 & 1 & 0 & d_1 \\ 0 & 0 & 0 & 1 \end{bmatrix},\ {}^1T_2=\begin{bmatrix} -s_2 & -c_2 & 0 & -s_2a_2 \\ c_2 & -s_2 & 0 & c_2a_2 \\ 0 & 0 & 1 & 0 \\ 0 & 0 & 0 & 1 \end{bmatrix},$$

$${}^2T_3=\begin{bmatrix} s_3 & 0 & c_3 & -s_3a_3 \\ -c_3 & 0 & s_3 & c_3a_3 \\ 0 & -1 & 0 & 0 \\ 0 & 0 & 0 & 1 \end{bmatrix},\ {}^3T_4=\begin{bmatrix} c_4 & 0 & s_4 & 0 \\ s_4 & 0 & -c_4 & 0 \\ 0 & 1 & 0 & d_4 \\ 0 & 0 & 0 & 1 \end{bmatrix},$$

$$
{}^{4}T_5=\begin{bmatrix} c_5 & 0 & -s_5 & 0 \\ s_5 & 0 & c_5 & 0 \\ 0 & -1 & 0 & 0 \\ 0 & 0 & 0 & 1 \end{bmatrix},\ {}^{5}T_6=\begin{bmatrix} c_6 & -s_6 & 0 & 0 \\ s_6 & c_6 & 0 & 0 \\ 0 & 0 & 1 & d_6 \\ 0 & 0 & 0 & 1 \end{bmatrix},
$$

$(n_1, n_2 : n_3)$ 表示矩阵从 n_1 到 n_2 行的第 n_3 列。

由式(6.5)得到从端机器人的雅可比矩阵如下：

$$
J=[J_1 \quad J_2 \quad J_3 \quad J_4 \quad J_5 \quad J_6] \tag{6.6}
$$

其中各列的计算结果如下：

$$
J_1=\begin{bmatrix} s_5(c_4c_{23}s_1d_6+c_1s_4d_6)-s_{23}s_1d_4+s_1c_{23}a_3-c_5s_1s_{23}d_3+s_1s_2a_2 \\ -s_5(c_4c_1c_{23}d_6-s_1s_4d_6)+c_5c_1s_{23}d_6+s_{23}c_1d_4-c_1c_{23}a_3-c_1s_2a_2 \\ 0 \\ 0 \\ 0 \\ 1 \end{bmatrix} \tag{6.7}
$$

$$
J_2=\begin{bmatrix} -c_1c_{23}d_4-c_1s_{23}a_3-c_5c_1c_{23}d_6+c_1c_2a_2-c_4s_5c_1s_{23}d_6 \\ -s_1c_{23}d_4-s_1s_{23}a_3-c_5s_1c_{23}d_6+c_2s_1a_2-c_4s_5s_1s_{23}d_6 \\ c_5s_{23}d_6+s_{23}d_4-c_{23}a_3-s_2a_2-c_4s_5c_{23}d_6 \\ s_1 \\ -c_1 \\ 0 \end{bmatrix} \tag{6.8}
$$

$$
J_3=\begin{bmatrix} -c_1c_{23}d_4-c_1s_{23}a_3-c_5c_1c_{23}d_6-c_4s_5c_1s_{23}d_6 \\ -s_1c_{23}d_4-s_1s_{23}a_3-c_5s_1c_{23}d_6-c_4s_5s_1s_{23}d_6 \\ c_5s_{23}d_6+s_{23}d_4-c_{23}a_3-c_4s_5c_{23}d_6 \\ s_1 \\ -c_1 \\ 0 \end{bmatrix} \tag{6.9}
$$

$$
J_4=\begin{bmatrix} s_5(s_4c_1c_{23}d_6+c_4s_1d_6) \\ s_5(s_4s_1c_{23}d_6-c_4c_1d_6) \\ -s_4s_5s_{23}d_6 \\ c_1s_{23} \\ s_1s_{23} \\ c_{23} \end{bmatrix} \tag{6.10}
$$

$$J_5=\begin{bmatrix} -c_5(c_4c_1c_{23}d_6-s_4s_1d_6)-s_5c_1s_{23}d_6 \\ -c_5(c_4s_1c_{23}d_6+s_4c_1d_6)-s_5s_1s_{23}d_6 \\ c_4c_5s_{23}d_6-s_5c_{23}d_6 \\ c_4s_1+c_1c_{23}s_4 \\ c_{23}s_1s_4-c_1c_4 \\ -s_4s_{23} \end{bmatrix} \tag{6.11}$$

$$J_6=\begin{bmatrix} 0 \\ 0 \\ 0 \\ s_5(s_1s_4-c_4c_1c_{23})+c_1c_5s_{23} \\ c_5s_1s_{23}-s_5(c_1s_4+c_5c_{23}s_1) \\ c_5c_{23}+c_4s_5s_{23} \end{bmatrix} \tag{6.12}$$

对式(6.6)的矩阵求其行列式，求得：

$$\det(J)=s_5a_2[Ds_3d_4^2-d_4(s_3A+DB)+BA] \tag{6.13}$$

其中：

$$A=(2c_1s_4s_5s_1+2c_5s_{23}c_1^2)d_6+s_2a_2+a_3c_{23}$$
$$B=c_3a_3 \tag{6.14}$$
$$D=-s_1s_{23}(c_1-s_1)$$

当从端机器人的雅可比矩阵不是满秩矩阵时，从端机器人会出现奇异位型。相对应于雅可比矩阵 J 其秩小于 n 时，从端机器人会有奇异位型。由式(6.13)可以明显看出，当关节 5 的关节角度为零时，雅可比矩阵行列式为零，出现奇异位型。另外令式(6.13)中的后半部分等于零，即

$$E=Ds_3d_4^2-d_4(s_3A+DB)+BA=0 \tag{6.15}$$

分析其解，并把相应的解代入正向运动学方程中即可得到其奇异位型分布。

6.2.3　案例　DENSO 机器人奇异性分析

以 DENSO 机器人为例，将式(6.15)的解代入 DENSO 机器人的正向运动学方程得到的位置分布图如图 6.4 所示。通过图 6.4 和图 6.3 的对比分析可以得出，由式(6.15)得到的奇异位型主要是接近机器人的工作区间边界才导致雅可比矩阵出现奇异。

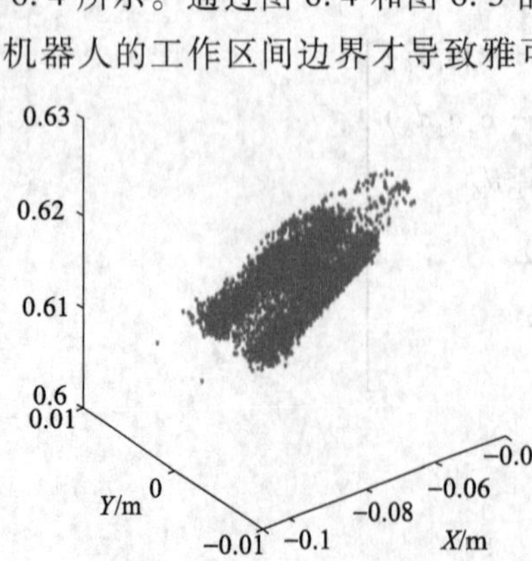

(a) 三维工作区间中的奇异点

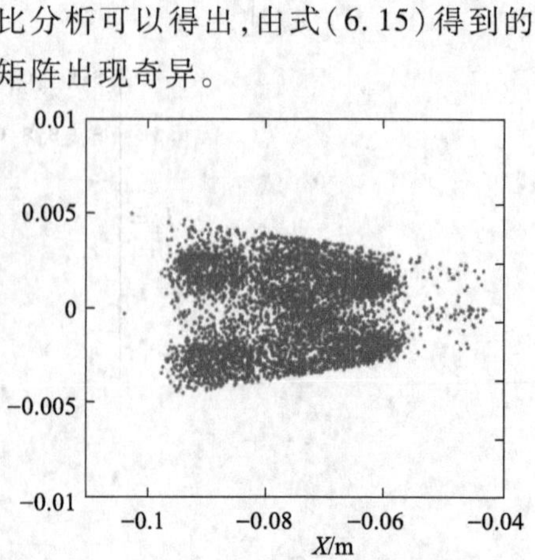

(b) XY截面的奇异点

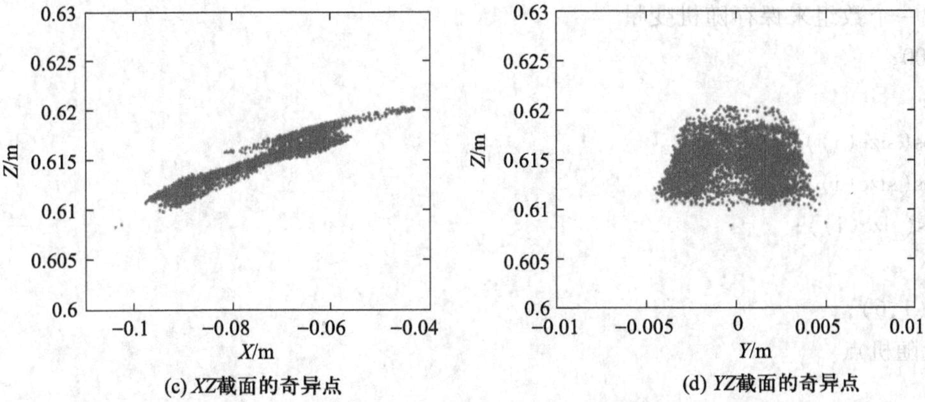

图 6.4 DENSO 机器人奇异位型分布图

综上分析可得,从端机器人只有在关节 5 的关节角度为零时以及当所有关节角度满足式(6.15)时出现奇异解,在其他条件下机器人的雅可比矩阵为列满秩矩阵,不会出现奇异位型。

仿真程序:chapter6_2_3.m

```
%%函数功能:画出 DENSO 机器人的奇异点分布空间
%%输入: 无
%%输出: 无

function    chapter6_2_3()
%%定义变量
deg = pi/180;

%%定义关节角度范围
theta1 = [-160,160] * deg;
theta2 = [-120,120] * deg;
theta3 = [-160,-20] * deg;
theta4 = [-160,160] * deg;
theta5 = [-110,110] * deg;
theta6 = [-360,360] * deg;

%%定义连杆变量
d1  =  0.125;
a2  =  0.210;
a3  =  0.075;
d4  =  0.2100;
d6  =  0.070;
```

```
%%生成一个数组来保存随机变量
N=100000;
i=1:N;
PX=zeros(size(i));
PY=zeros(size(i));
PZ=zeros(size(i));

Q=zeros(1,6);
%%设置随机点
i=1;
for j=1:1:N

    qq_1=(-160+320*rand())*pi/180;
    qq_2=(-120+240*rand())*pi/180;
    qq_3=(-160+320*rand())*pi/180;
    qq_4=(-160+320*rand())*pi/180;
    qq_5=(-110+220*rand())*pi/180;
    qq_6=(-360+720*rand())*pi/180;


%%根据运动学方程计算机器人的雅可比矩阵
AA_2=(cos(qq_2+qq_3)^3*a3 + cos(qq_5)*sin(qq_1)^2*sin(qq_2+qq_3)*d6 +
cos(qq_1)^2*cos(qq_2+qq_3)^2*sin(qq_2)*a2 +
cos(qq_1)^2*cos(qq_2+qq_3)*sin(qq_2+qq_3)^2*a3 +
cos(qq_1)^2*cos(qq_5)*sin(qq_2+qq_3)^3*d6 +
cos(qq_1)^2*sin(qq_2)*sin(qq_2+qq_3)^2*a2 +
cos(qq_2+qq_3)^2*sin(qq_1)^2*sin(qq_2)*a2 +
cos(qq_2+qq_3)*sin(qq_1)^2*sin(qq_2+qq_3)^2*a3 -
cos(qq_5)*sin(qq_1)^2*sin(qq_2+qq_3)^3*d6 +
sin(qq_1)^2*sin(qq_2)*sin(qq_2+qq_3)^2*a2 +
cos(qq_1)^2*cos(qq_5)*sin(qq_2+qq_3)*d6 -
cos(qq_1)^2*cos(qq_4)*cos(qq_2+qq_3)*sin(qq_5)*d6 -
cos(qq_4)*cos(qq_2+qq_3)*sin(qq_1)^2*sin(qq_5)*d6 +
cos(qq_1)^2*cos(qq_4)*cos(qq_2+qq_3)^3*sin(qq_5)*d6 +
cos(qq_1)^2*cos(qq_5)*cos(qq_2+qq_3)^2*sin(qq_2+qq_3)*d6 +
cos(qq_4)*cos(qq_2+qq_3)^3*sin(qq_1)^2*sin(qq_5)*d6 -
cos(qq_5)*cos(qq_2+qq_3)^2*sin(qq_1)^2*sin(qq_2+qq_3)*d6 +
cos(qq_4)*cos(qq_2+qq_3)*sin(qq_1)^2*sin(qq_5)*sin(qq_2+qq_3)^2*d6 +
```

```
2 * cos(qq_1) * cos(qq_2+qq_3)^2 * sin(qq_1) * sin(qq_4) * sin(qq_5) * d6 +
2 * cos(qq_1) * sin(qq_1) * sin(qq_4) * sin(qq_5) * sin(qq_2+qq_3)^2 * d6 +
cos(qq_1)^2 * cos(qq_4) * cos(qq_2+qq_3) * sin(qq_5) * sin(qq_2+qq_3)^2 * d6);
BB_2=(cos(qq_4)^2 * sin(qq_2) * sin(qq_2+qq_3) * a3 +
sin(qq_2) * sin(qq_4)^2 * sin(qq_2+qq_3) * a3 +
cos(qq_2) * cos(qq_4)^2 * cos(qq_2+qq_3) * a3 +
cos(qq_2) * cos(qq_2+qq_3) * sin(qq_4)^2 * a3 +
cos(qq_2) * cos(qq_4)^3 * cos(qq_2+qq_3) * sin(qq_5) * d6 +
cos(qq_4)^3 * sin(qq_2) * sin(qq_5) * sin(qq_2+qq_3) * d6 -
cos(qq_2) * cos(qq_4) * cos(qq_2+qq_3) * sin(qq_5) * d6 -
cos(qq_4) * sin(qq_2) * sin(qq_5) * sin(qq_2+qq_3) * d6 +
cos(qq_2) * cos(qq_4) * cos(qq_2+qq_3) * sin(qq_4)^2 * sin(qq_5) * d6 +
cos(qq_4) * sin(qq_2) * sin(qq_4)^2 * sin(qq_5) * sin(qq_2+qq_3) * d6);
FF=(cos(qq_2+qq_3)^2 * sin(qq_1)^2 * sin(qq_2+qq_3)-
cos(qq_1) * cos(qq_2+qq_3)^2 * sin(qq_1) * sin(qq_2+qq_3)+
sin(qq_1)^2 * sin(qq_2+qq_3)^3 - cos(qq_1) * sin(qq_1) * sin(qq_2+qq_3)^3);

J=(FF * sin(qq_3) * d4^2-(sin(qq_3) * AA_2+FF * BB_2) * d4+BB_2 * AA_2);
%%计算得到使得雅可比矩阵行列式为零的关节角度值
q=[qq_1,qq_2,qq_3,qq_4,qq_5,qq_6];

if abs(J)< 0.001                          % 计算得到使得雅可比矩阵行列式为零的关节角度值
    i=i+1;
    Q=[Q;q];
end

end
disp(i);

n=size(Q);
PX=zeros(size(n(1)));
PY=zeros(size(n(1)));
PZ=zeros(size(n(1)));

%将上述计算得到的关节角度值代入正向运动学方程中计算得到相应的位置
 PX(i)=T(1,4);
 PY(i)=T(2,4);
 PZ(i)=T(3,4);
```

```
end
%%求解坐标值并且输出三视图
figure(1)
plot3(PX,PY,PZ,'.');%绘图
xlabel('X/m');
ylabel('Y/m');
zlabel('Z/m');%坐标
axis([-0.11,-0.04,-0.01 0.01 0.6 0.63]);%调用坐标系
set(gca,'FontSize',16);%插入坐标标注

figure(2)
plot(PX,PY,'.');%绘图
xlabel('X/m');
ylabel('Y/m');%坐标
axis([-0.11,-0.04,-0.01 0.01]);v%调用坐标系
set(gca,'FontSize',16);%插入坐标标注

figure(3)
plot(PX,PZ,'.');%绘图
xlabel('X/m');
ylabel('Z/m');%坐标
axis([-0.11,-0.04,0.6 0.63]);%调用坐标系
set(gca,'FontSize',16);%插入坐标标注

figure(4)
plot(PY,PZ,'.');%绘图
xlabel('Y/m');
ylabel('Z/m');%坐标
axis([-0.01 0.01,0.6,0.63]);%调用坐标系
set(gca,'FontSize',16);%插入坐标标注
end
```

子函数:Denso_FK_DH.m

```
%% 函数功能:采用 D-H 参数法计算机器人的正向运动学
%% 输入:关节角度向量的单位是弧度
%% 输出:经过运动学化简算法化简之后的机器人末端变换矩阵的符号表达式

function T=Denso_FK_DH(q)
```

```
qq_1 = q(1);
qq_2 = q(2);
qq_3 = q(3);
qq_4 = q(4);
qq_5 = q(5);
qq_6 = q(6);

l1z = 0.125;
l1x = 0;
l2 = 0.210;
l3z = 0.088;
l3x = 0.075;
l4 = 0.122;
l5 = 0.070;

A1 = DH (qq_1, l1z, l1x, pi/2);
A2 = DH (qq_2 + pi/2, 0, l2, 0);
A3 = DH (qq_3- pi/2, 0, -l3x, -pi/2);
A4 = DH (qq_4, l3z+l4, 0, pi/2);
A5 = DH (qq_5, 0, 0, -pi/2);
A6 = DH (qq_6, l5, 0, 0);

T = A1 * A2 * A3 * A4 * A5 * A6;
End

%% 变换矩阵子函数
function A = DH(theta_z, d_z, a_x, alpha_x)

A_R_z = [cos(theta_z) -sin(theta_z) 0 0;
         sin(theta_z) cos(theta_z) 0 0;
          0 0 1 0;
          0 0 0 1];

A_T_z = [1 0 0 0;
          0 1 0 0;
          0 0 1 d_z;
          0 0 0 1];
```

```
A_T_x = [1 0 0 a_x;
        0 1 0 0;
        0 0 1 0;
        0 0 0 1];

if alpha_x==0
    A_R_x = [1 0 0 0;
        0 1 0 0;
        0 0 1 0;
        0 0 0 1];
elseif alpha_x==pi/2
      A_R_x = [1 0 0 0;
        0 0 -1  0;
        0 1 0 0;
        0 0 0 1];
elseif alpha_x==-pi/2
      A_R_x = [1 0 0 0;
        0 0 1  0;
        0 -1 0 0;
        0 0 0 1];
else
    A_R_x = [1              0                   0            0;
        0      cos( alpha_x)          -sin( alpha_x) 0;
        0      sin( alpha_x)           cos( alpha_x) 0;
        0        0            0                  1];
end

A =A_R_z*A_T_z*A_T_x*A_R_x;
end
```

6.2.4　奇异点的规避方法

由于机器人运行至奇异点附近会导致关节角速度和角加速度的规划值出现无穷大的极端情况，因此机器人会出现振动，影响机器人的轨迹跟踪精度，同时也不利于机器人的关节运动控制，甚至造成控制算法失效。因此，寻求一种有效的回避方法是极为重要的。

不同的机器人拥有不同的构型，因而各自的奇异点不尽相同，针对具体机器人有其特定方法规避奇异点。下面介绍一些规避方案。

1. 无冗余自由度的空间机器人系统

动力学奇异点的本质是广义雅可比矩阵不满秩，在物理上表现为无论机器人各关节如何运动都无法使末端执行器沿一方向运动，为此可以通过在无冗余自由度系统的奇异点附近对设计路径做微小改变以实现控制。对于路径的偏离可以采用反馈控制方法在机器人通过奇异点领域后逐渐消除。

2. 冗余自由度系统

机器人处于动力学奇异点时，抓手至少失去一个自由度，为使执行器末端严格沿设计轨迹运动，应增加机器人自由度。

3. 李雅普诺夫方法

对于给定负载位姿始末值而对运动路径不做要求时，可运用李雅普诺夫方法实现避免奇异点的路径规划。

4. 基于迭代及拟合思想的奇异回避算法

在机器人进行笛卡儿空间内的路径跟踪时，通过确定关节角度发生跳变的临界点判定奇异区的关节角度范围，确定在雅可比矩阵不发生奇异的情况下其行列式所对应的阈值。实时读取每一迭代步已预先规划好的末端位姿状态向量，采用基于迭代思想的机器人逆向运动学的数值解法得到奇异区内任意迭代步所对应的关节角度。随后，对机器人在奇异区内的关节角度序列进行拟合，最终得到完整的奇异区角度和角速度序列。在脱离奇异区后保持期望末端位姿不变，以当前末端位姿矩阵为初始时刻末端位姿，重新进行笛卡儿空间内的连续位姿跟踪，最终完成规避奇异点的任务。

第七章 机器人的鲁棒自适应控制

【学习目标】

1. 了解机器人鲁棒自适应控制算法的基本原理和功能;

2. 学会基于输入-输出稳定性理论,根据机器人的控制性能指标设计鲁棒自适应算法;

3. 为一个三自由度机器人设计自适应滑模控制器,并通过仿真软件 MATLAB 对整个机器人控制系统进行仿真。

机器人系统是一个十分复杂的多输入多输出非线性系统,具有时变、强耦合以及非线性的动力学特性。由于测量的不精确、建模的误差以及负载变化和外部扰动的影响,实际上无法得到精确完整的模型。

针对机器人的不确定性问题的解决方案主要有两种基本控制策略,分别为自适应控制和鲁棒控制。当受控系统参数发生变化时,自适应控制通过及时的辨识、学习和调整控制规律,可以达到一定的控制性能指标,但当系统实时性要求严格,要实现比较复杂,特别是存在非参数不确定性的控制时,自适应控制难以保证系统的稳定性;而鲁棒控制可以在不确定因素的变化影响下做到"以不变应万变",保证系统稳定和维持一定的性能指标,即能以固定的控制器,保证在不确定性破坏最严重的情况下,控制系统也能满足设计要求。鲁棒控制的优点在于抑制干扰和补偿未建模动态,但是鲁棒控制没有学习的能力,在进行鲁棒控制器的设计时,一般都假设系统的不确定性属于一个可描述集,比如增益有界,且上界已知等,这就造成鲁棒控制是比较保守的控制策略,对所考虑集合内的个别元素,该系统并不是最佳的。鲁棒自适应控制则恰恰结合了鲁棒控制和自适应控制两者的优点,它通过在鲁棒控制中引入自适应控制,利用自适应控制律获取系统不确定性的信息,并根据获取的信息对鲁棒控制器进行调节,既能保证系统的稳定性,又能通过自适应控制及时调整控制规律和参数,提高系统的暂态性能和鲁棒性。所谓"鲁棒性",是指控制系统在过程参数或干扰变化显著时,仍能维持某些性能的特性。

狭义的鲁棒控制主要思想是使控制器对模型不确定性(外界扰动、参数扰动)灵敏度最小来保持系统的原有性能。广义的鲁棒控制则是指所有用确定的控制器来应对包含不确定性的系统的控制算法,所以包含学习、辨识等算法的智能控制也可以算作鲁棒控制。采用鲁棒控制时,工况变化,控制器不变,只是以牺牲某种或某些工况下的性能,获得所有工况下的鲁棒性。

自适应控制则是指通过在线调整控制器参数来应对系统不确定性的控制算法。这是一种很好的应对不确定性的手段,所以现在很多控制器研究中都经常利用自适应的思想,而这些控制器往往会因此而具有较强的鲁棒性。采用自适应控制时,工况变化,控制器也变化,原则上不用牺牲每种工况下的性能,但对自适应机制的要求很高。

鲁棒自适应控制对那些存在不确定性的系统进行控制,首先要在控制系统的运行过程中,通过不断测量系统的输入、状态、输出或性能参数,逐渐了解和掌握对象,然后根据得到的过程信息,按一定的设计方法,做出控制决策去更新控制器的结构、参数或控制作用,使系统在存在扰动和未建模动力学特性的情况下仍能保持其稳定性和性能。

7.1 算法原理

7.1.1 自适应控制

忽略外加干扰,n 关节机器人的动力学方程为

$$D(\theta)\ddot{\theta}+C(\theta,\dot{\theta})\dot{\theta}+G(\theta)=\tau$$

其中:$D(\theta)$ 为 $n\times n$ 阶正定惯性矩阵,$C(\theta,\dot{\theta})$ 为 $n\times n$ 阶离心力和科氏力项,$G(\theta)$ 为重力向量,τ 为控制力矩。

设位置误差为 $e=\theta_d-\theta$,其中 $\theta_d(t)$ 为期望轨迹,定义

$$\dot{\theta}_r=\dot{\theta}_d+\Lambda(\theta_d-\theta)=\dot{\theta}_d+\Lambda e$$

取控制力矩

$$\tau=D(\theta)\ddot{\theta}_r+C(\theta,\dot{\theta})\dot{\theta}_r+G(\theta)+K_d(\dot{\theta}_r-\dot{\theta}) \tag{7.1}$$

式中:Λ 和 K_d 均为正定对角矩阵。闭环系统方程为

$$D(\theta)\ddot{\theta}+C(\theta,\dot{\theta})\dot{\theta}+G(\theta)=D(\theta)\ddot{\theta}_r+C(\theta,\dot{\theta})\dot{\theta}_r+G(\theta)+K_d(\dot{\theta}_r-\dot{\theta})$$

即

$$D(\theta)(\ddot{\theta}_r-\ddot{\theta})+C(\theta,\dot{\theta})(\dot{\theta}_r-\dot{\theta})+K_d(\dot{\theta}_r-\dot{\theta})=0 \tag{7.2}$$

将 $\dot{\theta}_r-\dot{\theta}=\dot{e}+\Lambda e$,$\ddot{\theta}_r-\ddot{\theta}=\ddot{e}+\Lambda\dot{e}$ 代入,得

$$D(\theta_d-e)(\ddot{e}+\Lambda\dot{e})+C(\theta_d-e,\dot{\theta}_d-\dot{e})(\dot{e}+\Lambda e)+K_d(\dot{e}+\Lambda e)=0$$

故得到的闭环系统方程是一个关于误差 e 的非线性微分方程。定义 $r=\dot{\theta}_r-\dot{\theta}=\dot{e}+\Lambda e$,则闭环系统方程可写为

$$D(\theta)\dot{r}+C(\theta,\dot{\theta})r+K_d r=0 \tag{7.3}$$

下面证明其稳定性。取李雅普诺夫函数

$$V(t)=\frac{1}{2}r^{\mathrm{T}}D(\theta)r$$

由式(7.3)知,$V(t)$ 沿闭环系统[式(7.3)]的轨迹的导数为

$$\begin{aligned}\dot{V}(t)&=r^{\mathrm{T}}D(\theta)\dot{r}+\frac{1}{2}r^{\mathrm{T}}\dot{D}(\theta)r\\&=r^{\mathrm{T}}[-C(\theta,\dot{\theta})-K_d]r+\frac{1}{2}r^{\mathrm{T}}\dot{D}(\theta)r\end{aligned}$$

由 $\dot{D}(\theta)-2C(\theta,\dot{\theta})$ 反对称性知

$$r^{\mathrm{T}}\left[\frac{1}{2}\dot{D}(\theta)-C(\theta,\dot{\theta})\right]r=0$$

则

$$\dot{V}(t)=-r^{\mathrm{T}}K_{\mathrm{d}}r\leqslant 0 \tag{7.4}$$

这表明沿闭环系统轨迹 $V(t)$ 是单调有界的，故当 $t\to\infty$ 时，$V(t)$ 存在有限极限 $V(\infty)$，且有

$$0\leqslant V(\infty)\leqslant V(t)\leqslant V(t_0)<\infty,\ \forall\, t\geqslant t_0\geqslant 0 \tag{7.5}$$

由上式及 $V(t)$ 的定义知

$$0\leqslant\frac{1}{2}\lambda_{\mathrm{m}}[D(\theta)]\|r\|_2^2\leqslant\frac{1}{2}r^{\mathrm{T}}D(\theta)r<\infty,\ \forall\, t\geqslant t_0\geqslant 0$$

式中，$\lambda_{\mathrm{m}}[D(\theta)]>0$ 为 $D(\theta)$ 的最小特征值。故由此式知，$r(t)$ 是 $\mathcal{R}_+$ 上的有界函数，即 $r\in L_n^2$。

又由式(7.4)知

$$\dot{V}(t)=-r^{\mathrm{T}}K_{\mathrm{d}}r\leqslant-\lambda_{\mathrm{m}}(K_{\mathrm{d}})\|r\|_2^2$$

故

$$\|r\|_2^2\leqslant-\frac{1}{\lambda_{\mathrm{m}}(K_{\mathrm{d}})}\dot{V}(t)$$

其中，$\|r\|_2$ 表示矩阵 r 的 2 范数。

由式(7.5)可得

$$\int_{t_0}^{\infty}\|r\|_2^2\mathrm{d}t\leqslant-\frac{1}{\lambda_{\mathrm{m}}(K_{\mathrm{d}})}\int_{t_0}^{\infty}\dot{V}(t)\mathrm{d}t=\frac{1}{\lambda_{\mathrm{m}}(K_{\mathrm{d}})}[V(t_0)-V(\infty)]\leqslant\frac{1}{\lambda_{\mathrm{m}}(K_{\mathrm{d}})}V(t_0)<\infty,\ \forall\, t_0\geqslant 0$$

这就证明了 $r\in L_n^{\infty}$。

由定义知 $r=\dot{e}+\Lambda e$ 的拉普拉斯变换 $\underset{\sim}{r}(s)$ 为

$$\underset{\sim}{r}(s)=s\underset{\sim}{e}(s)+\Lambda\underset{\sim}{e}(s)=(sI_n+\Lambda)\underset{\sim}{e}(s)$$

故 e 的拉普拉斯变换 $\underset{\sim}{e}(s)$ 为

$$\underset{\sim}{e}(s)=(s_n+\Lambda)^{-1}\underset{\sim}{r}(s)\overset{\Delta}{=}W(s)\underset{\sim}{r}(s)$$

因 Λ 为正定矩阵，故 $W(s)$ 是严格正则且指数稳定的。因已证明了 $r\in L_n^{\infty}\cap L_n^2$，由引理 7-1 知 $\dot{e}\in L_n^2\cap L_n^{\infty}$，$e\in L_n^2\cap L_n^{\infty}$，且 $e(t)\to 0$(当 $t\to\infty$)。

引理 7-1 研究输入、输出系统

$$\underset{\sim}{e}(s)=W(s)\underset{\sim}{r}(s)$$

式中，$\underset{\sim}{e}(s)$、$\underset{\sim}{r}(s)$ 分别为 $e(t)\in L_n$，$r(t)\in L_n$ 的拉普拉斯变换，$W(s)\in R^{n\times n}(s)$，若 $W(s)$ 是严格正则且指数稳定的，则当 $r(t)\in L_n^2\cap L_n^{\infty}$ 时，有

① $e(t)\in L_n^2\cap L_n^{\infty}$；

② $\dot{e}(t)\in L_n^2\cap L_n^{\infty}$；

③ $e(t)$ 在 $\mathcal{R}_+$ 上一致连续；

④ $e(t)\to 0$，当 $t\to\infty$。

因期望轨迹 θ_{d} 的设计使得 $\theta_{\mathrm{d}}\in L_n^{\infty}$，$\dot{\theta}_{\mathrm{d}}\in L_n^{\infty}$，$\ddot{\theta}_{\mathrm{d}}\in L_n^{\infty}$，故由 $\dot{e}=\dot{\theta}_{\mathrm{d}}-\dot{\theta}\in L_n^{\infty}$ 知，$\dot{\theta}\in L_n^{\infty}$，且 $\ddot{\theta}_{\mathrm{r}}=\ddot{\theta}_{\mathrm{d}}+\Lambda\dot{e}\in L_n^{\infty}$；由 $e=\theta_{\mathrm{d}}-\theta\in L_n^{\infty}$ 知 $\theta\in L_n^{\infty}$，$\dot{\theta}_{\mathrm{r}}=\dot{\theta}_{\mathrm{d}}+\Lambda e\in L_n^{\infty}$，因此由式(7.1)知

$$\tau=D(\theta)\ddot{\theta}_r+C(\theta,\dot{\theta})\dot{\theta}_r+G(\theta)+K_d(\dot{\theta}_r-\dot{\theta})\in L_n^{\infty}$$

又由机器人方程知

$$\ddot{\theta}=D(\theta)^{-1}[\tau-C(\theta,\dot{\theta})\dot{\theta}-G(\theta)]\in L_n^{\infty}$$

从而 $\ddot{e}=\ddot{\theta}_d-\ddot{\theta}\in L_n^{\infty}$,因 $\dot{e}\in L_n^2$ 且 $\ddot{e}\in L_n^{\infty}$,故由引理 7-2 的推论知当 $t\to\infty$ 时,$\dot{e}\to 0$。至此证明了 $e\to 0,\dot{e}\to 0$,亦即 $\theta\to\theta_d,\dot{\theta}\to\dot{\theta}_d$。

引理 7-2 若 $1\leqslant p<\infty$,则当 $g(t)\in L_n^p$ 且 $g(t)$ 在 $\mathcal{R}_+$ 上一致连续时,有

$$g(t)\to 0,\text{当 } t\to\infty$$

考虑到当 $\dot{g}(t)\in L_n^{\infty}$ 时,$g(t)$ 在 $\mathcal{R}_+$ 上一致连续,故对引理 7-2 有以下推论。

推论 若 $1\leqslant p<\infty$,则当 $g(t)\in L_n^p$ 且 $\dot{g}(t)\in L_n^{\infty}$ 时,有

$$\text{当 } t\to\infty \text{ 时},g(t)\to 0,$$

而当已知惯性参数 p 的估计值 $\hat{p}$ 时,控制律[式(7.1)]变为

$$\tau=\hat{D}(\theta)\ddot{\theta}_r+\hat{C}(\theta,\dot{\theta})\dot{\theta}_r+\hat{G}(\theta)+K_d(\dot{\theta}_r-\dot{\theta}) \tag{7.6}$$

代入机器人方程并定义自适应律后有

$$\begin{aligned}D(\theta)\dot{r}+C(\theta,\dot{\theta})r+K_d r&=\hat{D}(\theta)\ddot{\theta}_r+\hat{C}\dot{\theta}_r+\hat{G}\\&\triangleq Y(\theta,\dot{\theta},\dot{\theta}_r,\ddot{\theta}_r)\hat{p}\end{aligned} \tag{7.7}$$

这时可取参数估计律为

$$\dot{\hat{p}}=\Gamma^{-1}Y^{T}(\theta,\dot{\theta},\dot{\theta}_r,\ddot{\theta}_r)r \tag{7.8}$$

其中:Γ 为正定矩阵,注意到 $\ddot{\theta}_r=\ddot{\theta}_d+\Lambda(\dot{\theta}_d-\dot{\theta})$,故由式(7.6)和式(7.8)构成的自适应控制方案中不需要求 $\hat{D}^{-1}(\theta)$,也不用测量 $\ddot{\theta}$,这就完全克服了基于计算力矩法的自适应控制方案的缺点。

下面证明其稳定性。因机器人惯性参数 p 为一常向量,故参数估计律[式(7.8)]也可写为

$$\dot{\tilde{p}}=-\Gamma^{-1}Y^{T}(\theta,\dot{\theta},\dot{\theta}_r,\ddot{\theta}_r)r \tag{7.9}$$

其中 $\tilde{p}=p-\hat{p}$,所以闭环系统方程由式(7.7)和式(7.9)描述,取李雅普诺夫函数

$$V(t)=\frac{1}{2}[r^{T}D(\theta)r+\tilde{p}^{T}\Gamma\tilde{p}]$$

由式(7.7)和式(7.9)知,沿闭环系统轨迹

$$\begin{aligned}\dot{V}(t)&=r^{T}D(\theta)\dot{r}+\frac{1}{2}r^{T}\dot{D}(\theta)+\tilde{p}^{T}\Gamma\dot{\tilde{p}}\\&=r^{T}\left[-C(\theta,\dot{\theta})r-K_d r+\frac{1}{2}\dot{D}(\theta)r+Y\tilde{p}\right]+\tilde{p}^{T}\Gamma\dot{\tilde{p}}\\&=-r^{T}K_d r+r^{T}\left[\frac{1}{2}\dot{D}(\theta)-C(\theta,\dot{\theta})\right]r+\tilde{p}^{T}(Y^{T}r+\Gamma\dot{\tilde{p}})\\&=-r^{T}K_d r\leqslant 0\end{aligned} \tag{7.10}$$

这表明沿式(7.7)和式(7.9)描述闭环系统的轨迹 $V(t)$ 在 $\mathcal{R}_+$ 上单调有界,故存在有限极限 $V(\infty)$,且有

$$0\leqslant V(\infty)\leqslant V(t)\leqslant V(t_0)<\infty\qquad(\forall t\geqslant t_0\geqslant 0)$$

由上式及 $V(t)$ 定义知

$$0\leqslant\frac{1}{2}\lambda_{\mathrm{m}}[D(\theta)]\|r\|_2^2+\frac{1}{2}\lambda_{\mathrm{m}}\Gamma\|\tilde{p}\|_2^2\leqslant V(t)<\infty\qquad(\forall t\geqslant t_0\geqslant 0)$$

因 $\lambda_{\mathrm{m}}[D(\theta)]>0,\lambda_{\mathrm{m}}(\Gamma)>0$,上式表明 $r\in L_n^{\infty},\tilde{p}\in L_{10n}^{\infty}$。

又由式(7.10)知

$$\dot{V}(t)\leqslant-\lambda_{\mathrm{m}}(K_{\mathrm{d}})\|r\|_2^2$$

$$\|r\|_2^2\leqslant-\frac{1}{\lambda_{\mathrm{m}}(K_{\mathrm{d}})}\dot{V}(t)$$

故

$$\begin{aligned}\int_{t_0}^{\infty}\|r\|_2^2\mathrm{d}t&\leqslant-\frac{1}{\lambda_{\mathrm{m}}(K_{\mathrm{d}})}\int_{t_0}^{\infty}\dot{V}(t)\mathrm{d}t\\&=\frac{1}{\lambda_{\mathrm{m}}(K_{\mathrm{d}})}[V(t_0)-V(\infty)]\\&\leqslant\frac{1}{\lambda_{\mathrm{m}}(K_{\mathrm{d}})}V(t_0)<\infty\qquad(\forall t\geqslant t_0\geqslant 0)\end{aligned}$$

这证明了 $r\in L_n^2$。

又由定义可知 r 和 e 间的拉普拉斯变换为

$$\underline{e}(s)=(sI_n+\Lambda)^{-1}\underline{r}(s)\triangleq W(s)\underline{r}(s)$$

因 $W(s)$是严格正则且指数稳定的,并已证明了 $r\in L_n^2\cap L_n^{\infty}$,故由引理 7-1 知 $\dot{e}\in L_n^2\cap L_n^{\infty},e\in L_n^2\cap L_n^{\infty}$,且当 $t\to\infty$时,$e(t)\to 0$。再考虑到 $\theta_{\mathrm{d}}\in L_n^{\infty},\dot{\theta}_{\mathrm{d}}\in L_n^{\infty},\ddot{\theta}_{\mathrm{d}}\in L_n^{\infty}$,故由 $\dot{e}=\dot{\theta}_{\mathrm{d}}-\dot{\theta}\in L_n^{\infty}$ 知 $\dot{\theta}\in L_n^{\infty},\ddot{\theta}_{\mathrm{r}}=\ddot{\theta}_{\mathrm{d}}+\Lambda\dot{e}\in L_n^{\infty}$;又由 $e=\theta_{\mathrm{d}}-\theta\in L_n^{\infty}$ 知 $\theta\in L_n^{\infty},\dot{\theta}_{\mathrm{r}}=\dot{\theta}_{\mathrm{d}}+\Lambda e\in L_n^{\infty}$;另外又由 $\tilde{p}=p-\hat{p}\in L_{10n}^{\infty}$ 知 $\hat{p}\in L_{10n}^{\infty}$,所以由控制律[式(7.6)]知

$$\begin{aligned}\tau&=\hat{D}(\theta)\ddot{\theta}_{\mathrm{r}}+\hat{C}(\theta,\dot{\theta})\dot{\theta}_{\mathrm{r}}+\hat{G}(\theta)+K_{\mathrm{d}}(\dot{\theta}_{\mathrm{r}}-\dot{\theta})\\&=Y(\theta,\dot{\theta},\dot{\theta}_{\mathrm{r}},\ddot{\theta}_{\mathrm{r}})\hat{p}+K_{\mathrm{d}}(\dot{\theta}_{\mathrm{r}}-\dot{\theta})\in L_n^{\infty}\end{aligned}$$

将 $\theta\in L_n^{\infty},\dot{\theta}\in L_n^{\infty},\tau\in L_n^{\infty}$ 代入机器人方程,知 $\ddot{\theta}\in L_n^{\infty}$,从而 $\ddot{e}=\ddot{\theta}_{\mathrm{d}}-\ddot{\theta}\in L_n^{\infty}$,因 $\dot{e}\in L_n^2,\ddot{e}\in L_n^{\infty}$,故 $\dot{e}\to 0$。至此,证明了 $e\to 0,\dot{e}\to 0$,亦即 $\theta\to\theta_{\mathrm{d}}$ 且 $\dot{\theta}\to\dot{\theta}_{\mathrm{d}}$。

7.1.2 滑模控制

本章采用滑模控制来满足系统对于鲁棒性的要求。滑模控制具有鲁棒性强,对扰动不灵敏,且结构简单,要调整的参数较少等优点,常用于机器人等系统的控制。滑模控制本质上是非线性控制的一种,它的非线性表现为控制的不连续性,即系统的“结构”不固定,可以在动态过程中根据系统当前的状态有目的地不断变化,迫使系统按照预定“滑动模态”的状态轨迹运动。下面以木块模型为例分析滑模控制的基本原理。

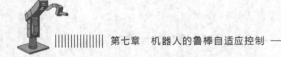

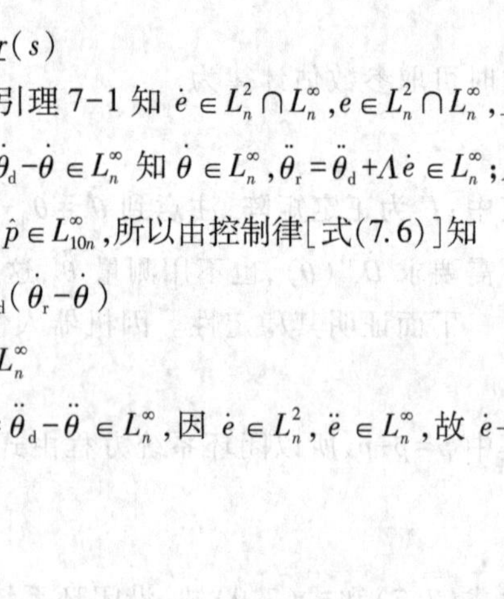

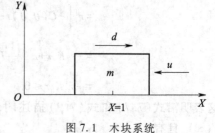

图 7.1 木块系统

假设现在有一质量 $m=1$ 的木块如图 7.1 所示,假设木块处于 $x=1$ 的位置上,需要设计 u,使其停在原点 $x=0$ 处。

忽略摩擦力,系统的状态方程为

$$\begin{cases}\dot{x}_1=x_2\\\dot{x}_2=u\end{cases} \tag{7.11}$$

其中:x_1、x_2 分别为木块的位移和速度,需要设计滑模控制器确定输入 u 使 $x_1=x_2=0$。

滑模面设计为

$$s=cx_1+x_2 \tag{7.12}$$

当 $s=0$,则

$$\begin{cases}cx_1+x_2=0\\\dot{x}_1=x_2\end{cases}$$

即 $$cx_1+\dot{x}_1=0$$

解微分方程得

$$\begin{cases}x_1=x_1(0)\,\mathrm{e}^{-ct}\\x_2=-cx_1(0)\,\mathrm{e}^{-ct}\end{cases} \tag{7.13}$$

由式(7.13)可以看出,当 $s=0$,x_1,x_2 将以指数速度收敛到0。因此,只要保证 $s=0$,即可达到控制目标。

接下来设计能保证 $s=0$ 的控制输入 u。设计李雅普诺夫函数为

$$V=\frac{1}{2}s^2 \tag{7.14}$$

求导得 $\dot{V}=s\dot{s}$,令 $\dot{V}\leqslant 0$,则可以得到

$$u=-cx_2-\varepsilon\,\mathrm{sign}(s) \tag{7.15}$$

当 $\varepsilon>0$ 时,可以得到 $\dot{V}\leqslant 0$,即满足 $\lim\limits_{t\to 0}s=0$。当 $s=0$,x_1,x_2 将以指数速度收敛到0,木块将停在原点一个极小的区域内。

以上分析建立在此系统没有外部扰动的情况下,假如平面非光滑,即存在摩擦力,此时可将摩擦力视作外部扰动,此时系统的状态方程为

$$\begin{cases}\dot{x}_1=x_2\\\dot{x}_2=u+d\end{cases} \tag{7.16}$$

此时要保证 $\lim\limits_{t\to 0}s=0$,输入应为

$$u=-cx_2-(\varepsilon+d)\,\mathrm{sign}(s) \tag{7.17}$$

由上述分析可以看出,要保证滑模面 s 逐渐收敛至0,进而保证系统状态以指数速度收敛至原点,输入中的滑模项的系数必须大于系统的总体扰动。

7.2 控制器设计

7.2.1 控制律设计

现在设计一个自适应的算法使得整个控制系统具有一定的鲁棒性。在控制律[式(7.6)]中

加入滑模函数：$s=\Lambda_1\dot{e}+\Lambda_2 e$。其中 K_d、Λ、Λ_1、Λ_2为二维对角矩阵，且 $\dot{\theta}_r=\dot{\theta}_d-\Lambda e$，使控制律变为

$$\tau=\hat{D}(\theta)\ddot{\theta}_r+\hat{C}(\theta,\dot{\theta})\dot{\theta}_r+\hat{G}(\theta)-K_d s \tag{7.18}$$

取参数估计律

$$\dot{\hat{\partial}}=-\Gamma^{-1}Y^{T}(\theta,\dot{\theta},\dot{\theta}_r,\ddot{\theta}_r)s \tag{7.19}$$

代入机器人动力学方程[式(7.7)]得

$$\hat{D}(\theta)\ddot{\theta}_r+\hat{C}(\theta,\dot{\theta})\dot{\theta}_r+\hat{G}(\theta)=Y\tilde{\partial} \tag{7.20}$$

7.2.2　稳定性分析

下面通过设计李雅普诺夫函数来证明系统的稳定性，构造李雅普诺夫函数：

$$V=\frac{1}{2}s^{T}D(\theta)s+\frac{1}{2}\tilde{\partial}^{T}\Gamma\tilde{\partial} \tag{7.21}$$

则

$$\dot{V}(t)=s^{T}D\dot{s}+\frac{1}{2}s^{T}\dot{D}s+\tilde{\partial}^{T}\Gamma\dot{\tilde{\partial}}$$

$$\dot{V}(t)=s^{T}(\hat{D}\ddot{\theta}_r+\hat{C}\dot{\theta}_r+\hat{G}-K_d s-Cs)+\frac{1}{2}s^{T}\dot{D}s+\tilde{\partial}^{T}\Gamma\dot{\tilde{\partial}} \tag{7.22}$$

将式(7.13)代入式(7.15)得

$$\begin{aligned}\dot{V}(t)&=s^{T}(Y\tilde{\partial}-K_d s-Cs)+\frac{1}{2}s^{T}\dot{D}s+\tilde{\partial}^{T}\Gamma\dot{\tilde{\partial}}\\&=s^{T}(Y\tilde{\partial}-K_d s)+\frac{1}{2}s^{T}(\dot{D}-2C)s+\tilde{\partial}^{T}\Gamma\dot{\tilde{\partial}}\\&=\tilde{\partial}^{T}(Y^{T}s+\Gamma\dot{\tilde{\partial}})-s^{T}K_d s\\&=-s^{T}K_d s\leqslant 0\end{aligned}$$

则$\lim\limits_{t\to\infty}e=0$，$\lim\limits_{t\to\infty}\dot{e}=0$，控制器全局稳定，证毕。

7.3　仿真实例

以 DENSO 机器人的三自由度鲁棒自适应控制为例。将 DENSO 机器人的后四个关节看作一个整体，则其六自由度的动力学模型可以简化为三自由度动力学模型。其结构图如图 7.2 所示。

采用控制律[式(7.11)]对 DENSO 机器人进行控制，三个关节的位置指令为 $\theta_{d1}=\theta_{d2}=\theta_{d3}=\sin(10\pi t)$。参数取值为 $\Lambda=\begin{bmatrix}1&0&0\\0&1&0\\0&0&1\end{bmatrix}$，$\Lambda_1=\begin{bmatrix}5&0&0\\0&5&0\\0&0&5\end{bmatrix}$，$\Lambda_2=\begin{bmatrix}95&0&0\\0&95&0\\0&0&95\end{bmatrix}$，$K_d=\begin{bmatrix}20&0&0\\0&20&0\\0&0&20\end{bmatrix}$。三个关节的位置跟踪仿真结果如图 7.3、图 7.4 和图 7.5 所示，仿真实验结果表示能达到预期给定的输入信号，采用的控制律使得位置误差快速收敛于 0，控制效果良好。

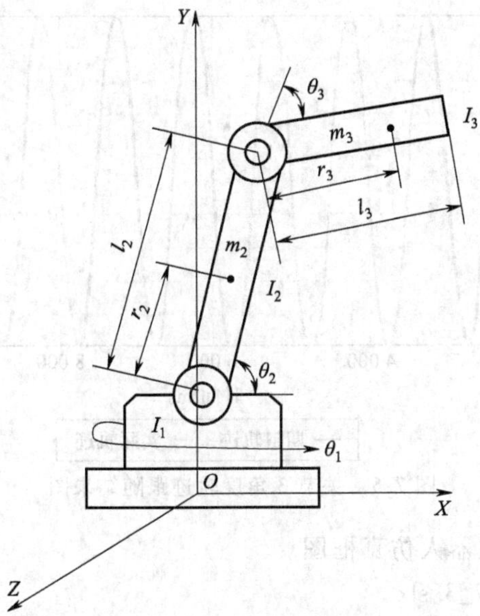

图 7.2 简化后的三自由度机器人结构图

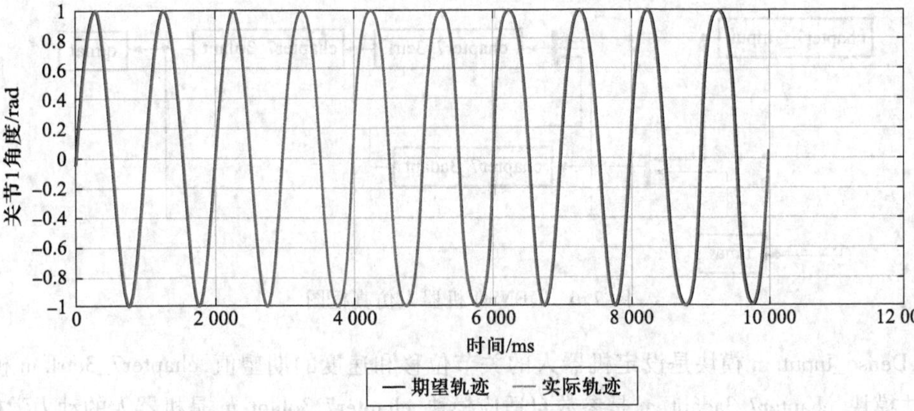

图 7.3 关节 1 角度轨迹跟随结果图

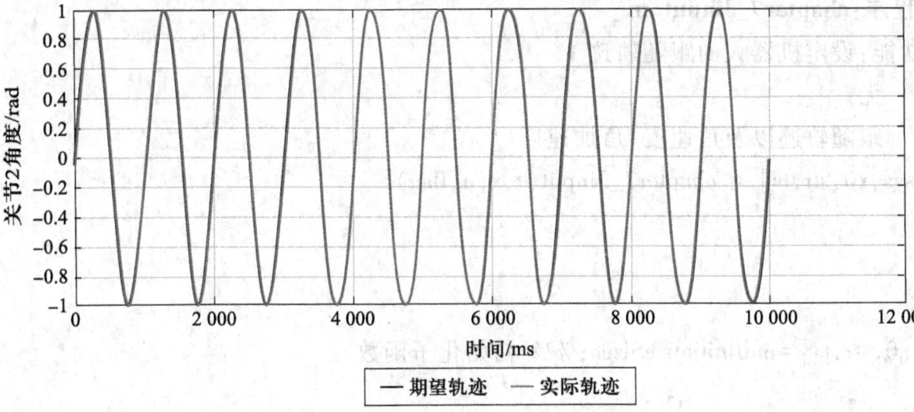

图 7.4 关节 2 角度轨迹跟随结果图

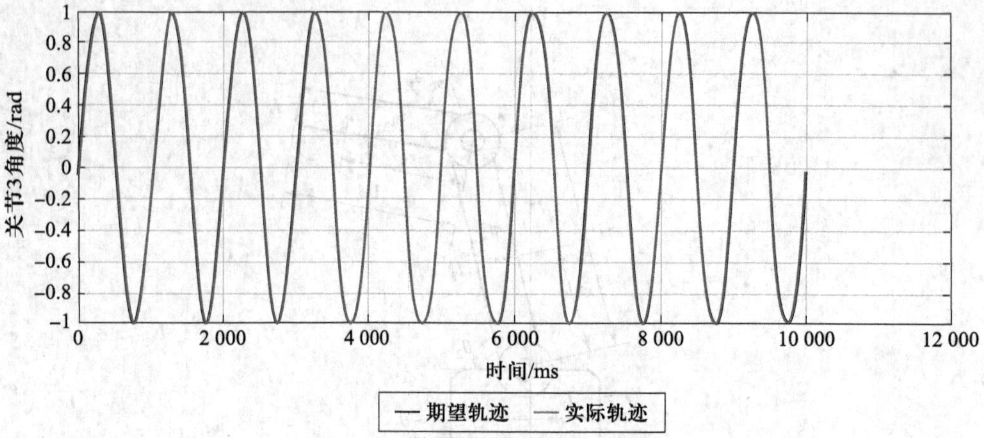

图 7.5　关节 3 角度轨迹跟随结果图

图 7.6 所示为 DENSO 机器人仿真框图。

Simulink 主程序：chapter7_3. slx

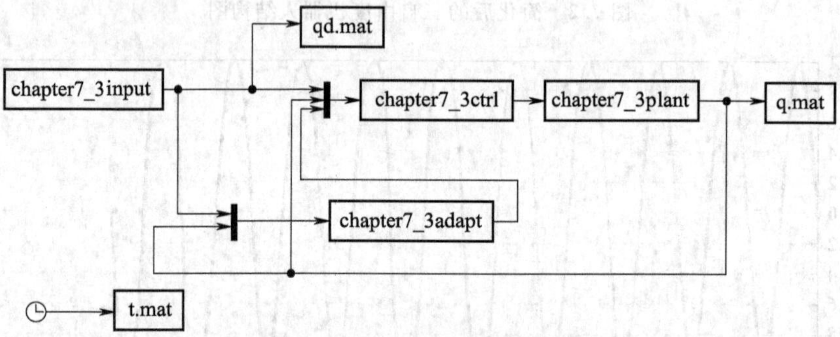

图 7.6　DENSO 机器人仿真框图

其中，Denso_Input. m 模块是设定机器人的关节位移和速度的期望值，chapter7_3ctrl. m 模块是滑模控制算法模块，chapter7_3adapt. m 是参数自适应模块，chapter7_3plant. m 是机器人的动力学模型。

输入指令程序：chapter7_3input. m

```
%%函数功能：设定机器人的跟随轨迹
%%输入：  无
%%输出：  跟随轨迹以及角速度、角加速度
function [sys,x0,str,ts] = chapter7_3input(t,x,u,flag)

switch flag
case 0
    [sys,x0,str,ts] = mdlInitializeSizes;%% 初始化子函数
case 3
    sys = mdlOutputs(t,x,u);%% 输出子函数
```

```
case {2,4,9}
    sys=[];
otherwise
    error(['Unhandled flag = ',num2str(flag)]);
end
function [sys,x0,str,ts]=mdlInitializeSizes%% 初始化子函数
sizes = simsizes;%% 生成 sizes 数据结构
sizes.NumContStates=0;% 连续状态数:0
sizes.NumDiscStates=0;%离散状态数:0
sizes.NumOutputs =9;% 输出量个数:9
sizes.NumInputs = 0;% 输入量个数:0
sizes.DirFeedthrough = 0;%不存在代数循环
sizes.NumSampleTimes = 0;%采样时间个数:0
sys = simsizes(sizes);% 返回 sizes 数据结构所包含的信息
x0   = [];%设置初始状态
str = [];%保留变量置空
ts   = [];%采样时间,即采样周期,为 0 表示是连续系统,默认为 0
function sys=mdlOutputs(t,x,u)%%输出子函数

q1_d=sin(10*pi*t);
q2_d=sin(10*pi*t);
q3_d=sin(10*pi*t);%% 期望关节角度
dq1_d=10*pi*cos(10*pi*t);
dq2_d=10*pi*cos(10*pi*t);
dq3_d=10*pi*cos(10*pi*t);%% 期望关节角速度
ddq1_d=-(10*pi)^2*sin(10*pi*t);
ddq2_d=-(10*pi)^2*sin(10*pi*t);
ddq3_d=-(10*pi)^2*sin(10*pi*t);%% 期望关节角加速度

sys(1)=q1_d;
sys(2)=dq1_d;
sys(3)=ddq1_d;
sys(4)=q2_d;
sys(5)=dq2_d;
sys(6)=ddq2_d;
sys(7)=q3_d;
sys(8)=dq3_d;
sys(9)=ddq3_d;%% 输出
```

控制器程序：chapter7_3ctrl. m

%%函数功能：根据给定的条件计算机器人的控制力矩

%%输入：为给定的关节角度、速度、加速度；机器人实际输出的关节角度、速度、加速度；自适应函数 adapt 中输出的机器人不确定参数

%%输出：　机器人关节的控制力矩

```
function [sys,x0,str,ts] = chapter7_3ctrl(t,x,u,flag)
switch flag
case 0
    [sys,x0,str,ts]=mdlInitializeSizes;% 初始化子函数
case 3
    sys=mdlOutputs(t,x,u);% 输出子函数
case {1,2,4,9}
    sys=[];
otherwise
    error(['Unhandled flag = ',num2str(flag)]);
end
function [sys,x0,str,ts]=mdlInitializeSizes% 初始化子函数
sizes = simsizes;% 生成 sizes 数据结构
sizes.NumContStates  = 0;% 连续状态数:0
sizes.NumDiscStates  = 3;% 离散状态数:3
sizes.NumOutputs     = 3;% 输出量个数:3
sizes.NumInputs      = 25;% 输入量个数:25
sizes.DirFeedthrough = 1;% 存在代数循环
sizes.NumSampleTimes = 0;% 采样时间个数:0
sys = simsizes(sizes);% 返回 sizes 数据结构所包含的信息
x0  = [0,0,0];%设置初始状态
str = [];%保留变量置空
ts  = [];%采样时间

function sys=mdlOutputs(t,x,u)% 输出子函数

q1_d=u(1);dq1_d=u(2);ddq1_d=u(3);
q2_d=u(4);dq2_d=u(5);ddq2_d=u(6);
q3_d=u(7);dq3_d=u(8);ddq3_d=u(9);%% 输入期望关节角度、角速度、角加速度

q1=u(10);d_q1=u(11);
q2=u(12);d_q2=u(13);
q3=u(14);d_q3=u(15);%% 输入实际关节角度、角速度、角加速度
```

```
I_1=u(16);
I_2=u(17);
I_3=u(18);
A1=u(19);
A2=u(20);
A3=u(21);
A4=u(22);
A5=u(23);
B1=u(24);
B2=u(25);%% 自适应律估计的动力学参数

dq_d=[dq1_d,dq2_d,dq3_d]';
ddq_d=[ddq1_d,ddq2_d,ddq3_d]';
dq=[d_q1,d_q2,d_q3]';%将机器人状态写作向量形式

q_error=[q1-q1_d,q2-q2_d,q3-q3_d]';
dq_error=[d_q1-dq1_d,d_q2-dq2_d,d_q3-dq3_d]';%% 作差

B=[ I_1 + I_2 + I_3 + A2 * cos(q2 + q3)^2 + A1 * cos(q2)^2 + 2 * A3 * cos(q2+
q3) * cos(q2),0,0;0,
A5 + A2 + 2 * A3 * cos(q3)+ A4 + I_2 + I_3,A2 + A3 * cos(q3)+ I_3;0,
A2 + A3 * cos(q3)+ I_3,A2 + I_3];%%惯性矩阵
C=[ -A5 * d_q2 * sin(2 * q2)/2 - d_q2 * A4 * sin(2 * q2)/2 - A2 * d_q2 * sin(2 * q2 +
2 * q3)/2 - A2 * d_q3 * sin(2 * q2 + 2 * q3)/2 - A3 * d_q2 * sin(2 * q2 + q3)-
A3 * d_q3 * sin(2 * q2 + q3)/2 - A3 * d_q3 * sin(q3)/2,-d_q1 * A5 * sin(2 * q2)/2 -
A2 * d_q1 * sin(2 * q2 + 2 * q3)/2 - 2 * A3 * d_q1 * sin(2 * q2 + q3)/2 -
A4 * d_q1 * sin(2 * q2)/2,-A2 * d_q1 * sin(2 * (q2 + q3))/2 - A3 * d_q1 * sin(q2 +
q3) * cos(q2);

d_q1 * A5 * sin(2 * q2)/2 + A2 * d_q1 * sin(2 * q2 + 2 * q3)/2 + 2 * A3 * d_q1 * sin(2 * q2 +
q3)/2 + A4 * d_q1 * sin(2 * q2)/2,-A3 * d_q3 * sin(q3),-A3 * sin(q3) * (d_q2 + d_q3);

A2 * d_q1 * sin(2 * (q2 + q3))/2 +   A3 * d_q1 * sin(q2 + q3) * cos(q2),
A3 * d_q2 * sin(q3),0];
%%离心力和科氏力矩阵
G=[0;B2 * cos(q2 + q3)+ B1 * cos(q2);B2 * cos(q2 + q3)];%%重力向量

Kd=20;
```

```
Fai=5 * eye(3);
Fai_1=[5 0 0;0 5 0;0 0 5];
Fai_2=[95 0 0;0 95 0;0 0 95];%%控制参数
dqr=dq_d-Fai * q_error;
ddqr=ddq_d-Fai * dq_error;%θr的一、二阶导数

s=Fai_1 * dq_error+Fai_2 * q_error;%%滑模函数

tol=B * (ddqr)+C * (dqr)+G-Kd * s;%%控制力矩

sys(1)=tol(1);
sys(2)=tol(2);
sys(3)=tol(3);
```

自适应律程序:chapter7_3adapt. m

```
%%函数功能:根据给定的条件计算机器人中不确定的参数
%%输入: 为给定的关节角度、速度、加速度;机器人实际输出的关节角度、速度;
%%输出: 机器人中的动力学参数
function [sys,x0,str,ts]=chapter7_3adapt(t,x,u,flag)
switch flag
case 0
    [sys,x0,str,ts]=mdlInitializeSizes;% 初始化子函数
case 1
    sys=mdlDerivatives(t,x,u);%%计算导数子函数,用于计算连续状态的导数
case 3
    sys=mdlOutputs(t,x,u);% 输出子函数
case {2,4,9}
    sys = [];
otherwise
    error(['Unhandled flag = ',num2str(flag)]);
end
function [sys,x0,str,ts]=mdlInitializeSizes% 初始化子函数
sizes = simsizes;% 生成 sizes 数据结构
sizes. NumContStates   = 0;% 连续状态数:0
sizes. NumDiscStates   = 10;% 离散状态数:3
sizes. NumOutputs      = 10;% 输出量个数:10
sizes. NumInputs       = 15;% 输入量个数:15
sizes. DirFeedthrough = 1;% 存在代数循环
```

```
sizes.NumSampleTimes = 1;% 采样时间个数:1
sys=simsizes(sizes);% 返回 sizes 数据结构所包含的信息
x0=[0.2,0.2,0.2,0.2,0.2,0.2,0.2,0.2,0.2,0.2];%%初始状态
str=[];%保留变量置空
ts=[0 0];%采样时间
function sys=mdlDerivatives(t,x,u)%%计算导数子函数

gama=eye(10);%生成单位矩阵

q1_d=u(1);dq1_d=u(2);ddq1_d=u(3);
q2_d=u(4);dq2_d=u(5);ddq2_d=u(6);
q3_d=u(7);dq3_d=u(8);ddq3_d=u(9);% 输入期望关节角度、角速度、角加速度

q1=u(10);d_q1=u(11);
q2=u(12);d_q2=u(13);
q3=u(14);d_q3=u(15);% 输入实际关节角度、角速度、角加速度

dq_d=[dq1_d,dq2_d,dq3_d]';
ddq_d=[ddq1_d,ddq2_d,ddq3_d]';
dq=[d_q1,d_q2,d_q3]';%将机器人状态写作向量形式
q_error=[q1-q1_d,q2-q2_d,q3-q3_d]';
dq_error=[d_q1-dq1_d,d_q2-dq2_d,d_q3-dq3_d]';% 作差

Fai=5 * eye(3);
Fai_1=[5 0 0;0 5 0;0 0 5];
Fai_2=[95 0 0;0 95 0;0 0 95];%控制参数

s=Fai_1 * dq_error+Fai_2 * q_error;%滑模函数

dqr=dq_d-Fai * q_error;
ddqr=ddq_d-Fai * dq_error;%θr的 1,2 阶导数

d_q1_r=dqr(1);
d_q2_r=dqr(2);
d_q3_r=dqr(3);
dd_q1_r=ddqr(1);
dd_q2_r=ddqr(2);
dd_q3_r=ddqr(3);
```

```
Y=[ dd_q1_r,dd_q1_r,              dd_q1_r,dd_q1_r*cos(q2)^2,
dd_q1_r*cos(q2 + q3)^2 - d_q1_r*((d_q2*sin(2*q2 + 2*q3))/2 +
(d_q3*sin(2*q2 + 2*q3))/2)-(d_q1*d_q2_r*sin(2*q2 + 2*q3))/2 -
(d_q1*d_q3_r*sin(2*q2 + 2*q3))/2,2*dd_q1_r*cos(q2 + q3)*cos(q2)-
d_q1*d_q2_r*sin(2*q2 + q3)- d_q1_r*((d_q3*sin(q3))/2 + d_q2*sin(2*q2 +
q3)+(d_q3*sin(2*q2 + q3))/2)- d_q1*d_q3_r*sin(q2 + q3)*cos(q2),
-(d_q1*d_q2_r*sin(2*q2))/2 -(d_q2*d_q1_r*sin(2*q2))/2,
-(d_q1*d_q2_r*sin(2*q2))/2 -(d_q2*d_q1_r*sin(2*q2))/2,0,0;
0,dd_q2_r,dd_q2_r + dd_q3_r,0,
dd_q2_r + dd_q3_r +(d_q1*d_q1_r*sin(2*q2 + 2*q3))/2,
2*dd_q2_r*cos(q3)+ dd_q3_r*cos(q3)- d_q3*d_q2_r*sin(q3)+
d_q1*d_q1_r*sin(2*q2 + q3)- d_q3_r*sin(q3)*(d_q2 + d_q3),
dd_q2_r +(d_q1*d_q1_r*sin(2*q2))/2,dd_q2_r +
(d_q1*d_q1_r*sin(2*q2))/2,cos(q2),cos(q2 + q3);
0,0,dd_q2_r + dd_q3_r,0,
dd_q2_r + dd_q3_r +(d_q1*d_q1_r*sin(2*q2 + 2*q3))/2,
dd_q2_r*cos(q3)+ d_q2*d_q2_r*sin(q3)+ d_q1*d_q1_r*sin(q2 + q3)*cos(q2),
0,0,0,cos(q2 + q3)];%自适应回归矩阵 Y
  A_law=gama*Y'*s;%%自适应律

  for i=1:1:10
     sys(i)=A_law(i);
  end
%对 Y 微分

function sys=mdlOutputs(t,x,u)
sys(1)=x(1);
sys(2)=x(2);
sys(3)=x(3);
sys(4)=x(4);
sys(5)=x(5);
sys(6)=x(6);
sys(7)=x(7);
sys(8)=x(8);
sys(9)=x(9);
sys(10)=x(10);% 输出自适应律估计的动力学参数
```

被控对象程序:chapter7_3plant. m

```
%%函数功能:根据给定的力矩,以及动力学模型,计算机器人运动的角加速度、角速度
%%输入: 控制力矩
%%输出: 角加速度、角速度、角度
function [sys,x0,str,ts]=chapter7_3plant(t,x,u,flag)
switch flag
case 0
    [sys,x0,str,ts]=mdlInitializeSizes;% 初始化子函数
case 1
    sys=mdlDerivatives(t,x,u);%计算导数子函数
case 3
    sys=mdlOutputs(t,x,u);% 输出子函数
case {2,4,9}
    sys = [];
otherwise
    error(['Unhandled flag = ',num2str(flag)]);
end

function [sys,x0,str,ts]=mdlInitializeSizes% 初始化子函数
sizes = simsizes;% 生成 sizes 数据结构
sizes.NumContStates   = 6;% 连续状态数:6
sizes.NumDiscStates   = 0;% 离散状态数:0
sizes.NumOutputs      = 6;% 输出量个数:6
sizes.NumInputs       = 3;% 输出量个数:3
sizes.DirFeedthrough  = 0;% 不存在代数循环
sizes.NumSampleTimes  = 1;% 采样时间个数:1
sys=simsizes(sizes);% 返回 sizes 数据结构所包含的信息
x0=[0.0,0,0.0,0,0,0];%%初始位置和速度
str=[];%保留变量置空
ts=[0 0];%采样时间
function sys=mdlDerivatives(t,x,u)%计算导数子函数
tol=[u(1);u(2);u(3)];%%输入控制力矩

q1=x(1);
d_q1=x(2);
q2=x(3);
d_q2=x(4);
q3=x(5);
```

```
d_q3 = x(6); %%机器人状态量(关节角度,角速度)

I_1 = 0.2;
I_2 = 0.2;
I_3 = 0.2;
A1 = 0.2;
A2 = 0.2;
A3 = 0.2;
A4 = 0.2;
B1 = 0.2;
B2 = 0.2; %%机器人动力学参数

B = [ I_1 + I_2 + I_3 + A1 * cos(q1)^2 * sin(q2)^2 + A2 * cos(q1)^2 * sin(q2)^2 +
A1 * sin(q1)^2 * sin(q2)^2 + A2 * sin(q1)^2 * sin(q2)^2 + A3 * sin(q2 +
q3)^2 * cos(q1)^2 + A3 * sin(q2 + q3)^2 * sin(q1)^2 + 2 * A4 * sin(q2 +
q3) * cos(q1)^2 * sin(q2) + 2 * A4 * sin(q2 + q3) * sin(q1)^2 * sin(q2),
A4 * cos(q2 + q3) * sin(q1) * sin(q2) + A4 * sin(q2 + q3) * cos(q2) * sin(q1) +
A1 * cos(q2) * sin(q1) * sin(q2) + A2 * cos(q2) * sin(q1) * sin(q2) + A3 * cos(q2 +
q3) * sin(q2 + q3) * sin(q1),
A4 * cos(q2 + q3) * sin(q1) * sin(q2) + A3 * cos(q2 + q3) * sin(q2 + q3) * sin(q1);

A4 * cos(q2 + q3) * sin(q1) * sin(q2) + A4 * sin(q2 + q3) * cos(q2) * sin(q1) +
A1 * cos(q2) * sin(q1) * sin(q2) + A2 * cos(q2) * sin(q1) * sin(q2) + A3 * cos(q2 +
q3) * sin(q2 + q3) * sin(q1), I_2 + I_3 + A3 * cos(q2 + q3)^2 + A1 * cos(q2)^2 +
A2 * cos(q2)^2 + A1 * cos(q1)^2 * sin(q2)^2 + A2 * cos(q1)^2 * sin(q2)^2 +
2 * A4 * cos(q2 + q3) * cos(q2) + A3 * sin(q2 + q3)^2 * cos(q1)^2 + 2 * A4 * sin(q2 +
q3) * cos(q1)^2 * sin(q2), A3 * cos(q2 + q3)^2 + A4 * cos(q2) * cos(q2 + q3) +
A3 * sin(q2 + q3)^2 * cos(q1)^2 + A4 * sin(q2) * sin(q2 + q3) * cos(q1)^2 + I_3;

A4 * cos(q2 + q3) * sin(q1) * sin(q2) + A3 * cos(q2 + q3) * sin(q2 + q3) * sin(q1),
A3 * cos(q2 + q3)^2 + A4 * cos(q2) * cos(q2 + q3) + A3 * sin(q2 + q3)^2 * cos(q1)^2 +
A4 * sin(q2) * sin(q2 + q3) * cos(q1)^2 + I_3,
A3 + I_3 - A3 * sin(q2 + q3)^2 * sin(q1)^2]; %%惯性矩阵

C = [A4 * d_q2 * sin(2 * q2 + q3) + (A4 * d_q3 * sin(2 * q2 + q3))/2 +
(A1 * d_q2 * sin(2 * q2))/2 + (A2 * d_q2 * sin(2 * q2))/2 + (A3 * d_q2 * sin(2 * q2 +
2 * q3))/2 + (A3 * d_q3 * sin(2 * q2 + 2 * q3))/2 - (A4 * d_q3 * sin(q3))/2,
A1 * d_q2 * cos(q2)^2 * sin(q1) + A2 * d_q2 * cos(q2)^2 * sin(q1) -
```

```
A1 * d_q2 * sin(q1) * sin(q2)^2 - A2 * d_q2 * sin(q1) * sin(q2)^2 + A3 * d_q2 * cos(q2 +
q3)^2 * sin(q1)+ A3 * d_q3 * cos(q2 + q3)^2 * sin(q1)- A3 * d_q2 * sin(q2 +
q3)^2 * sin(q1)- A3 * d_q3 * sin(q2 + q3)^2 * sin(q1)+
A1 * d_q1 * cos(q2) * sin(q1)^2 * sin(q2)+ A1 * d_q2 * cos(q1) * sin(q1) * sin(q2)^2 +
A2 * d_q1 * cos(q2) * sin(q1)^2 * sin(q2)+
A2 * d_q2 * cos(q1) * sin(q1) * sin(q2)^2 + 2 * A4 * d_q2 * cos(q2 +
q3) * cos(q2) * sin(q1)+ A4 * d_q3 * cos(q2 + q3) * cos(q2) * sin(q1)-
2 * A4 * d_q2 * sin(q2 + q3) * sin(q1) * sin(q2)- A4 * d_q3 * sin(q2 +
q3) * sin(q1) * sin(q2)+ A3 * d_q1 * cos(q2 + q3) * sin(q2 + q3) * cos(q1)^2 +
A3 * d_q1 * cos(q2 + q3) * sin(q2 + q3) * sin(q1)^2 + A4 * d_q1 * cos(q2 +
q3) * cos(q1)^2 * sin(q2)+ A4 * d_q1 * sin(q2 + q3) * cos(q1)^2 * cos(q2)+
A3 * d_q2 * sin(q2 + q3)^2 * cos(q1) * sin(q1)+ A3 * d_q3 * sin(q2 +
q3)^2 * cos(q1) * sin(q1)+ A4 * d_q1 * cos(q2 + q3) * sin(q1)^2 * sin(q2)+
A4 * d_q1 * sin(q2 + q3) * cos(q2) * sin(q1)^2 +
A1 * d_q1 * cos(q1)^2 * cos(q2) * sin(q2)+ A2 * d_q1 * cos(q1)^2 * cos(q2) * sin(q2)+
2 * A4 * d_q2 * sin(q2 + q3) * cos(q1) * sin(q1) * sin(q2)+ A4 * d_q3 * sin(q2 +
q3) * cos(q1) * sin(q1) * sin(q2),A3 * d_q2 * cos(q2 + q3)^2 * sin(q1)+
A3 * d_q3 * cos(q2 + q3)^2 * sin(q1)- A3 * d_q2 * sin(q2 + q3)^2 * sin(q1)-
A3 * d_q3 * sin(q2 + q3)^2 * sin(q1)+ A4 * d_q2 * cos(q2 + q3) * cos(q2) * sin(q1)-
A4 * d_q2 * sin(q2 + q3) * sin(q1) * sin(q2)- A4 * d_q3 * sin(q2 +
q3) * sin(q1) * sin(q2)+ A3 * d_q1 * cos(q2 + q3) * sin(q2 + q3) * cos(q1)^2 +
A3 * d_q1 * cos(q2 + q3) * sin(q2 + q3) * sin(q1)^2 + A4 * d_q1 * cos(q2 +
q3) * cos(q1)^2 * sin(q2)+ A3 * d_q2 * sin(q2 + q3)^2 * cos(q1) * sin(q1)+
A3 * d_q3 * sin(q2 + q3)^2 * cos(q1) * sin(q1)+ A4 * d_q1 * cos(q2 +
q3) * sin(q1)^2 * sin(q2)+ A4 * d_q2 * sin(q2 + q3) * cos(q1) * sin(q1) * sin(q2);
(A1 * d_q1 * sin(2 * q2) * cos(q1))/2 -(A1 * d_q2 * sin(2 * q1))/4 -
(A2 * d_q1 * sin(2 * q2))/2 -(A2 * d_q2 * sin(2 * q1))/4 -(A3 * d_q2 * sin(2 * q1))/4 -
(A3 * d_q3 * sin(2 * q1))/4 -(A1 * d_q1 * sin(2 * q2))/2 +
(A2 * d_q1 * sin(2 * q2) * cos(q1))/2 -A4 * d_q1 * cos(2 * q2) * sin(q3)-
A4 * d_q1 * sin(2 * q2) * cos(q3)-(A4 * d_q2 * sin(2 * q1) * cos(q3))/2 -
(A4 * d_q3 * sin(2 * q1) * cos(q3))/4 +(A1 * d_q2 * cos(2 * q2) * sin(2 * q1))/4 +
(A2 * d_q2 * cos(2 * q2) * sin(2 * q1))/4 -(A3 * d_q1 * cos(2 * q2) * sin(2 * q3))/2 -
(A3 * d_q1 * cos(2 * q3) * sin(2 * q2))/2 +
(A3 * d_q1 * cos(2 * q2) * sin(2 * q3) * cos(q1))/2 +
(A3 * d_q1 * cos(2 * q3) * sin(2 * q2) * cos(q1))/2 +
(A4 * d_q2 * cos(2 * q2) * sin(2 * q1) * cos(q3))/2 +
(A4 * d_q3 * cos(2 * q2) * sin(2 * q1) * cos(q3))/4 -
(A4 * d_q2 * sin(2 * q1) * sin(2 * q2) * sin(q3))/2 -
```

```
(A4 * d_q3 * sin(2 * q1) * sin(2 * q2) * sin(q3))/4 +
(A3 * d_q2 * cos(2 * q2) * cos(2 * q3) * sin(2 * q1))/4 +
(A3 * d_q3 * cos(2 * q2) * cos(2 * q3) * sin(2 * q1))/4 -
(A3 * d_q2 * sin(2 * q1) * sin(2 * q2) * sin(2 * q3))/4 -
(A3 * d_q3 * sin(2 * q1) * sin(2 * q2) * sin(2 * q3))/4 +
A4 * d_q1 * cos(2 * q2) * cos(q1) * sin(q3) + A4 * d_q1 * sin(2 * q2) * cos(q1) * cos(q3),
A3 * d_q2 * cos(q2 + q3) * sin(q2 + q3) * cos(q1)^2 -(A2 * d_q2 * sin(2 * q2))/2 -
(A3 * d_q2 * sin(2 * q2 + 2 * q3))/2 -(A3 * d_q3 * sin(2 * q2 + 2 * q3))/2 -
A4 * d_q2 * cos(q2 + q3) * sin(q2)- A4 * d_q2 * sin(q2 + q3) * cos(q2)-
A4 * d_q3 * sin(q2 + q3) * cos(q2)- A1 * d_q1 * cos(q1) * sin(q1) * sin(q2)^2 -
A2 * d_q1 * cos(q1) * sin(q1) * sin(q2)^2 -(A1 * d_q2 * sin(2 * q2))/2 +
A3 * d_q3 * cos(q2 + q3) * sin(q2 + q3) * cos(q1)^2 + A4 * d_q2 * cos(q2 +
q3) * cos(q1)^2 * sin(q2)+ A4 * d_q2 * sin(q2 + q3) * cos(q1)^2 * cos(q2)+
A4 * d_q3 * cos(q2 + q3) * cos(q1)^2 * sin(q2)- A3 * d_q1 * sin(q2 +
q3)^2 * cos(q1) * sin(q1)+ A1 * d_q2 * cos(q1)^2 * cos(q2) * sin(q2)+
A2 * d_q2 * cos(q1)^2 * cos(q2) * sin(q2)- 2 * A4 * d_q1 * sin(q2 +
q3) * cos(q1) * sin(q1) * sin(q2),
A3 * d_q2 * cos(q2 + q3) * sin(q2 + q3) * cos(q1)^2 - A3 * d_q3 * sin(2 * q2 + 2 * q3)-
A4 * d_q2 * sin(q2 + q3) * cos(q2)- A4 * d_q3 * sin(q2 + q3) * cos(q2)-
(A3 * d_q2 * sin(2 * q2 + 2 * q3))/2 + 2 * A3 * d_q3 * cos(q2 + q3) * sin(q2 +
q3) * cos(q1)^2 + A3 * d_q3 * cos(q2 + q3) * sin(q2 + q3) * sin(q1)^2 +
A4 * d_q2 * cos(q2 + q3) * cos(q1)^2 * sin(q2)+ A4 * d_q3 * cos(q2 +
q3) * cos(q1)^2 * sin(q2)- A3 * d_q1 * sin(q2 + q3)^2 * cos(q1) * sin(q1)-
A4 * d_q1 * sin(q2 + q3) * cos(q1) * sin(q1) * sin(q2);

A3 * d_q1 * cos(q2 + q3) * sin(q2 + q3) * cos(q1)+ A4 * d_q1 * cos(q2 +
q3) * cos(q1) * sin(q2)- A3 * d_q1 * cos(q2 + q3) * sin(q2 + q3) * cos(q1)^2 -
A3 * d_q1 * cos(q2 + q3) * sin(q2 + q3) * sin(q1)^2 - A4 * d_q1 * cos(q2 +
q3) * cos(q1)^2 * sin(q2)- A3 * d_q2 * sin(q2 + q3)^2 * cos(q1) * sin(q1)-
A3 * d_q3 * sin(q2 + q3)^2 * cos(q1) * sin(q1)- A4 * d_q1 * cos(q2 +
q3) * sin(q1)^2 * sin(q2)- A4 * d_q2 * sin(q2 + q3) * cos(q1) * sin(q1) * sin(q2),
A3 * d_q2 * cos(q2 + q3) * sin(q2 + q3) * cos(q1)^2 - A4 * d_q2 * cos(q2 +q3) * sin(q2)-
A3 * d_q2 * cos(q2 + q3) * sin(q2 + q3)- A3 * d_q3 * cos(q2 + q3) * sin(q2 +
q3) * sin(q1)^2 + A4 * d_q2 * sin(q2 + q3) * cos(q1)^2 * cos(q2)- A3 * d_q1 * sin(q2 +
q3)^2 * cos(q1) * sin(q1)- A4 * d_q1 * sin(q2 + q3) * cos(q1) * sin(q1) * sin(q2),
-A3 * sin(q2 + q3) * sin(q1) * (d_q1 * sin(q2 + q3) * cos(q1)+ d_q2 * cos(q2 +
q3) * sin(q1)+ d_q3 * cos(q2 + q3) * sin(q1))];%%离心力和科氏力矩阵
```

```
G=[0;B1*sin(q2 + q3)*cos(q1)+ B1*cos(q1)*sin(q2);
      B2*sin(q2 + q3)*cos(q1)];
%%重力向量

S=inv(B)*(tol-C*[d_q1;d_q2;d_q3]-G);%输出关节角加速度

sys(1)=x(2);
sys(2)=S(1);
sys(3)=x(4);
sys(4)=S(2);
sys(5)=x(6);
sys(6)=S(3);%对关节角速度和关节角加速度积分
function sys=mdlOutputs(t,x,u)    % 输出子函数
sys(1)=x(1);
sys(2)=x(2);
sys(3)=x(3);
sys(4)=x(4);
sys(5)=x(5);
sys(6)=x(6);%%输出积分后的关节角度和关节角速度
```

绘图程序:chapter7_3plot. m

```
close all;
t=load('t.mat');
q=load('q.mat');
qd=load('qd.mat');%%载入数据
t=t.t;
q=q.q;
qd=qd.qd;%点索引
q=q';
qd=qd';%向量转置
q=q(:,2:7);
qd=qd(:,2:10);%索引范围
n=size(t);
t=1:1:n(2);%规定步长和范围
figure(1);
plot(t,qd(:,1),'k',t,q(:,1),'r');%绘图
xlabel('时间/ms');ylabel('关节1角度/rad');%%坐标
legend('期望轨迹','实际轨迹');%%标注
```

```
grid on;%%保持

figure(2);
plot(t,qd(:,4),'k',t,q(:,3),'r');%绘图
xlabel('时间/ms');ylabel('关节 2 角度/rad');%坐标
legend('期望轨迹','实际轨迹');%标注
grid on;%保持

figure(3);
plot(t,qd(:,7),'k',t,q(:,5),'r');%绘图
xlabel('时间/ms');ylabel('关节 3 角度/rad');%坐标
legend('期望轨迹','实际轨迹');%标注
grid on;%保持
```

%%表示对下方整段程序的注释,%表示对单条语句的注释。

第八章 轨迹规划

【学习目标】

1. 学习在关节空间中的轨迹规划方法；
2. 学习在笛卡儿空间中的轨迹规划方法；
3. 掌握三次多项式插值、带有抛物线过渡域的线性轨迹插值的计算方法。

机器人的轨迹规划包括在关节空间中的轨迹规划和在笛卡儿空间中的轨迹规划，机器人的路径在关节空间中的描述非常简单，仅需对关节角度运用插值函数规划即可，且不会发生机构的奇异性问题。但在笛卡儿空间中的描述却很复杂，需根据实际要求的运动轨迹进行规划并求逆解，可以先从关节空间的轨迹开始分析，然后再进行笛卡儿空间的轨迹规划。

机器人轨迹规划技术是设计研制机器人的核心技术。所谓轨迹规划，是指根据作业任务要求，计算出预期的运动轨迹。对于机器人系统来说，完成或实现某种作业实际上是使机器人跟踪期望轨迹的控制问题。机器人控制问题包括运动轨迹规划和运动控制。运动轨迹是机器人系统工作的依据，它决定了系统的工作方式和效率，机器人系统要完成某种操作作业，就必须对其运动轨迹进行规划，因此研究机器人系统运动轨迹的规划尤为重要。

轨迹规划通常是将轨迹规划器看作“黑箱”，如图 8.1 所示，其中 q 是关节变量，$\dot{q}$ 是关节速度，$\ddot{q}$ 是关节加速度，p 是笛卡儿空间位姿，ϕ 是绕接近矢量转过的角度，v 是机器人末端的线速度，ω 是机器人末端夹手的角速度，t 是时间。轨迹规划器接收表示路径约束的输入变量，输出起点和终点之间按时间排列的机器人中间的形态（位姿、速度、加速度）序列，它们可用关节坐标或笛卡儿坐标表示。

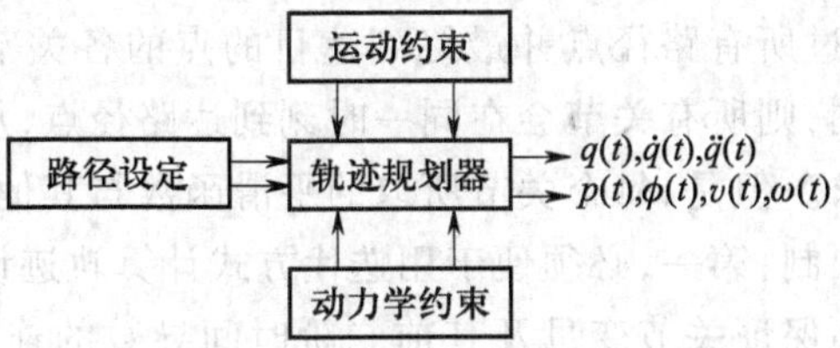

图 8.1　轨迹规划器框图

一般，用户根据作业要求给出各个路径结点后，轨迹规划器的任务包含解变换方程，进行运动学逆解和插补运算等任务。轨迹规划器的使用可简化编程手续，只要求用户输入有关路径和轨迹的若干约束和简单描述，而复杂的细节问题则由规划器解决。例如，用户只需输入手部的目标位姿，让规划器确定到达该目标的路径点、持续时间、运动速度等轨迹参数。并且，在计算机内部描述所要求的轨迹，即选择习惯规定及合理的软件数据结构描述轨迹。

最后，对内部描述的轨迹，实时计算机器人运动的位移、速度和加速度，生成运动轨迹。轨迹规划一般有两种常用的方法，即既可在关节空间中进行，也可在笛卡儿空间进行。在关节空间中进行轨迹规划是指将所有关节变量表示为时间的函数，用这些关节函数及其一阶、二阶导数描述机器人预期的运动；在笛卡儿空间中进行轨迹规划是指将手爪位姿、速度和加速度表示为时间的函数，而相应的关节位置、速度和加速度由手爪信息导出。

8.1　关节空间中轨迹规划的步骤

由于关节空间中的轨迹规划比较简单，主要是用插值函数进行机器人的轨迹规划，而插值函数主要有三次多项式插值、高阶多项式插值以及带有抛物线过渡域的线性轨迹插值。

每个路径点通常是用工具坐标系相对于工作台坐标系的期望位姿来确定的。应用逆向运动学理论，将中间点“转换”成一组期望的关节角度。这样就得到了经过各中间点并终止于目标点的 n 个关节的光滑函数。对于每个关节而言，各路径段中所有的关节同时到达各中间点，从而得到工具坐标系原点在每个中间点上的期望的笛卡儿空间中的位置坐标。尽管对每个关节指定了相同的时间间隔，但对于某个特定的关节而言，其期望的关节角度函数与其他关节函数无关。

因此，利用关节空间中的轨迹规划方法可以获得各中间点的期望位姿。尽管各中间点之间的路径在关节空间中的描述非常简单，但在笛卡儿空间中的描述却很复杂。一般情况下，关节空间中的轨迹规划方法便于计算，并且由于关节空间与笛卡儿空间之间并不存在连续的对应关系，因而不会发生机构的奇异性问题。

关节空间中的轨迹规划步骤如下：

(1) 首先利用变换方程对所有的结点 p_0、p_1、…、p_n，依次求解相应的手臂变换矩阵 ${}^{0}_{4}T_0$、${}^{1}_{4}T_0$、…、${}^{n}_{4}T_0$；

(2) 用逆向运动学求解相应的关节变量 q_0、q_1、…、q_n；

(3) 在每一控制间隔分别对各关节变量进行插值，得轨迹序列 $\{q(t), \dot{q}(t), \ddot{q}(t)\}$。

对于机器人，需求出经过所有路径点并最终到达目的点的各关节平滑函数。如果每个关节在每段路径上运行时间相同，则所有关节会在同一时刻到达路径点，从而保证在路径点上机器人的位置和姿态满足预定要求。但是，每个关节所取的平滑函数与其他关节无关。

对规划的轨迹有四个限制：第一，必须便于用迭代方式计算轨迹设定点；第二，必须求出并明确给定中间位置；第三，必须保证关节变量及其前二阶时间导数的连续性，使得规划的关节轨迹是光滑的；最后，必须减少额外的运动（例如“游移”）。

机器人基于关节空间的运动轨迹规划算法框图如图 8.2 所示。

下面针对图 8.2 中由轨迹器自动生成各关节轨迹这一步骤进行分析，即运用插值函数自动生成关节轨迹的方法。在关节空间中，插值函数有三次多项式插值、高阶多项式插值、用抛物线过渡的线性插值等。插值函数必须是光滑函数，从而使机器人的运动为光滑连续的。

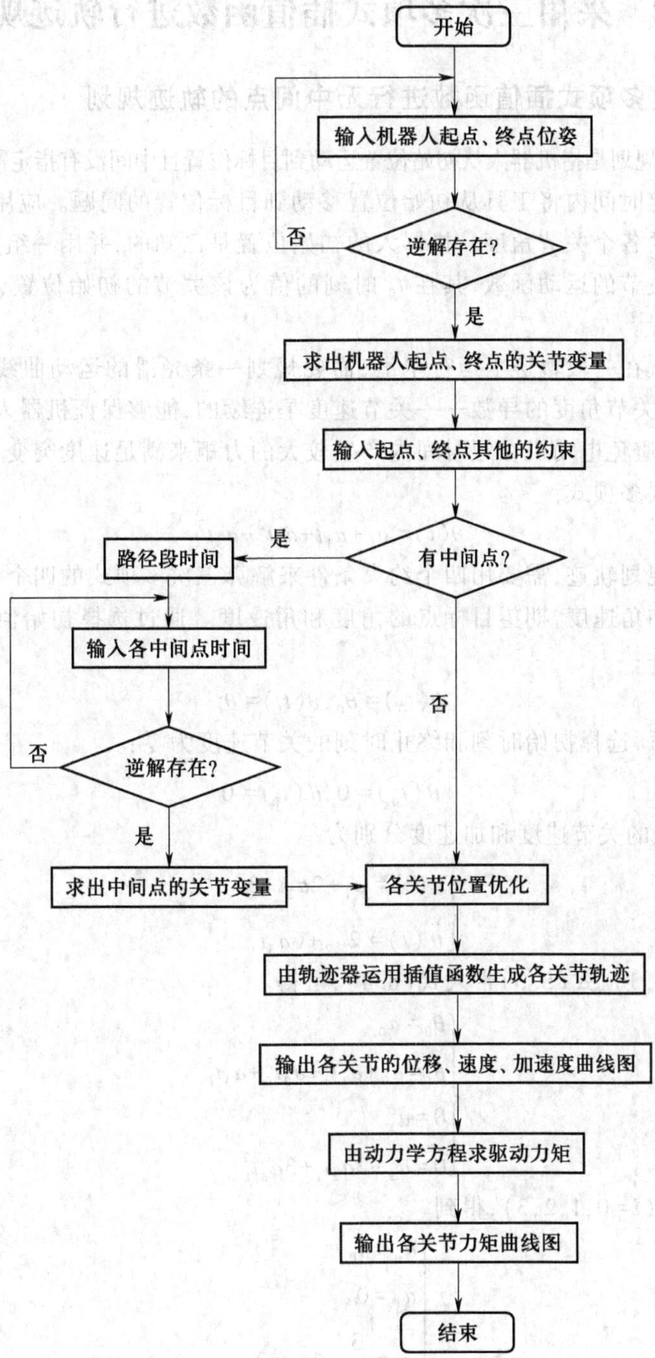

图 8.2　机器人运动轨迹规划算法框图

8.2 采用三次多项式插值函数进行轨迹规划

8.2.1 采用三次多项式插值函数进行无中间点的轨迹规划

无中间点的轨迹规划是指机器人从初始位置运动到目标位置且中间没有指定需要经过的路径点。

下面考虑在一定时间内将工具从初始位置移动到目标位置的问题。应用逆向运动学可以解出对应于目标位姿的各个关节角度。机器人的初始位置是已知的,并用一组关节角度进行描述。现在需要确定每个关节的运动函数,其在 t_0 时刻的值为该关节的初始位置,在 t_f 时刻的值为该关节的期望目标位置。

如果要使机器人在一段轨迹上运行平滑,需要规划一条光滑的运动曲线。由于三次多项式的导数是连续的,即关节角度的导数——关节速度是连续的,能够保证机器人关节运动时不会发生速度突变的情况,避免电动机在短时间内产生较大的力矩来满足速度突变。因此,关节轨迹插值函数采用以下三次多项式:

$$\theta(t)=a_0+a_1t+a_2t^2+a_3t^3 \tag{8.1}$$

在两个点之间规划轨迹,需要用四个约束条件来解算三次多项式的四个参数,这四个参数分别为起始点的角度和角速度,期望目标点的角度和角速度。通过选择初始值和最终值可得到对函数的两个约束条件:

$$\theta(t_0)=\theta_0,\theta(t_f)=\theta_f \tag{8.2}$$

在无中间点的情况下,选择初始时刻和终止时刻的关节速度为零:

$$\dot{\theta}(t_0)=0,\dot{\theta}(t_f)=0 \tag{8.3}$$

在任意 t 时刻的路径的关节速度和加速度分别为

$$\begin{cases}\dot{\theta}(t)=a_1+2a_2t+3a_3t^2\\ \ddot{\theta}(t)=2a_2+6a_3t\end{cases} \tag{8.4}$$

将式(8.2)带入式(8.1)、式(8.3)带入式(8.4),可得

$$\begin{cases}\theta_0=a_0\\ \theta_f=a_0+a_1t_f+a_2t_f^2+a_3t_f^3\\ 0=a_1\\ 0=a_1+2a_2t_f+3a_3t_f^2\end{cases} \tag{8.5}$$

解出式(8.5)中的 $a_i(i=0,1,2,3)$,得到

$$\begin{cases}a_0=\theta_0\\ a_1=0\\ a_2=\dfrac{3}{t_f^2}(\theta_f-\theta_0)\\ a_3=-\dfrac{2}{t_f^3}(\theta_f-\theta_0)\end{cases} \tag{8.6}$$

关节轨迹规划函数为

$$\theta(t)=\theta_0+\frac{3}{t_f^2}(\theta_f-\theta_0)t^2-\frac{2}{t_f^3}(\theta_f-\theta_0)t^3 \tag{8.7}$$

通过式(8.7)对每个关节进行轨迹规划,进而完成机器人的轨迹规划。但是要保证每个关节轨迹规划时间的同步,否则在关节空间下规划的路径不能到达笛卡儿空间中的目标点。应用式(8.7)可以求出从任何起始关节角度位置到期望终止位置的三次多项式,但其仅适用于起始关节角速度和终止关节角速度为零的情况。

8.2.2 案例1 使用 MATLAB 实现采用三次多项式插值函数进行轨迹规划

机器人某一关节从关节角度为 0 的初始值运动到 π,运行时间为 4s,试用三次多项式插值绘制其轨迹曲线。

在 MATLAB 中对无中间点的三次多项式轨迹规划的编程如下:

```
theta0=input('Enter the θ0:');    %关节角度初始值
thetaf=input('Enter the θf:');    %关节角度终止值
tf=input('Enter the t:');    %终止时间
%求出 a0、a1、a2 和 a3,见式(6.6)
a0=theta0;
a1=0;
a2=3/tf^2 * (thetaf-theta0);
a3=.2/tf^3 * (thetaf-theta0);
t=0:0.01:tf;
n=length(t);
for i=1:n
    theta(i)=a0+a1 * t(i)+a2 * t(i)^2+a3 * t(i)^3;    %求关节角度 θ,见式(6.3)
end
figure('Name','无中间点三次多项式插补曲线')
plot(t,theta)
grid on
xlabel('时间/s');ylabel('θ/rad');
title('无中间点三次多项式插补曲线')
axis([0 tf theta0 thetaf])
```

运行该程序,并按照提示依次在命令窗口输入:

```
Enter the θ0:0
Enter the θf:pi
Enter the t:4
```

则得到的关节位置曲线如图 8.3 所示。

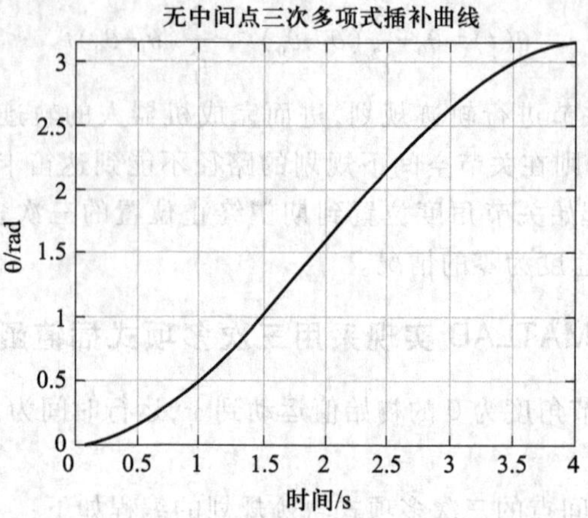

图 8.3 无中间点的三次多项式插值关节位置曲线*

8.2.3 案例2 采用三次多项式插值函数进行轨迹规划计算示例

具有一个旋转关节的单连杆机器人,处于静止状态时,$\theta=15°$。期望在3 s内平滑运动到终止位置,这时的关节角度 $\theta=75°$。求解出满足该运动轨迹为三次多项式的一组系数,并且使机器人在终止位置为静止状态。

将上述条件带入式(8.6)可得

$$\begin{cases} a_1=0 \\ a_2=20 \\ a_3=-4.44 \end{cases}$$

根据式(8.4)和式(8.7),可以求得

$$\begin{cases} \theta(t)=15+20t^2-4.44t^3 \\ \dot{\theta}(t)=40t-13.33t^2 \\ \ddot{\theta}(t)=40-26.66t \end{cases}$$

8.2.4 采用三次多项式插值函数进行有中间点的轨迹规划

有中间点的轨迹规划是指机器人从初始位置运动到目标位置且中间有若干个指定需要经过的路径点。

前面已经分析了在期望的时间间隔内到达目标点的运动,一般而言,希望机器人能通过中间的一些点。

与单目标点类似,运用逆向运动学将中间点"转化成"一组期望的关节角度。然后,考虑对每个关节求出平滑连接每个中间点的三次多项式。

如果已知各关节在中间点的期望速度,那么就可以像前面一样构造出三次多项式,只是这时在每个终点的速度约束不再为0,而是已知的速度。于是式(8.3)的约束条件变为

* MATLAB 软件绘出的图,横、纵坐标上的变量无法显示斜体,所以用正体或汉字表示,后同。

$$\dot{\theta}(t_0)=\dot{\theta}_0,\dot{\theta}(t_f)=\dot{\theta}_f \tag{8.8}$$

描述这个一般三次多项式的四个方程为

$$\begin{cases}\theta_0=a_0\\ \theta_f=a_0+a_1t_f+a_2t_f^2+a_3t_f^3\\ \dot{\theta}_0=a_1\\ \dot{\theta}_f=a_1+2a_2t_f+3a_3t_f^2\end{cases} \tag{8.9}$$

解出式(8.9)中的未知量,得到

$$\begin{cases}a_0=\theta_0\\ a_1=\dot{\theta}_0\\ a_2=\dfrac{3}{t_f^2}(\theta_f-\theta_0)-\dfrac{2}{t_f}\dot{\theta}_0-\dfrac{1}{t_f}\dot{\theta}_f\\ a_3=-\dfrac{2}{t_f^3}(\theta_f-\theta_0)+\dfrac{1}{t_f^2}(\dot{\theta}_f-\dot{\theta}_0)\end{cases} \tag{8.10}$$

应用式(8.10),可以求出符合任何起始和终止位置以及任何起始和终止速度的三次多项式。

如果在每个中间点处均有期望的关节速度,那么可以简单地将式(8.10)应用到每个曲线段来求出所需的三次多项式。确定中间点处的期望关节速度可以使用以下几种方法:

1）根据工具坐标系的笛卡儿线速度和角速度确定每个中间点的瞬时期望速度;利用在中间点上计算出的机器人的雅可比逆矩阵,把中间点的笛卡儿期望速度“映射”为期望关节速度。

如果机器人在某个特定的中间点上处于奇异位置,则用户将无法在该点处任意指定速度。对于一个路径生成算法而言,其用处之一就是满足用户指定的期望速度。然而,总是要求用户指定速度也是一种负担。因此,路径规划系统还有下面两种速度的确定方法。

2）在笛卡儿空间或关节空间使用适当的启发式方法,系统自动选取中间点的速度。

3）采用使中间点加速度连续的方法,系统自动选取中间点的速度。这种方法需设置一组数据,在两条相连曲线的连接点处,用速度和加速度均为连续的约束条件替换两个速度约束条件。

由于上述选取中间点的速度较为烦琐,MATLAB 提供了一种三次多项式插值函数,为 interp1 函数,其调用方式为 Vq = interp1(X,V,Xq,method),其中 V 为各路径点,X 为各路径点所对应的时刻,Vq 为 Xq 时刻对应的值,method 为采用的插值方法,当为三次多项式插值函数时,method 为' pchip '或' cubic '。读者也可根据上述三种方法自行设计其他算法。

8.2.5 案例 3 在 MATLAB 中采用三次多项式插值函数进行含多个中间点的轨迹规划

定义某一机器人轨迹,各路径点为 10,18,35,21,15,25(单位为°),且各路径点的时间间隔都为 2s,试用三次多项式插值绘制其轨迹曲线。

采用 interp1 函数进行规划,在 MATLAB 中的程序如下:

```
X=input(' Enter the X:');    %各路径点所对应的时刻
V=input(' Enter the V:');    %路径点
```

```
Xq=0:0.01:X(end);%时间向量
n=length(Xq);
for i=1:n
    Vq(i)= interp1(X,V,Xq(i),'pchip');   %利用 interp1 函数求出各时间点的关节变量
end
figure('Name','有中间点三次多项式插值曲线')
plot(X,V,'ro','MarkerFaceColor','r')   %路径点
hold on
plot(Xq,Vq,'b')   %轨迹
grid on
xlabel('时间/s');ylabel('θ/deg');
title('有中间点三次多项式插值曲线')
xlim([0 X(end)]);
```

运行该程序,按照命令窗口的提示依次输入:

```
Enter the X: [0 2 4 6 8 10]
Enter the V: [10 18 35 21 15 25]
```

则得到的关节位置曲线如图 8.4 所示。

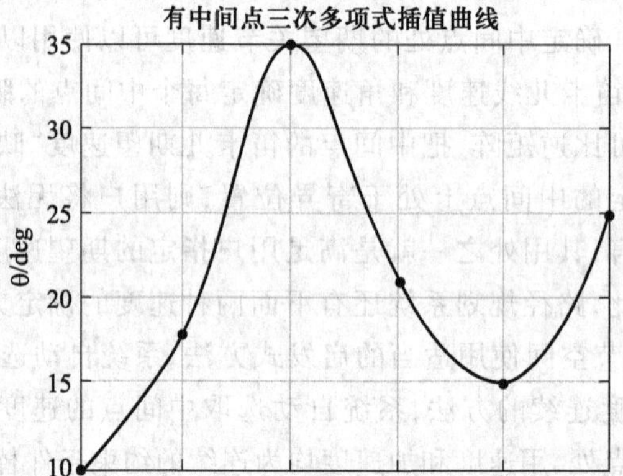

图 8.4　有中间点的三次多项式插值关节位置曲线

8.3　采用高阶多项式插值函数进行轨迹规划及其案例

8.3.1　采用高阶多项式插值函数进行轨迹规划

当规划路径考虑的约束更多时,有时利用高阶多项式作为路径段。例如,如果要确定路径段起始点和终止点的位置、速度和加速度,一共有六个约束条件,则需要一个五次多项式插值函数进行轨迹规划,即

$$\theta(t)=a_0+a_1t+a_2t^2+a_3t^3+a_4t^4+a_5t^5 \tag{8.11}$$

其约束条件为

$$\begin{cases}\theta_0=a_0\\ \theta_f=a_0+a_1t_f+a_2t_f^2+a_3t_f^3+a_4t_f^4+a_5t_f^5\\ \dot{\theta}_0=a_1\\ \dot{\theta}_f=a_1+2a_2t_f+3a_3t_f^2+4a_4t_f^3+5a_5t_f^4\\ \ddot{\theta}_0=2a_2\\ \ddot{\theta}_f=2a_2+6a_3t_f+12a_4t_f^2+20a_5t_f^3\end{cases} \tag{8.12}$$

这些约束确定了一个具有 6 个未知数的线性方程组,其解为

$$\begin{cases}a_0=\theta_0\\ a_1=\dot{\theta}_0\\ a_2=\dfrac{\ddot{\theta}_0}{2}\\ a_3=\dfrac{20\theta_f-20\theta_0-(8\dot{\theta}_f+12\dot{\theta}_0)t_f-(3\ddot{\theta}_0-\ddot{\theta}_f)t_f^2}{2t_f^3}\\ a_4=\dfrac{30\theta_f-30\theta_0+(14\dot{\theta}_f+16\dot{\theta}_0)t_f+(3\ddot{\theta}_0-2\ddot{\theta}_f)t_f^2}{2t_f^4}\\ a_5=\dfrac{12\theta_f-12\theta_0-(6\dot{\theta}_f+6\dot{\theta}_0)t_f-(\ddot{\theta}_0-\ddot{\theta}_f)t_f^2}{2t_f^5}\end{cases} \tag{8.13}$$

与三次多项式插值函数相同,当有多段路径时,每个中间点处均有期望的关节速度,其选取方法可参照三次多项式插值的关节速度选取方法。在 MATLAB 中提供了一种五次多项式插值函数,为 tpoly 函数,其调用格式为[s,sd,sdd] = tpoly(s0,sf,t,sd0,sdf),其中,s0 为关节角初始值,sf 为关节角终止值,t 为插补时间,sd0 为当前路段初始点的关节速度,sdf 为当前路段终止点的关节速度。可知采用 tpoly 函数需用户自定义中间点速度,即为关节速度采取方法的第一种,较为烦琐。MATLAB 提供的 tpoly 函数可作为一种参考,读者可根据实际需要设计其他的五次多项式插值函数。

【说明】

① 当不设定 sd0 和 sdf 时,默认初始点关节速度和终止点关节速度都为 0;

② 无论 t 是否是从时间 0 开始的向量,tpoly 函数都从时间 0 开始计算,到 t(表示当前路径段的截止时间)截止,因此需将当前路径段的时间设定为 0 到当前路径段的时间间隔。

8.3.2 案例 在 MATLAB 中采用五次多项式插值函数进行轨迹规划

由于本案例 MATLAB 程序用到了 Robotics Toolbox 中的 tpoly 函数,所以在 MATLAB 中运行本案例时须提前安装 Robotics Toolbox(机器人工具箱)。

```
s0=input('Enter the s0:');   %起始点
sf=input('Enter the sf:');   %终止点
```

```
ts=input('Enter the t:');    %运行时间
t=0:0.01:ts;  %时间向量
[s,sd,sdd]=tpoly(s0,sf,t);   %利用 tpoly 函数求出各时间点的关节变量
figure('Name','五次多项式插值曲线')
subplot(1,3,1);   %绘制位移曲线
plot(t,s,'b')
grid on
xlabel('时间/s');ylabel('位移/rad');
title('位移曲线')
xlim([0,ts]);
subplot(1,3,2);   %绘制速度曲线
plot(t,sd,'b')
grid on
xlabel('时间/s');ylabel('速度/(rad/s)');
title('速度曲线')
xlim([0,ts]);
subplot(1,3,3);   %绘制加速度曲线
plot(t,sdd,'b')
grid on
xlabel('时间/s');ylabel('加速度/(rad/s^2)');
title('加速度曲线')
xlim([0,ts]);
```

运行该程序,并按照命令窗口的提示依次输入:

Enter the s0: 0
Enter the sf: pi
Enter the t: 4

则得到的关节位置曲线如图 8.5 所示。

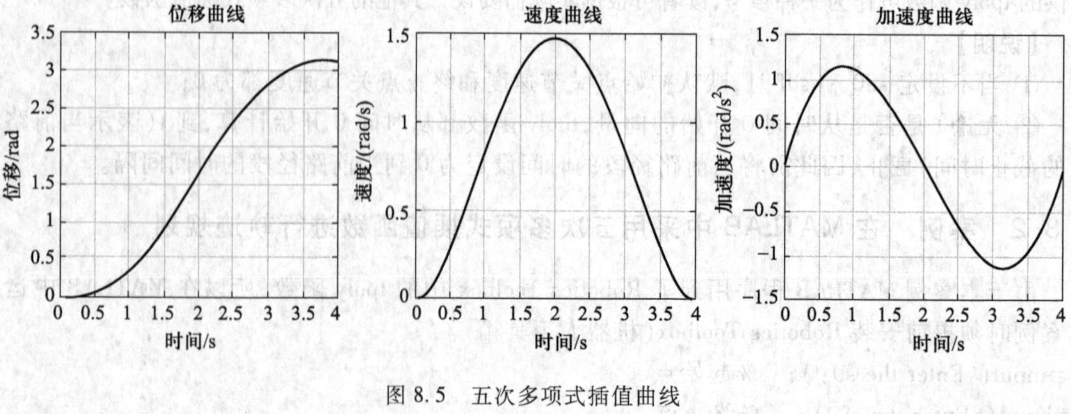

图 8.5 五次多项式插值曲线

8.4 采用带有抛物线过渡域的线性轨迹插值函数进行轨迹规划

8.4.1 采用带有抛物线过渡域的线性轨迹插值函数进行无中间点的轨迹规划

另外一种可选的路径形状是直线,即简单地从当前的关节位置进行线性插值,直到终止位置,但需要注意的是,尽管使用该方法各关节的运动是线性的,但是末端执行器在空间的轨迹一般不是直线。

然而直接进行线性插值将导致在起始点和终止点的关节速度不连续,加速度无限大。为了生成一条位置和速度都连续的平滑运动轨迹,开始先用线性函数,但须在每个路径点增加一段抛物线的缓冲区段。由于抛物线对于时间的二阶导数为常数,即相应区段内的加速度恒定不变这样使得该曲线平滑过渡,不致在结点处产生跳跃,从而使整个轨迹上的位移和速度都连续。线性函数与两段抛物线函数平滑地衔接在一起形成的轨迹称为带有抛物线过渡域的线性轨迹。图 8.6a 为使用这种方法构造的简单路径。

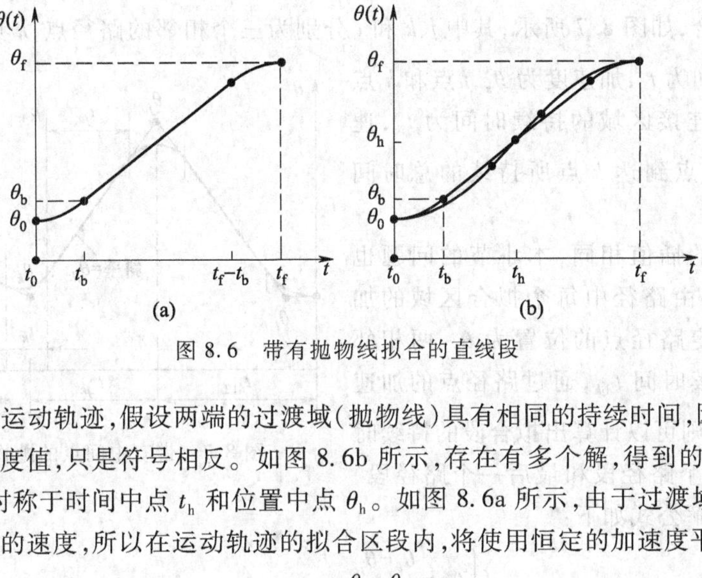

图 8.6 带有抛物线拟合的直线段

为了构造这段运动轨迹,假设两端的过渡域(抛物线)具有相同的持续时间,因而在这两个域中采用相同的恒加速度值,只是符号相反。如图 8.6b 所示,存在有多个解,得到的轨迹不是唯一的。但是,每个结果都对称于时间中点 t_h 和位置中点 θ_h。如图 8.6a 所示,由于过渡域$[t_0,t_b]$终点的速度必须等于线性域的速度,所以在运动轨迹的拟合区段内,将使用恒定的加速度平滑地改变速度。

$$\ddot{\theta} t_b=\frac{\theta_h-\theta_b}{t_h-t_b} \tag{8.14}$$

式中,θ_b 为过渡域终点 t_b 处的关节角度。用 $\ddot{\theta}$ 表示过渡域内的加速度,在过渡域内关节作匀加速运动,θ_b 的值可按下式解得:

$$\theta_b=\theta_0+\frac{1}{2}\ddot{\theta} t_b^2 \tag{8.15}$$

据式(8.14)和式(8.15),以及 $t_f=2t_h$,$\theta_b=\dfrac{\theta_f+\theta_0}{2}$,可得

$$\ddot{\theta} t_b^2-\ddot{\theta} t_f t_b+(\theta_f-\theta_0)=0 \tag{8.16}$$

式中,θ_0 为起点 t_0 处的关节角度,θ_f 为终点 t_f 处的关节角度。

这样，对于任意给定的 θ_0、θ_f 和 t，可以按式(8.16)选择相应的 $\ddot{\theta}$ 和 t_b，得到路径曲线。通常的做法是先选择加速度 $\ddot{\theta}$ 的值，然后按式(8.16)算出相应的 t_b。

$$t_b=\frac{t}{2}-\frac{\sqrt{\ddot{\theta}^2t^2-4\ddot{\theta}(\theta_f-\theta_0)}}{2\ddot{\theta}} \tag{8.17}$$

由上式可知，为保证 t_b 有解，过渡域加速度 $\ddot{\theta}$ 必须选得足够大，即

$$\ddot{\theta}\geqslant\frac{4(\theta_f-\theta_0)}{t^2} \tag{8.18}$$

当式(8.18)中的等号成立时，线性域的长度缩减为零，整个路径段由两个过渡域组成，这两个过渡域在衔接处的斜率(代表速度)相等。当加速度的取值越来越大时，过渡域的长度会越来越短。如果加速度选为无限大，则路径又恢复到简单的线性插值情况。

8.4.2　采用带有抛物线过渡域的线性轨迹插值函数进行有中间点的轨迹规划

当机器人关节的路径需要通过 n 个路径点时，用线性函数连接相邻两点，而中间点的附近则用抛物线进行拟合，如图 8.7 所示，其中 j、k 和 l 分别为三个相邻的路径点，k 点附近的抛物线拟合区域的持续时间为 t_k，加速度为 $\ddot{\theta}_k$，j 点和 k 点之间的线性函数连接区域的持续时间为 t_{jk}，速度为 $\dot{\theta}_{jk}$，关节经 j 点到达 k 点所持续的总时间为 t_{djk}。

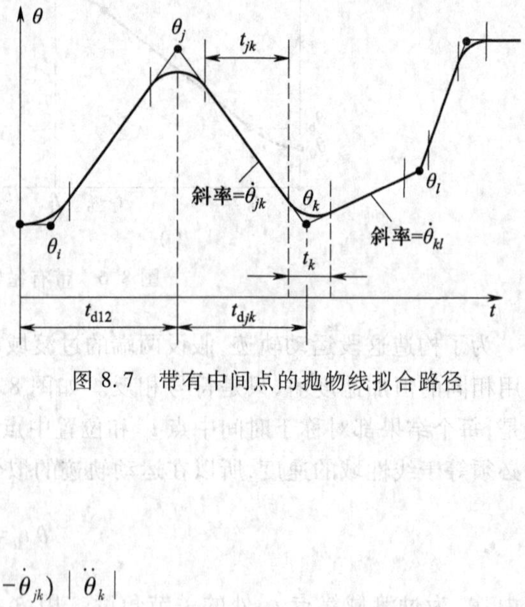

图 8.7　带有中间点的抛物线拟合路径

与无中间点的插值相同，本小节的问题也存在许多解，主要由路径中每个拟合区域的加速度值决定。给定路径点的位置为 θ_k，两相邻路径点之间的持续时间 t_{djk}，通过路径点的加速度的大小为 $|\ddot{\theta}_k|$，则可以计算出拟合段的持续时间 t_k(不包括第一个路径段和最后一个路径段，即 $k\neq 1,n$)，其求解公式如下：

$$\begin{cases}\dot{\theta}_{jk}=\dfrac{\theta_k-\theta_j}{t_{djk}}\\[2ex]\ddot{\theta}_k=\operatorname{sgn}(\dot{\theta}_{kl}-\dot{\theta}_{jk})\,|\ddot{\theta}_k|\\[2ex]t_k=\dfrac{\dot{\theta}_{kl}-\dot{\theta}_{jk}}{\ddot{\theta}_k}\\[2ex]t_{jk}=t_{djk}-\dfrac{1}{2}t_j-\dfrac{1}{2}t_k\end{cases} \tag{8.19}$$

当计算第一个路径段和最后一个路径段的抛物线拟合持续时间时，其求解公式与式(8.19)略有不同，这是由于最后一段的整个抛物线拟合段的持续时间都需计算在内。

对于第一个路径段，令线性函数段速度的两个表达式相等，即

$$\frac{\theta_2-\theta_1}{t_{\mathrm{d}12}-\frac{1}{2}t_1}=\ddot{\theta}_1 t_1 \tag{8.20}$$

则可求出起始点的抛物线拟合持续时间 t_1,进而可解出 $\dot{\theta}_{12}$ 和 t_{12}:

$$\begin{cases}\ddot{\theta}_1=\mathrm{sgn}(\theta_2-\theta_1)\,|\ddot{\theta}_1| \\ t_1=t_{\mathrm{d}12}-\sqrt{t_{\mathrm{d}12}^2-\dfrac{2(\theta_2-\theta_1)}{\ddot{\theta}_1}} \\ \dot{\theta}_{12}=\dfrac{\theta_2-\theta_1}{t_{\mathrm{d}12}-\frac{1}{2}t_1} \\ t_{12}=t_{\mathrm{d}12}-t_1-\dfrac{1}{2}t_2\end{cases} \tag{8.21}$$

最后一个路径段与第一个路径段类似,有

$$\frac{\theta_{n-1}-\theta_n}{t_{\mathrm{d}(n-1)n}-\frac{1}{2}t_n}=\ddot{\theta}_n t_n \tag{8.22}$$

进而求出:

$$\begin{cases}\ddot{\theta}_n=\mathrm{sgn}(\theta_{n-1}-\theta_n)\,|\ddot{\theta}_n| \\ t_n=t_{\mathrm{d}(n-1)n}-\sqrt{t_{\mathrm{d}(n-1)n}^2+\dfrac{2(\theta_n-\theta_{n-1})}{\ddot{\theta}_n}} \\ \dot{\theta}_{(n-1)n}=\dfrac{\theta_n-\theta_{n-1}}{t_{\mathrm{d}(n-1)n}-\frac{1}{2}t_n} \\ t_{(n-1)n}=t_{\mathrm{d}(n-1)n}-t_n-\dfrac{1}{2}t_{n-1}\end{cases} \tag{8.23}$$

通常用户只需给定路径点以及各个路径段的持续时间。在这种情况下,系统使用各个关节的默认加速度值。有时,为了简便起见,系统还可按默认速度值来计算持续时间。对于各段的抛物线拟合区域,加速度值应取得足够大,以便使各路径段有足够长的线性区域段,且保证各段抛物线拟合区的持续时间有解。

值得注意的是,多段用抛物线过渡的直线样条函数一般并不经过那些路径点,除非在这些路径点处停止。若选取的加速度充分大,则实际路径将与理想路径点十分靠近。如果要求机器人途经某个结点,那么将轨迹分成两段,把这些结点作为前一段的终止点和后一段的起始点即可。

8.4.3 案例 在 MATLAB 中采用带有抛物线过渡域的线性轨迹插值函数进行轨迹规划

本案例为了简化主代码量,先将轨迹规划的方法编写成一个函数文件,主代码中直接调用已经编写好的函数即可,下面先编写抛物线拟合的线性函数。

式(8.19)~式(8.23)可用来求出多段轨迹中各个过渡域的时间和速度,并在 MATLAB 中编写抛物线拟合的线性函数程序:

```
function [y,dy,ddy,tp,tl]=para_curve(t,y0,a,dt)
%tp 为抛物线拟合区的时间间隔,tl 为直线段的时间间隔
%dy 为直线段速度,ddy 为抛物线拟合区加速度
%y0 为路径点,dt 为两相邻路径点之间的时间间隔
%a 为拟合区加速度绝对值,y 为 t 对应的输出值
n=length(dt);%路径段数
if n==1      %若 n=1,表示无中间点
ddy(1)=sign(y0(2)-y0(1))*a(1);   %tp(1)段抛物线拟合区加速度
ddy(2)=sign(y0(1)-y0(2))*a(2);   %tp(2)段抛物线拟合区加速度
tp(1)=dt/2-sqrt(ddy(1)^2*dt^2-4*ddy(1)*(y0(2)-y0(1)))/(2*ddy(1));%见式(8.17)
tp(2)=tp(1);%tp(2)段时间
tl=dt-tp(1)-tp(2);%直线段时间
    dy=ddy(1)*tp(1);%直线段速度
    if t<=tp(1);   %如果 t≤tp(1),表示在抛物线拟合区 tp(1)段
        y=y0(1)+ddy(1)/2*t^2;%tp(1)段抛物线段关节值
    else if t<=dt-tp(2)   %如果 tp(1)<t≤dt-tp(2),表示直线 tl 段
        y=dy*(t-tp(1))+y0(1)+ddy(1)/2*tp(1)^2;%直线段关节值
        else   %否则,表示抛物线拟合区 tp(2)段
        y=y0(2)+ddy(2)/2*(t-dt)^2;%tp(2)段抛物线段关节值
        end
    end
else        %否则,n>1,表示有中间点
    for i=1:n    %求解抛物线拟合区加速度 ddy、持续时间 tp,直线段速度 dy
        if i==1   %如果 i=1,表示第一个路径段,见式(8.21)
            ddy(i)=sign(y0(i+1)-y0(i))*a(i);   %抛物线拟合区加速度
            tp(i)=dt(i)-sqrt(dt(i)^2-2*(y0(i+1)-y0(i))/ddy(i));   %抛物线拟合区时间
            dy(i)=(y0(i+1)-y0(i))/(dt(i)-0.5*tp(i));   %直线段速度
        else if i<n   %如果 1<i<n,表示中间路径段,见式(8.19)
              ddy(i)=sign(y0(i+1)-y0(i))*a(i);   %抛物线拟合区加速度
              dy(i)=(y0(i+1)-y0(i))/dt(i);   %直线段速度
              tp(i)=(dy(i)-dy(i-1))/ddy(i);   %抛物线拟合区时间
            else   %如果 i=n,表示最后一个路径段,见式(8.23)
              ddy(i)=sign(y0(i+1)-y0(i))*a(i);   %抛物线拟合区加速度
              ddy(i+1)=sign(y0(i)-y0(i+1))*a(i+1);%抛物线拟合区加速度
              tp(i+1)=dt(i)-sqrt(dt(i)^2+2*(y0(i+1)-y0(i))/ddy(i+1));%抛物线时间
              dy(i)=(y0(i+1)-y0(i))/(dt(i)-0.5*tp(i+1));   %直线段速度
```

```
            tp(i)=(dy(i)-dy(i-1))/ddy(i);  %抛物线拟合区时间,见式(8.19)
end
        end
    end
    for i=1:n    %求解各直线段的持续时间 tl
        if i==1    %若 i=1,表示第一个路径段,见式(8.21)
            tl(i)=dt(i)-tp(i)-0.5*tp(i+1);  %直线段时间
        else if i<n    %若 1<i<n,表示中间路径段,见式(8.19)
                tl(i)=dt(i)-0.5*tp(i)-0.5*tp(i+1);  %直线段时间
            else    %若 i=n,表示最后一个路径段,见式(8.23)
                tl(i)=dt(i)-tp(i+1)-0.5*tp(i);  %直线段时间
            end
        end
    end
    for i=1:n
        %计算输入时间 t 对应的 y 时,将 tl(i)+tp(i+1)算作一段(i>1),记为第 i 段
        %第一段为 tp(1)+tl(1)+tp(2),记为第 1 段
        %最后一段为 tl(n)+tp(n+1),记为第 n 段
        %以下所述第几段时,皆为上述规则
        A=sum(dt(1:i))+0.5*tp(i+1);  %前 i 段时间总长
        if t<A    %判断输入时间 t 是否小于 A,目的是得出 t 所在路径段
            break    %如果是,则跳出循环
        end
    end
    m=i-1;  %将判断后得到的路径段 i 值减 1 赋值给 m
    if m==0    %如果 m 等于 0,则表示 tp(1)+tl(1)+tp(2)段
        if t<=tp(1)    %如果输入时间 t<=tp(1),则表示 tp(1)段
            y1=y0(1);%起始点值
            y2=dy(1)*(tp(1)-0.5*tp(1))+y0(1);  %终止点值
            t1=0;  %起始点时刻
            t2=tp(1);  %终止点时刻
            a=(t2+t1-2*(y2-y1)/(ddy(1)*(t2-t1)))/2;  %抛物线顶点时刻
            b=y1-ddy(1)/2*(t1-a)^2;  %抛物线顶点值
            y=ddy(1)/2*(t-a)^2+b;  %抛物线方程
        else if t<=tp(1)+tl(1)    %如果输入时间 t<=tp(1),则表示 tl(1)段
                y=dy(1)*(t-0.5*tp(1))+y0(1);  %段直线方程
            else    %表示输入时间 t 在 dp(2)段
                y1=dy(1)*(tp(1)+tl(1)-0.5*tp(1))+y0(1);  %起始点值
```

```
            y2=dy(2)*(dt(1)+0.5*tp(2)-dt(1))+y0(2);  %终止点值
            t1=tp(1)+tl(1);  %起始点时刻
            t2=dt(1)+0.5*tp(2);  %终止点时刻
            a=(t2+t1-2*(y2-y1)/(ddy(2)*(t2-t1)))/2;  %抛物线顶点时刻
            b=y1-ddy(2)/2*(t1-a)^2;  %抛物线顶点值
            y=ddy(2)/2*(t-a)^2+b;  %抛物线方程
        end
    end
else   %m>0 的情况
    B=sum(dt(1:m))+0.5*tp(m+1);  %前 m 段时间总长,即前 i.1 段时间总长
    if m<n-1   %如果 m<n-1,则表示 tl(i)+tp(i+1)段(i>1)
      if t<=B+tl(m+1)   %如果 t<B+tl(m+1),则表示直线段 tl(i)段(i>1)
            y=dy(m+1)*(t-(B-0.5*tp(m+1)))+y0(m+1);  %直线段方程
      else    %表示抛物线拟合区 tp(i+1)段
            y1=dy(m+1)*(B+tl(m+1)-(B-0.5*tp(m+1)))+y0(m+1);  %起始点值
            y2=dy(m+2)*0.5*tp(m+2)+y0(m+2);  %终止点值
            t1=B+tl(m+1);  %起始点时刻
            t2=B+tl(m+1)+tp(m+2);  %终止点时刻
            a=(t2+t1-2*(y2-y1)/(ddy(m+2)*(t2-t1)))/2;  %抛物线顶点时刻
            b=y1-ddy(m+2)/2*(t1-a)^2;  %抛物线顶点值
            y=ddy(m+2)/2*(t-a)^2+b;  %抛物线方程
end
    else     %m=n-1 的情况,表示 tl(n)+tp(n+1)段
      if t<=B+tl(m+1)%如果 t≤B+tl(m+1),则表示直线段 tl(n)段
            y=dy(m+1)*(t-(B-0.5*tp(m+1)))+y0(m+1);  %直线段方程
        else  %否则,表示抛物线拟合区 tp(n+1)段
            y1=dy(m+1)*(B+tl(m+1)-(B-0.5*tp(m+1)))+y0(m+1);  %起始点值
            y2=y0(m+2);  %终止点值
            t1=B+tl(m+1);  %起始点时刻
            t2=B+tl(m+1)+tp(m+2);  %终止点时刻
            a=(t2+t1-2*(y2-y1)/(ddy(m+2)*(t2-t1)))/2;  %抛物线顶点时刻
        b=y1-ddy(m+2)/2*(t1-a)^2;  %抛物线顶点值
            y=ddy(m+2)/2*(t-a)^2+b;  %抛物线方程
        end
      end
    end
end
```

接下来使用 para_curve 函数进行轨迹规划，规划要求如下：

定义某个关节的轨迹,各路径点为30,15,25,10,18,单位为(°)。四个路径段的时间间隔都为2s,所有拟合处的加速度的绝对值为20°/s²。计算各直线区段的速度、拟合区的持续时间和直线区段的持续时间,并绘制关节位置曲线。

【注意】 由于轨迹规划代码调用了 para_curve 函数,所以运行时须提前创建该函数的 .m 函数文件,并在存储 .m 函数文件的路径下运行轨迹规划程序。

```
y0=input('Enter the y0:');        %路径点
dt=input('Enter the dt:');        %两相邻路径点之间的时间间隔
a=input('Enter the a:');          %拟合区加速度绝对值
ts=sum(dt);       %总时间
t=0:0.01:ts;      %时间向量
n=length(t);      %时间向量 t 维度
for i=1:n
    [y(i),dy,ddy,tp,tl]=para_curve(t(i),y0,a,dt);      %各时间点对应关节值
end
figure('Name','带有抛物线过渡的线性插值曲线');
for i=1:length(y0)
    t0(i)=sum(dt(1:i-1));   %给定路径点对应时刻
end
t0(1)=0.5*tp(1);   %第一个路径点对应时刻
t0(end)=t0(end)-0.5*tp(end);   %第 n 个路径点对应时刻
plot([0 t0 ts],[y0(1)y0 y0(end)],'r-o','MarkerFaceColor','r')   %给定路径点
hold on
plot(t,y,'b')   %带有抛物线过渡域的线性轨迹
grid on
xlabel('Time/s');ylabel('θ/deg');
title('带有抛物线过渡域的线性轨迹')
xlim([0 ts])
```

按照命令窗口的提示依次输入:

```
Enter the y0:[30 15 25 10 18]
Enter the dt:[2 2 2 2]
Enter the a:[20 20 20 20 20]
```

进而可得到如下结果:

1) 各直线区段的速度:8.377 2°/s,5°/s,7.5°/s,4.222 9°/s;
2) 各拟合区的持续时间:0.418 9 s,0.668 9 s,0.625 0 s,0.586 1 s,0.211 1 s;
3) 各直线区段的持续时间:1.246 7 s,1.353 1 s,1.394 4 s,1.495 8 s。
4) 关节位置曲线如图 8.8 所示。

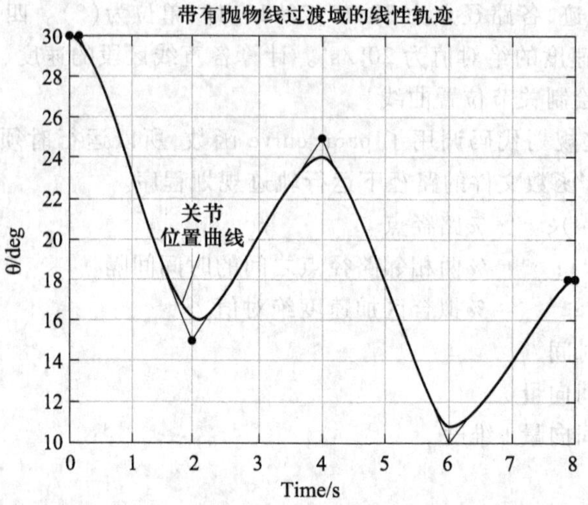

图 8.8 带有抛物线拟合的线性插值的关节位置曲线

8.5 笛卡儿空间中的轨迹规划步骤

在笛卡儿空间中进行轨迹规划,首先得确定机器人要走什么样的路径,是直线、圆弧还是样条?学习笛卡儿空间轨迹规划的方法与关节空间一样,先了解在笛卡儿空间进行轨迹规划的总体步骤,再学习每种轨迹的规划方法。

在关节空间中规划的轨迹可保证机器人到达期望位姿的各中间点和目标点,但是,其末端执行器在笛卡儿空间中的路径并非直线,而且其路径的复杂程度取决于机器人特定的运动学特性。因此,当机器人手臂末端在笛卡儿空间中的轨迹要求严格时,如连续路径规划不能采用简单的关节空间里的轨迹规划,而应该采用笛卡儿空间的轨迹规划。它是用笛卡儿位姿关于时间的函数来描述路径形状。最常见的路径形状是直线,不过也可以是圆弧、样条曲线等。

笛卡儿空间轨迹规划一般步骤如下 :

1) 对所有结点的位姿依次用相应的位置矢量和旋转矩阵表示,如 p_0、p_1、…、p_n 和 R_0、R_1、…、R_n;

2) 用 $p(t)=[px(t),py(t),pz(t)]$ 对上述位置点坐标选取曲线拟合,得到某一空间轨迹曲线对时间的参数方程;

3) 这里要注意,位置矢量 p 中的三个分量是相互独立的,它们可以直接进行插值,而描述姿态的旋转矩阵 R 不能简单地进行插值,可通过 RPY 角法得到等效旋转阵,再进行线性插值,可参照关节空间的插值方法规划 RPY 角。

【说明】 RPY 角法是描述船舶在海中航行时姿态的一种方法。将船的行驶方向取为 Z 轴,则绕 Z 轴的旋转(α 角)称为滚动(roll);把绕 Y 轴的旋转(β 角)称为俯仰(pitch);而把垂直方向取为 X 轴,将绕 X 轴的旋转(γ 角)称为偏转(yaw)。机器人姿态的规定方法类似,故习惯上称为 RPY 角法。

RPY 角法描述姿态的方程如下:

$$R_{xyz}(\gamma,\beta,\alpha)=\mathrm{Rot}(Z,\alpha)\,\mathrm{Rot}(Y,\beta)\,\mathrm{Rot}(X,\gamma)$$

$$=\begin{bmatrix} c\alpha c\beta & c\alpha s\beta s\gamma - s\alpha c\gamma & c\alpha s\beta c\gamma + s\alpha s\gamma \\ s\alpha c\beta & s\alpha s\beta s\gamma + c\alpha c\gamma & s\alpha s\beta c\gamma - c\alpha s\gamma \\ -s\beta & c\beta s\gamma & c\beta c\gamma \end{bmatrix}$$

$$=[\, n \ o \ a \,] \tag{8.24}$$

其逆解公式如下：

$$\begin{cases} \beta = A\tan 2(-r_{31}, \sqrt{r_{11}^2 + r_{21}^2}) \\ \alpha = A\tan 2(r_{21}/c\beta, r_{11}/c\beta) \\ \gamma = A\tan 2(r_{32}/c\beta, r_{33}/c\beta) \end{cases} \tag{8.25}$$

4）将上述姿态 n、o、a 和位置 p 代入下式，得到机器人的末端位姿矩阵，并运用逆向运动学求解关节变量 q。

$${}^{0}T_i = {}^{0}T_1 {}^{1}T_2 \cdots {}^{i-1}T_i = \begin{bmatrix} n_i & o_i & \alpha_i & p_i \\ 0 & 0 & 0 & 1 \end{bmatrix} = \begin{bmatrix} n_X & o_X & \alpha_X & p_X \\ n_Y & o_Y & \alpha_Y & p_Y \\ n_Z & o_Z & \alpha_Z & p_Z \\ 0 & 0 & 0 & 1 \end{bmatrix} \tag{8.26}$$

将逆向运动学求解得到的 q 输入轨迹规划器，通过电动机即可控制机器人按照轨迹运动。

可得笛卡儿空间中的轨迹规划具有如下特点：

① 规划的轨迹比较直观，适于轨迹要求严格的作业；

② 计算量远远大于关节空间法；

③ 即使给定的路径点在机器人的工作区间内，也不能保证轨迹的所有点均在工作区间；

④ 规划的轨迹有可能接近或通过机器人的奇异点，此时无运动学逆解。

由于 RPY 角的规划可参照关节空间规划方法，因此本任务的轨迹仅是对位置 p_X、p_Y、p_Z 的三个分量进行规划。

8.6 直线轨迹规划

空间直线插补是在已知该直线始末两端的位置和姿态的条件下，求轨迹中间点（插补点）的位置和姿态。空间直线轨迹可采用以下两种方法进行轨迹规划：

1）对位置 p 的三个分量直接进行插补。该种方法计算比较简单，但还需对描述机器人姿态的 RPY 角进行插补。

2）利用驱动函数 $D(\lambda)$ 进行插补。该种方法计算较为烦琐，但输出的是机器人的位姿方程，即同时实现了对位置 p 和姿态 RPY 角的插补。在 MATLAB 中进行编程时，为了避免多次编写计算过程，可先将其编写为函数文件，后续计算时直接调用即可。

上述两种方法在实际应用过程中都可使用，读者可按照需要任选其中一种方法进行机器人的直线轨迹规划。

8.6.1 对位置 p 的三个分量直接进行插补

已知空间任意两点为直线起点 $P_0(x_0,y_0,z_0)$ 和终点 $P_f(x_f,y_f,z_f)$，插补次数为 N（不包括 P_0 和 P_f）。插补点的位置和姿态可由下式求出：

$$\begin{cases} x_{i+1}=x_i+(i+1)\Delta x \\ y_{i+1}=y_i+(i+1)\Delta y \qquad i=0,1,2,\cdots,N \\ z_{i+1}=z_i+(i+1)\Delta z \end{cases} \tag{8.27}$$

式中：(x_i,y_i,z_i) 为位置坐标，$(\Delta x,\Delta y,\Delta z)$ 为位置的增量，求解如下：

$$\begin{cases} \Delta x=\dfrac{x_f-x_0}{N+1} \\ \Delta y=\dfrac{y_f-y_0}{N+1} \\ \Delta z=\dfrac{z_f-z_0}{N+1} \end{cases} \tag{8.28}$$

8.6.2 利用驱动函数 $D(\lambda)$ 进行插补

驱动函数 $D(\lambda)$ 是归一化时间 λ 的函数（即 λ 的取值范围在 0 与 1 之间），利用驱动函数 $D(\lambda)$ 进行机器人的直线轨迹规划的设计步骤如下：

1）对给定的机器人始末两端的位置和姿态，运用运动学方程求出机器人的始末位置的位姿矩阵 T_0 和 T_f；

2）利用 T_0 和 T_f 求解驱动函数 $D(\lambda)$，其求解过程如下：

机器人的运动可以分解为一个平移运动和两个旋转运动。第一个旋转运动使工具轴线与预期的接近方向向量 a 对齐；第二个旋转运动是绕方向向量 a 转动，使方向向量 o 对准。驱动函数 $D(\lambda)$ 由一个平移运动和两个旋转运动构成，即

$$D(\lambda)=L(\lambda)R_a(\lambda)R_o(\lambda) \tag{8.29}$$

式中，$L(\lambda)$ 表示平移运动的齐次变换，其作用是把结点 P_0 的坐标原点沿直线运动到结点 P_f 的坐标原点，则

$$L(\lambda)=\begin{bmatrix} 1 & 0 & 0 & \lambda_X \\ 0 & 1 & 0 & \lambda_Y \\ 0 & 0 & 1 & \lambda_Z \\ 0 & 0 & 0 & 1 \end{bmatrix} \tag{8.30}$$

$R_a(\lambda)$ 表示第一个转动的齐次变换，其作用是将 P_0 的接近向量 a_0 转向 P_f 的接近向量 a_f，$R_a(\lambda)$ 是绕向量 k 转动 θ 角得到的，而向量 k 是 P_0 的 Y 轴绕其 Z 轴转过角 ψ 得到的，即

$$k=\begin{bmatrix} -\mathrm{s}\psi \\ \mathrm{c}\psi \\ 0 \\ 1 \end{bmatrix}=\begin{bmatrix} \mathrm{c}\psi & -\mathrm{s}\psi & 0 & 0 \\ \mathrm{s}\psi & \mathrm{c}\psi & 0 & 0 \\ 0 & 0 & 1 & 0 \\ 0 & 0 & 0 & 1 \end{bmatrix}\begin{bmatrix} 0 \\ 1 \\ 0 \\ 1 \end{bmatrix} \tag{8.31}$$

再由旋转变换通式：

$$\mathrm{Rot}(f,\theta)=\begin{bmatrix} f_X f_X \mathrm{v}\theta+\mathrm{c}\theta & f_Y f_X \mathrm{v}\theta-f_Z \mathrm{s}\theta & f_Z f_X \mathrm{v}\theta+f_Y \mathrm{s}\theta & 0 \\ f_X f_Y \mathrm{v}\theta+f_Z \mathrm{s}\theta & f_Y f_Y \mathrm{v}\theta+\mathrm{c}\theta & f_Z f_Y \mathrm{v}\theta-f_X \mathrm{s}\theta & 0 \\ f_X f_Z \mathrm{v}\theta-f_Y \mathrm{s}\theta & f_Y f_Z \mathrm{v}\theta+f_X \mathrm{s}\theta & f_Z f_Z \mathrm{v}\theta+\mathrm{c}\theta & 0 \\ 0 & 0 & 0 & 1 \end{bmatrix} \tag{8.32}$$

即可得到 $R_a(\lambda)$ 的表达式：

$$R_a(\lambda)=\begin{bmatrix} \mathrm{s}^2\psi \mathrm{v}(\lambda\theta)+\mathrm{c}(\lambda\theta) & -\mathrm{s}\psi \mathrm{c}\psi \mathrm{v}(\lambda\theta) & \mathrm{c}\psi \mathrm{s}(\lambda\theta) & 0 \\ -\mathrm{s}\psi \mathrm{c}\psi \mathrm{v}(\lambda\theta) & \mathrm{c}^2\psi \mathrm{v}(\lambda\theta)+\mathrm{c}(\lambda\theta) & \mathrm{s}\psi \mathrm{s}(\lambda\theta) & 0 \\ -\mathrm{c}\psi \mathrm{s}(\lambda\theta) & -\mathrm{s}\psi \mathrm{s}(\lambda\theta) & \mathrm{c}(\lambda\theta) & 0 \\ 0 & 0 & 0 & 1 \end{bmatrix} \tag{8.33}$$

其中，$\mathrm{v}\theta=1-\cos\theta$，$\mathrm{v}(\lambda\theta)=1-\cos(\lambda\theta)$，$\mathrm{c}(\lambda\theta)=\cos(\lambda\theta)$，$\mathrm{s}(\lambda\theta)=\sin(\lambda\theta)$，$\mathrm{c}\psi=\cos\psi$，$\mathrm{s}\psi=\sin\psi$。$R_o(\lambda)$ 表示第二个转动的齐次变换，是绕接近向量 a 转 ϕ 角的变换矩阵，其作用是将 P_0 的方向向量 o_0 转向 P_f 的方向向量 o_f，即

$$R_o(\lambda)=\begin{bmatrix} \mathrm{c}(\lambda\phi) & -\mathrm{s}(\lambda\phi) & 0 & 0 \\ \mathrm{s}(\lambda\phi) & \mathrm{c}(\lambda\phi) & 0 & 0 \\ 0 & 0 & 1 & 0 \\ 0 & 0 & 0 & 1 \end{bmatrix} \tag{8.34}$$

显然，平移量 λx、λy、λz 和转动量 $\lambda\theta$、$\lambda\phi$ 都与 λ 成正比。若 λ 随时间线性变化，则 $D(\lambda)$ 所代表的合成运动将是一个恒速移动和两个恒速转动的复合。

将式(8.30)、式(8.33)和式(8.34)代入式(8.29)得

$$D(\lambda)=\begin{bmatrix} d_n & d_o & d_a & d_p \\ 0 & 0 & 0 & 1 \end{bmatrix} \tag{8.35}$$

其中：

$$d_o=\begin{bmatrix} -\mathrm{s}(\lambda\phi)[\mathrm{s}^2\psi \mathrm{v}(\lambda\theta)+\mathrm{c}(\lambda\theta)]+\mathrm{c}(\lambda\phi)[-\mathrm{s}\psi \mathrm{c}\psi \mathrm{v}(\lambda\theta)] \\ -\mathrm{s}(\lambda\phi)[-\mathrm{s}\psi \mathrm{c}\psi \mathrm{v}(\lambda\theta)]+\mathrm{c}(\lambda\phi)[\mathrm{c}^2\psi \mathrm{v}(\lambda\theta)+\mathrm{c}(\lambda\theta)] \\ -\mathrm{s}(\lambda\phi)[-\mathrm{c}\psi \mathrm{s}(\lambda\theta)]+\mathrm{c}(\lambda\phi)[-\mathrm{s}\psi \mathrm{s}(\lambda\theta)] \end{bmatrix}$$

$$d_a=\begin{bmatrix} \mathrm{c}\psi \mathrm{s}(\lambda\theta) \\ \mathrm{s}\psi \mathrm{s}(\lambda\theta) \\ \mathrm{c}(\lambda\theta) \end{bmatrix},\ d_n=d_o\times d_a,\ d_p=\begin{bmatrix} \lambda x \\ \lambda y \\ \lambda z \end{bmatrix} \tag{8.36}$$

式(8.29)两边同时右乘 $R_o^{-1}(\lambda)R_a^{-1}(\lambda)$，并使位置向量的各元素分别相等，并令 $\lambda=1$，则

$$\begin{cases} x=n_0\cdot(p_f-p_0) \\ y=o_0\cdot(p_f-p_0) \\ z=a_0\cdot(p_f-p_0) \end{cases} \tag{8.37}$$

式(8.29)两边同时右乘 $R_o^{-1}(\lambda)$，再左乘 $L^{-1}(\lambda)$，并使第三列元素分别相等，可得 θ 和 ψ：

$$\psi=\arctan\frac{o_0\cdot a_f}{n_0\cdot a_f},\ -\pi\leqslant\psi\leqslant\pi \tag{8.38}$$

$$\theta=\arctan\frac{\sqrt{(n_0\cdot a_f)^2+(o_0\cdot a_f)^2}}{a_0\cdot a_f},-\pi\leqslant\theta\leqslant\pi \tag{8.39}$$

式(8.29)两边同时左乘 $R_a^{-1}(\lambda)L^{-1}(\lambda)$,并使对应的元素分别相等,得

$$s\phi=-s\psi c\psi v\theta(n_0\cdot n_f)+[c^2\psi v\theta+c\theta](o_0\cdot n_f)-s\psi s\theta(a_0\cdot n_f) \tag{8.40}$$

$$c\phi=-s\psi c\psi v\theta(n_0\cdot o_f)+[c^2\psi v\theta+c\theta](o_0\cdot o_f)-s\psi s\theta(a_0\cdot o_f) \tag{8.41}$$

则

$$\phi=\arctan\frac{s\phi}{c\phi},-\pi\leqslant\phi\leqslant\pi \tag{8.42}$$

3) 利用得到的 $D(\lambda)$ 求解对应的 t 时刻的位姿矩阵:

$$T(t)=T_0\times D(\lambda) \tag{8.43}$$

且当 $\lambda=1$ 时,$T_f=T_0\times D(1)$。

8.6.3 案例 对位置直接进行插补

设定 SCARA 机器人的末端从初始位置 $P_0(0.2,0.4,0,0,0,0)$ 运动到终止位置 $P_f\left(-0.3,0.6,-0.1,0,0,\frac{\pi}{3}\right)$,运行时间为 5 s,试规划机器人的直线轨迹。

```
P0=input('Enter the P0:');  %初始位置
Pf =input('Enter the Pf:');  %终止位置
ts=input('Enter the t:');     %运行时间
t=0:0.01:ts;  %时间向量
l=[0.475 0.325];  %连杆参数
%% 初始位置 P0
RPY0=P0(4:6);  %P0 点的 RPY 角
T0=transl(P0(1:3)) * trotz(RPY0(3)) * troty(RPY0(2)) * trotx(RPY0(1));  %P0 点的位姿矩阵
%逆向运动学求解,求 theta1
A_0=(l(1)^2-l(2)^2+P0(1)^2+P0(2)^2)/(2 * l(1) * sqrt(P0(1)^2+P0(2)^2));
phi_0=atan2(P0(1),P0(2));
theta1_0=atan2(A_0,sqrt(1-A_0^2))-phi_0;
%逆向运动学求解,求 theta2
r_0=sqrt(P0(1)^2+P0(2)^2);
theta2_0=atan2(r_0 * cos(theta1_0+phi_0),(r_0 * sin(theta1_0+phi_0)-l(1)));
%逆向运动学求解,求 d3
d3_0=-P0(3);
%逆向运动学求解,求 theta4
theta4_0=theta2_0-asin(-sin(theta1_0) * T0(1,1)+cos(theta1_0) * T0(2,1));
q0=[theta1_0 theta2_0 d3_0 theta4_0];  %初始点关节变量向量
```

```
%%终止位置 Pf
RPYf=Pf(4:6);%Pf 点的 RPY 角
Tf=transl(Pf(1:3)) * trotz(RPYf(3)) * troty(RPYf(2)) * trotx(RPYf(1));  %Pf 点的位姿矩阵
%逆向运动学求解,求 theta1
A_f=(l(1)^2-l(2)^2+Pf(1)^2+Pf(2)^2)/(2 * l(1) * sqrt(Pf(1)^2+Pf(2)^2));
phi_f=atan2(Pf(1),Pf(2));
theta1_f=atan2(A_f,sqrt(1-A_f^2))-phi_f;
%逆向运动学求解,求 theta
r_f=sqrt(Pf(1)^2+Pf(2)^2);
theta2_f=atan2(r_f * cos(theta1_f+phi_f),(r_f * sin(theta1_f+phi_f)-l(1)));
%逆向运动学求解,求 d3
d3_f=-Pf(3);
%逆向运动学求解,求 theta4
theta4_f=theta2_f-asin(-sin(theta1_f) * Tf(1,1)+cos(theta1_f) * Tf(2,1));
qf=[theta1_f theta2_f d3_f theta4_f];  %终止点关节变量向量
%% 插补
N=length(t);  %时间向量 t 维度,插补数
%位置直线插补
P(:,1)=P0(1:3)';  %初始点位置,赋值给 P(:,1)
dP=(Pf(1:3)'-P0(1:3)')/(N-1);  %位置的增量
for i=2:N
    P(:,i)=P0(1:3)'+(i-1) * dP;  %各插补点位置
end
%RPY 角三次多项式插补
for i=1:N
    RPY(i,:)=RPY0+(3 * t(i)^2/tf^2-2 * t(i)^3/tf^3) * (RPYf-RPY0);  %各插补点的 RPY 角
end
%求解插补点的位姿矩阵 T 和关节变量 q
for i=1: N
    T(:,:,i)= transl(P(:,i)) * trotz(RPY(i,3)) * troty(RPY(i,2)) * trotx(RPY(i,1));  %位
姿矩阵
    if i==1
        theta1(i)=q0(1);theta2(i)=q0(2);d3(i)=q0(3);theta4(i)=q0(4);  %初始点关节值
    else
        %逆向运动学求解,求 theta1,包括两组逆解最优解的选取
        A=(l(1)^2-l(2)^2+P(1,i)^2+P(2,i)^2)/(2 * l(1) * sqrt(P(1,i)^2+P(2,i)^2));
        phi=atan2(P(1,i),P(2,i));
        B=atan2(A,sqrt(1-A^2))-phi;
```

```
            C=atan2(A,-sqrt(1-A^2))-phi;
            D=min([abs(B-theta1(i-1)),abs(C-theta1(i-1))]);
            if D==abs(B-theta1(i-1))
                theta1(i)=B;
            else
                theta1(i)=C;
            end
            %逆向运动学求解,求 theta2
            r0=sqrt(P(1,i)^2+P(2,i)^2);
            theta2(i)=atan2(r0*cos(theta1(i)+phi),(r0*sin(theta1(i)+phi)-l(1)));
            %逆向运动学求解,求 d3
            d3(i)=-P(3,i);
            %逆向运动学求解,求 theta4
            theta4(i)=theta2(i)-asin(-sin(theta1(i))*T(1,1,i)+cos(theta1(i))*T(2,1,i));
        end
        q(i,:)=[theta1(i) theta2(i) d3(i) theta4(i)];  %各插值点关节值向量组成的矩阵
end
%% 绘图
figure('Name','SCARA 机器人末端直线运动轨迹');
plot3(P0(1),P0(2),P0(3),'ro','MarkerFaceColor','r')   %初始点机器人末端位置
hold on
plot3(Pf(1),Pf(2),Pf(3),'rv','MarkerFaceColor','r')   %终止点机器人末端位置
hold on
x=P(1,:);  %各插值点机器人末端位置 x 坐标值
y=P(2,:);  %各插值点机器人末端位置 y 坐标值
z=P(3,:);  %各插值点机器人末端位置 z 坐标值
plot3(x,y,z,'b.');  %机器人末端直线轨迹
legend('初始位置','终止位置','直线轨迹')
grid;
xlabel('X/m');ylabel('Y/m');zlabel('Z/m');
title('SCARA 机器人末端直线运动轨迹')
figure('Name','SCARA 机器人关节位移曲线');
subplot(1,4,1)  %关节 1
plot(t,q(:,1));
grid on
xlim([0,t(end)]);
xlabel('时间/s');ylabel('关节 1 转角/rad');
title('关节 1 轨迹规划')
```

```
subplot(1,4,2)  %关节 2
plot(t,q(:,2));
grid on
xlim([0,t(end)]);
xlabel('时间/s');ylabel('关节 2 转角/rad');
title('关节 2 轨迹规划')
subplot(1,4,3)  %关节 3
plot(t,q(:,3));
grid on
xlim([0,t(end)]);
xlabel('时间/s');ylabel('关节 3 位移/m');
title('关节 3 轨迹规划')
subplot(1,4,4)  %关节 4
plot(t,q(:,4));
grid on
xlim([0,t(end)]);
xlabel('时间/s');ylabel('关节 4 转角/rad');
title('关节 4 轨迹规划')
```

运行该程序,并按照命令窗口的提示依次输入:

```
Enter the P0: [0.2  0.4  0  0  0  0]
Enter the Pf: [0.3  0.6  0.1  0  0  pi/3]
Enter thet: 5
```

则得到机器人在笛卡儿空间的直线轨迹,如图 8.9 所示。

从图 8.10 可以看出,机器人的关节角变化平滑,无突变,即机器人末端在运行时基本平稳,无较大振动。

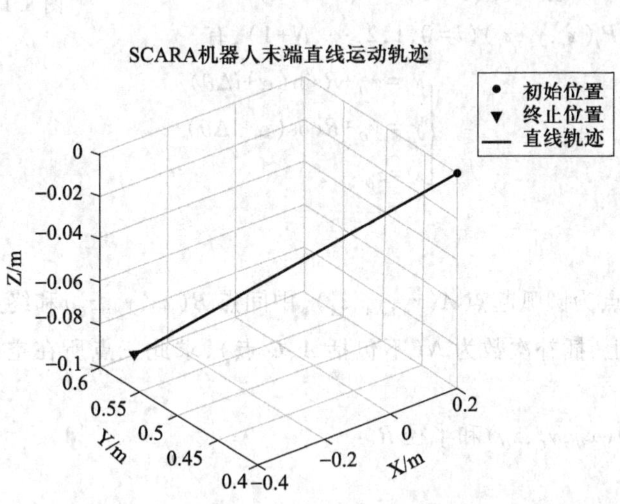

图 8.9 机器人在笛卡儿空间中的直线轨迹

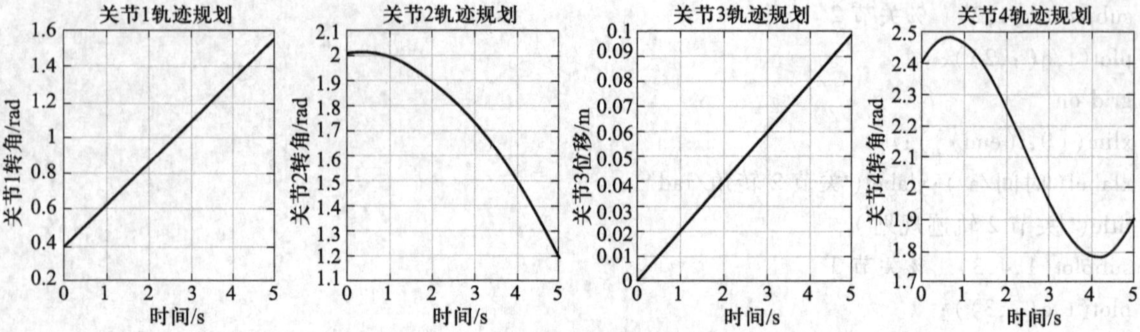

图 8.10 机器人关节角变化曲线

8.7 笛卡儿空间中圆弧轨迹规划

8.7.1 平面圆弧

已知标准平面(如 X_0Y_0 平面、Y_0Z_0 平面或 Z_0X_0 平面)上的圆心 $O(x_O,y_O,z_O)$、半径 R、圆弧方向(顺时针或逆时针)、起始角 α、圆弧圆心角 θ 以及插补次数 N(不包括 A、C 点),求此平面圆弧上的点坐标。以 X_0Y_0 平面上的圆弧为例,如图 8.11 所示。

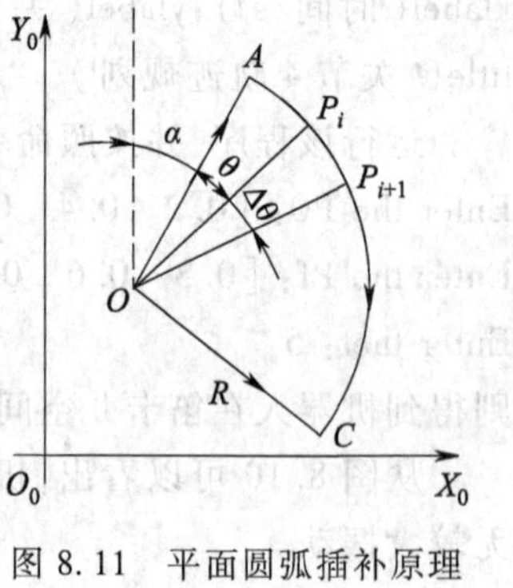

图 8.11 平面圆弧插补原理

圆弧 AC 为顺时针方向,起始角 α 是指圆弧起始点 $A(x_A,y_A,z_A)$与 Y 轴之间的夹角,α 与 θ 均用弧度制表示,则

$$\begin{cases}x_A=x_O+R\sin\alpha\\y_A=y_O+R\cos\alpha\\z_A=z_O\end{cases},\quad\begin{cases}x_C=x_O+R\sin(\alpha+\theta)\\y_C=y_O+R\cos(\alpha+\theta)\\z_C=z_O\end{cases}\tag{8.44}$$

$$\Delta\theta=\theta/(N+1)$$

对于圆弧上任意一点 $P_i(x_i,y_i,z_i)(i=0,1,2,\cdots,N+1)$,有

$$\begin{cases}x_i=x_O+R\sin(\alpha+i\Delta\theta)\\y_i=y_O+R\cos(\alpha+i\Delta\theta)\\z_i=z_O\end{cases}\tag{8.45}$$

8.7.2 空间圆弧

已知空间任意三点为圆弧起点 $A(x_A,y_A,z_A)$、中间点 $B(x_B,y_B,z_B)$和终点 $C(x_C,y_C,z_C)$,A、B、C 三点不在同一直线上,插补次数为 N(不包括 A、C 点),求此三点所在空间圆弧上的系列点坐标。步骤如下:

1) 求圆弧圆心 $O(x_O,y_O,z_O)$和半径 R。

由 $|AO|=|BO|$得

$$\sqrt{(x_A-x_O)^2+(y_A-y_O)^2+(z_A-z_O)^2}=\sqrt{(x_B-x_O)^2+(y_B-y_O)^2+(z_B-z_O)^2}\tag{8.46}$$

由 $|BO|=|CO|$ 得

$$\sqrt{(x_B-x_O)^2+(y_B-y_O)^2+(z_B-z_O)^2}=\sqrt{(x_C-x_O)^2+(y_C-y_O)^2+(z_C-z_O)^2} \tag{8.47}$$

由不共线的三点确定的平面方程,有

$$\begin{vmatrix} x_O & y_O & z_O & 1 \\ x_A & y_A & z_A & 1 \\ x_B & y_B & z_B & 1 \\ x_C & y_C & z_C & 1 \end{vmatrix}=0 \tag{8.48}$$

联立式(8.46)、式(8.47)和式(8.48),即可求出圆心 $O(x_O,y_O,z_O)$,进而求得半径 R:

$$R=|AO|=\sqrt{(x_A-x_O)^2+(y_A-y_O)^2+(z_A-z_O)^2} \tag{8.49}$$

2) 求圆弧所在平面的法向量 n。

给定了起始点、终止点和一个中间点的空间三点圆弧的走向是确定的,用 $\overrightarrow{AB}\times\overrightarrow{BC}$ 表示空间三点圆弧所在平面的法向量 n,则从 n 的正方向看,从 A 到 B 到 C 的圆弧始终是逆时针圆弧。

设 $n=\overrightarrow{AB}\times\overrightarrow{BC}=ui+\nu j+\omega k$,则

$$\begin{cases} u=(y_B-y_A)(z_C-z_B)-(z_B-z_A)(y_C-y_B) \\ \nu=(z_B-z_A)(x_C-x_B)-(x_B-x_A)(z_C-z_B) \\ \omega=(x_B-x_A)(y_C-y_B)-(y_B-y_A)(x_C-x_B) \end{cases} \tag{8.50}$$

3) 求圆心角 θ。如图 8.12 所示,有两种情况:当 $\theta\leqslant\pi$ ($\widehat{ABC}$)时,

$$\theta=2\arcsin\frac{\sqrt{(x_C-x_A)^2+(y_C-y_A)^2+(z_C-z_A)^2}}{2R} \tag{8.51}$$

当 $\theta>\pi$($\widehat{ABC'}$)时

$$\theta=2\pi-2\arcsin\frac{\sqrt{(x_C-x_A)^2+(y_C-y_A)^2+(z_C-z_A)^2}}{2R} \tag{8.52}$$

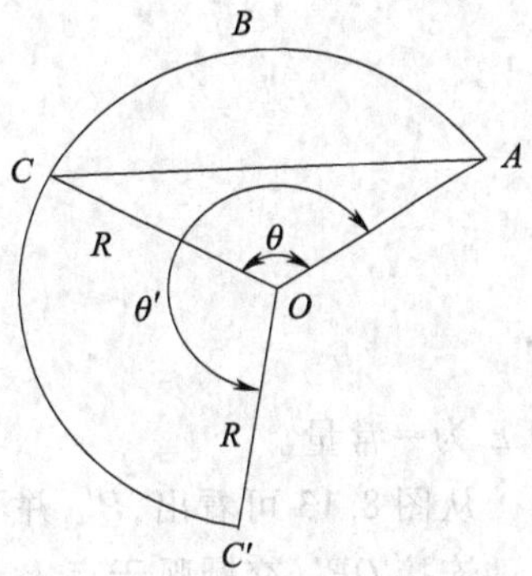

图 8.12 圆心角的计算

而如何判断 θ 与 π 的关系?设向量 $\overrightarrow{OA}\times\overrightarrow{AC}$ 在各坐标轴方向上的分量为

$$\begin{cases} u_1=(y_A-y_O)(z_C-z_A)-(z_A-z_O)(y_C-y_A) \\ \nu_1=(z_A-z_O)(x_C-x_A)-(x_A-x_O)(z_C-z_A) \\ \omega_1=(x_A-x_O)(y_C-y_A)-(y_A-y_O)(x_C-x_A) \end{cases} \tag{8.53}$$

并设 $H=uu_1+\nu\nu_1+\omega\omega_1$,则当 $H\geqslant 0$ 时,向量 $\overrightarrow{OA}\times\overrightarrow{AC}$ 与圆弧所在平面的法向量 $\overrightarrow{AB}\times\overrightarrow{BC}$ 方向相同,此时 $\theta\leqslant\pi$;当 $H<0$ 时,向量 $\overrightarrow{OA}\times\overrightarrow{AC}$ 与圆弧所在平面的法向量 $\overrightarrow{AB}\times\overrightarrow{BC}$ 方向相反,此时 $\theta>\pi$。

4) 求步距角 δ。每次插补走过的步距角 δ 是不变的,有

$$\delta=\frac{\theta}{N+1} \tag{8.54}$$

5) 求插补递推公式。如图 8.13 所示,圆弧上任一点 $P_i(x_i,y_i,z_i)$ 处沿前进方向的切向量:

$$m_i i+n_i j+l_i k=n\times\overrightarrow{OP}_i=\begin{vmatrix} i & j & k \\ u & v & \omega \\ x_i-x_O & y_i-y_O & z_i-z_O \end{vmatrix} \tag{8.55}$$

可得

$$\begin{cases} m_i=v(z_i-z_O)-\omega(y_i-y_O) \\ n_i=\omega(x_i-x_O)-u(z_i-z_O) \\ l_i=u(y_i-y_O)-v(x_i-x_O) \end{cases} \tag{8.56}$$

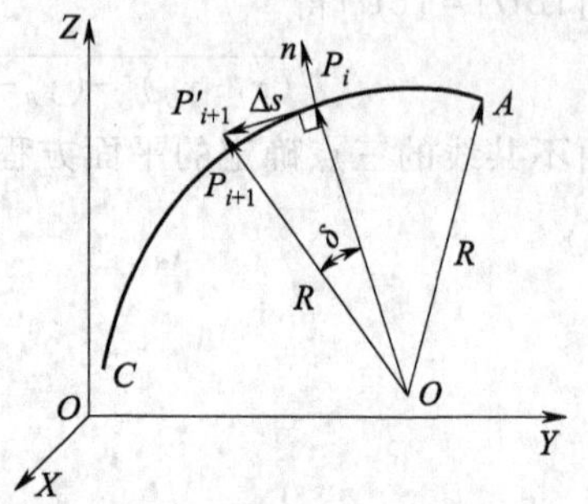

图 8.13　空间圆弧插补原理

设经过一个插补周期后，机器人终端执行器从点 $P_i(x_i,y_i,z_i)$ 沿圆弧切向移动距离 $\Delta s(\Delta s\approx\delta R)$ 后，到达点 $P'_{i+1}(x'_{i+1},y'_{i+1},z'_{i+1})$，则有

$$\begin{cases} x'_{i+1}=x_i+\Delta x'_i=x_i+Em_i \\ y'_{i+1}=y_i+\Delta y'_i=y_i+En_i \\ z'_{i+1}=z_i+\Delta z'_i=z_i+El_i \end{cases} \tag{8.57}$$

其中，

$$E=\frac{\Delta s}{\sqrt{m_i^2+n_i^2+l_i^2}} \tag{8.58}$$

又由

$$\begin{aligned} m_i^2+n_i^2+l_i^2 &= [\,|n|\,|OP_i|\sin(n,OP_i)\,]^2 \\ &= (u^2+v^2+\omega^2)[(x_i-x_O)^2+(y_i-y_O)^2+(z_i-z_O)^2] \\ &= (u^2+v^2+\omega^2)R^2 \end{aligned} \tag{8.59}$$

故

$$E=\frac{\Delta s}{\sqrt{u^2+v^2+\omega^2}} \tag{8.60}$$

即 E 为一常量。

从图 8.13 可看出，P'_{i+1} 并不在圆弧上，为使所有插补点都落在圆弧上，需对式(8.57)进行修正。连接 OP'_{i+1} 交圆弧于点 P_{i+1}，以 P_{i+1} 代替 P'_{i+1} 作为实际插补点，则可保证插补点始终落在所求圆弧上。

在直角三角形 $\triangle OP_iP'_{i+1}$ 中，有 $|OP_{i+1}|^2=|OP_i|^2+|P_iP'_{i+1}|^2$，即 $(R+\Delta R)^2=R^2+\Delta s^2$，又由 $\dfrac{OP_{i+1}}{|OP_{i+1}|}=\dfrac{OP'_{i+1}}{|OP'_{i+1}|}$，即 $\dfrac{OP_{i+1}}{R}=\dfrac{OP'_{i+1}}{\sqrt{R^2+\Delta s^2}}$，则

$$\begin{cases} x_{i+1}=x_O+\dfrac{R(x'_{i+1}-x_O)}{\sqrt{R^2+\Delta s^2}} \\ y_{i+1}=y_O+\dfrac{R(y'_{i+1}-y_O)}{\sqrt{R^2+\Delta s^2}} \\ z_{i+1}=z_O+\dfrac{R(z'_{i+1}-z_O)}{\sqrt{R^2+\Delta s^2}} \end{cases} \tag{8.61}$$

令

$$G=\frac{R}{\sqrt{R^2+\Delta s^2}} \tag{8.62}$$

G 为一常量,同时把式(8.57)和式(8.62)代入式(8.61),得插补递推公式

$$\begin{cases} x_{i+1}=x_O+G(x_i+Em_i-x_O) \\ y_{i+1}=y_O+G(y_i+En_i-y_O) \\ z_{i+1}=z_O+G(z_i+El_i-z_O) \end{cases} \quad i=0,1,\cdots,N \tag{8.63}$$

另设 $i=0$ 时,插补起始点 P_0 为点 A,即

$$\begin{cases} x_0=x_A \\ y_0=y_A \\ z_0=z_A \end{cases} \tag{8.64}$$

由式(8.63)可递推得到空间圆弧上的一系列插补点的坐标值,并能保证插补点总在圆弧上,此算法没有累积误差。

8.7.3 案例 使用 MATLAB 实现圆弧轨迹规划

```
P1=input('Enter the P1:');          %路径点 P1
P2 =input('Enter the P2:');         %路径点 P2
P3 =input('Enter the P3:');         %路径点 P3
ts=input('Enter the t:');           %终止时间
t=0:0.01:ts;    %时间向量
%求圆心 O 坐标,对式(8.46)~式(8.48)组成的方程进行求解
A=[P1(1)P1(2)P1(3)1;P2(1)P2(2)P2(3)1;P3(1)P3(2)P3(3)1];
B=[2*(P1(1)-P2(1))2*(P1(2)-P2(2))2*(P1(3)-P2(3));
    2*(P2(1)-P3(1))2*(P2(2)-P3(2))2*(P2(3)-P3(3));
    det(A(:,2:4)).det(A(:,[1,3:4]))det(A(:,[1:2,4]))];
C=[dot(P1,P1)-dot(P2,P2);dot(P2,P2)-dot(P3,P3);det(A(:,1:3))];
O =inv(B)*C;
R=sqrt(dot(P1-O,P1-O));   %圆弧半径 R,见式(8.49)
n=cross(P2-P1,P3-P2);   %圆弧所在平面的法向量 n,见式(8.50)
%求圆心角 θ
n1=cross(P1-O,P3-P1);   %见式(8.53)
H=dot(n,n1);   %H=n · n1
if H>=0
    theta=2*asin(sqrt(dot(P3-P1,P3-P1))/(2*R));  %见式(8.51)
else
    theta=2*pi-2*asin(sqrt(dot(P3-P1,P3-P1))/(2*R));  %见式(8.52)
end
```

```
N=length(t)-2;  %插补次数 N(不包括 P1、P3 点)
delta=theta/(N+1);  %步距角 δ,见式(8.54)
ds=delta * R;  %圆弧切向移动距离 Δs(Δs≈δR)
E=ds/(R * sqrt(dot(n,n)));  %见式(8.60)
G=R/sqrt(R^2+ds^2);  %见式(8.62)
%起始点 P1 赋值给 P(:,1)
x(1)=P1(1);
y(1)=P1(2);
z(1)=P1(3);
P(:,1)=[x(1) y(1) z(1)]';
%圆弧插补
for i=1:N+1
    m(:,i)=cross(n,P(:,i)-O);  %见式(8.56)
    %各插补点坐标值,见式(8.63)
    x(i+1)=O(1)+G * (x(i)+E * m(1,i)-O(1));
    y(i+1)=O(2)+G * (y(i)+E * m(2,i)-O(2));
    z(i+1)=O(3)+G * (z(i)+E * m(3,i)-O(3));
    P(:,i+1)=[x(i+1) y(i+1) z(i+1)]';  %得到各插补点位置
end
%绘图
figure('Name','圆弧轨迹');
plot3(P1(1),P1(2),P1(3),'bo','MarkerFaceColor','b')  %P1 点
hold on
plot3(P2(1),P2(2),P2(3),'bv','MarkerFaceColor','b')  %P2 点
hold on
plot3(P3(1),P3(2),P3(3),'bs','MarkerFaceColor','b')  %P3 点
hold on
plot3(O(1),O(2),O(3),'mo','MarkerFaceColor','m')  %圆心 O 点
hold on
plot3(P(1,:),P(2,:),P(3,:),'r')  %圆弧轨迹
legend('P1','P2','P3','圆心 O','圆弧轨迹')
grid on
xlabel('X/m');ylabel('Y/m');zlabel('Z/m');
title('空间圆弧轨迹规划')
figure('Name','位置坐标随时间变化曲线');
subplot(1,3,1)  %X 轴坐标
plot(t,P(1,:));
grid on
```

```
xlim([0 t(end)]);
xlabel('时间/s');ylabel('Px/m');
title('X 轴坐标变化')
subplot(1,3,2)      %Y 轴坐标
plot(t,P(2,:));
grid on
xlim([0 t(end)]);
xlabel('时间/s');ylabel('Py/m');
title('Y 轴坐标变化')
subplot(1,3,3)      %Z 轴坐标
plot(t,P(3,:));
grid on
xlim([0 t(end)]);
xlabel('时间/s');ylabel('Pz/m);
title('Z 轴坐标变化')
```

运行该程序,并按照命令窗口的提示依次输入:

```
Enter the P1:[5  4  8]'
Enter the P2:[2  10  3]'
Enter the P3:[7  30  11]'
Enter the t:5
```

则得到机器人在笛卡儿空间中的圆弧轨迹(红色),如图 8.14 所示。且机器人位置坐标的变化曲线如图 8.15 所示。

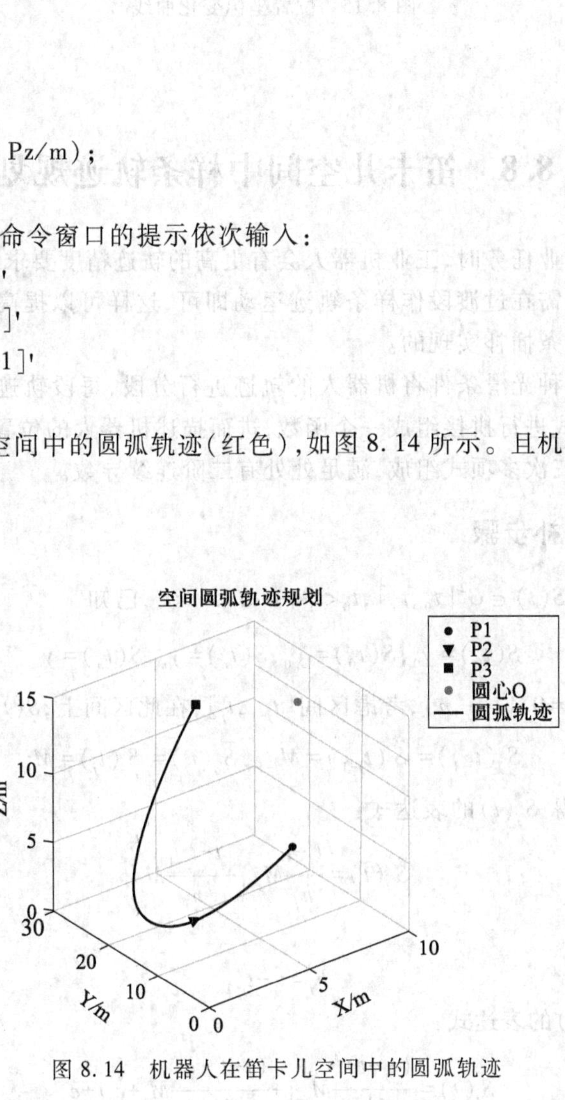

图 8.14 机器人在笛卡儿空间中的圆弧轨迹

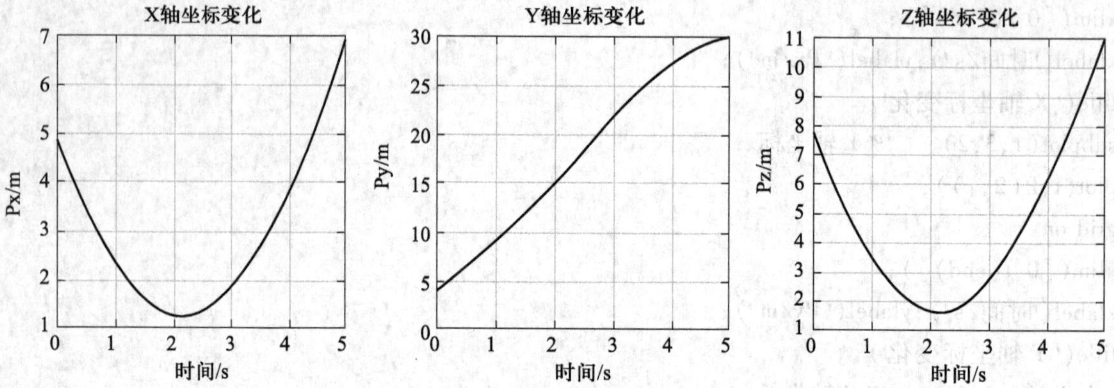

图 8.15　位置坐标变化曲线

8.8　笛卡儿空间中样条轨迹规划

在执行一些实际作业任务时,工业机器人会有更高的轨迹精度要求。例如直线焊接、圆弧焊接、平面喷涂等,往往仅需在过渡段作样条轨迹运动即可,这样可以提高运动效率和轨迹的平滑性。样条轨迹是通过样条插补实现的。

样条插补是按照某种光滑条件将机器人的轨迹进行分段,每段轨迹采用一个多项式函数进行描述,再将所有多项式进行拼接组成一个函数,进而描述机器人的位置和姿态。最常用的是三次样条插补,其函数由三次多项式组成,满足处处有二阶连续导数。

8.8.1　三次样条插补步骤

1）令 $S(t)=y(t),S(t)\in C^2[t_0,t_n],t_0<t_1<\cdots<t_j<\cdots<t_n$,已知

$$S(t_0)=y_0,\dot{S}(t_0)=\dot{y}_0,S(t_n)=y_n,\dot{S}(t_n)=\dot{y}_n \tag{8.65}$$

2）令 $\ddot{S}(t_j)=M_j(j=0,1,\cdots,n)$,考虑区间$[t_{j-1},t_j]$,在此区间上,$S(t)=S_j(t)$,则

$$\ddot{S}_j(t_{j-1})=\ddot{S}(t_{j-1})=M_{j-1},\ddot{S}_j(t_j)=\ddot{S}(t_j)=M_j \tag{8.66}$$

利用线性插值公式,可得 $\ddot{S}_j(t)$的表达式:

$$\ddot{S}_j(t)=\frac{t_j-t}{h_j}M_{j-1}+\frac{t-t_{j-1}}{h_j}M_j \tag{8.67}$$

其中

$$h_j=t_j-t_{j-1} \tag{8.68}$$

积分两次后即可得 $S_j(t)$的表达式:

$$S_j(t)=\frac{(t_j-t)^3}{6h_j}M_{j-1}+\frac{(t-t_{j-1})^3}{6h_j}M_j+c_1t+c_2 \tag{8.69}$$

3）将 $S_j(t_{j-1})=y_j-1,S_j(t_j)=y_j$ 代入式(8.69),可得插值函数为

$$S_j(t)=\frac{(t_j-t)^3}{6h_j}M_{j-1}+\frac{(t-t_{j-1})^3}{6h_j}M_j+\left(y_{j-1}-\frac{M_{j-1}h_j}{6}\right)\frac{t_j-t}{h_j}+\left(y_j-\frac{M_jh_j^2}{6}\right)\frac{t-t_{j-1}}{h_j} \tag{8.70}$$

4）由式(8.70)并 $\dot{S}(t+0)=\dot{S}(t-0)$，得

$$\mu_jM_{j-1}+2M_j+\lambda_jM_{j+1}=d_j,\ j=0,1,\cdots,n-1 \tag{8.71}$$

式中：

$$\begin{cases}\mu_j=\dfrac{h_j}{h_j+h_{j+1}},\lambda_j=\dfrac{h_{j+1}}{h_j+h_{j+1}}\\ d_j=\dfrac{6}{h_j+h_{j+1}}\left(\dfrac{y_{j+1}-y_j}{h_{j+1}}-\dfrac{y_j-y_{j-1}}{h_j}\right)\end{cases} \tag{8.72}$$

5）再根据 $\dot{S}(t_0)=\dot{y}_0,\dot{S}(t_n)=\dot{y}_n$，得

$$\begin{cases}M_{n-1}+2M_n=\dfrac{6}{h_n}\left(\dot{y}_n-\dfrac{y_n-y_{n-1}}{h_n}\right)\\ 2M_0+M_1=\dfrac{6}{h_1}\left(\dfrac{y_1-y_0}{h_1}-\dot{y}_0\right)\end{cases} \tag{8.73}$$

6）将式(8.71)和式(8.73)联立，用矩阵形式表示如下：

$$\begin{bmatrix}2 & \lambda_0 & & & \\ \mu_1 & 2 & \lambda_1 & & \\ & \ddots & \ddots & \ddots & \\ & & \mu_{n-1} & 2 & \lambda_{n-1}\\ & & & \mu_n & 2\end{bmatrix}\begin{bmatrix}M_0\\ M_1\\ \vdots\\ M_{n-1}\\ M_n\end{bmatrix}=\begin{bmatrix}d_0\\ d_1\\ \vdots\\ d_{n-1}\\ d_n\end{bmatrix} \tag{8.74}$$

7）由式(8.74)得到 M_j，代入式(8.70)，得到 $S(t)$，进而得到 $y(t)$。

8.8.2 案例 使用MATLAB实现在笛卡儿空间中的三次样条轨迹规划

同8.4.3节案例类似，这里先将轨迹规划的方法编写成一个函数文件，主代码规划轨迹时直接调用已经编写好的函数即可，下面先编写三次样条的轨迹函数。

由式(8.70)~式(8.74)即可得到三次样条的轨迹函数，在MATLAB中对该函数进行编程，其程序如下：

```
function y=S_spline(t,tl,yl,dy0,dyn)
%yl 为给定的路径点,tl 为各路径点对应的时刻
%dy0 为初始位置速度,dyn 为终止位置速度
%定义向量μ、λ、h 和 d
n=length(tl)-1;
mu=zeros(1,n);
lambda=zeros(1,n);
h=zeros(1,n);
d=zeros(1,n+1);
%求时间间隔 h
```

```
for i=1:n
    h(i)=tl(i+1)-tl(i);  %见式(8.68)
end
%求μ
for i=1:n.1
    mu(i)=h(i)/(h(i)+h(i+1));  %见式(8.72)
end
mu(n)=1;  %由式(8.73)求出μn
%求λ
for i=2:n
    lambda(i)=h(i)/(h(i-1)+h(i));  %见式(8.72)
end
lambda(1)=1;  %由式(8.73)求出λ0
%求d
for i=2:n
    d(i)=6/(h(i-1)+h(i))*((yl(i+1)-yl(i))/h(i)-(yl(i)-yl(i-1))/h(i-1));  %见式(8.72)
end
d(1)=6/h(1)*((yl(2)-yl(1))/h(1)-dy0);  %由式(8.73)求出d0
d(n+1)=6/h(n)*(dyn-(yl(n+1)-yl(n))/h(n));  %由式(8.73)求出dn
%得到式(8.74)左侧的第一个由μ和λ组成的矩阵
A=diag(lambda);
B=diag(mu);
C=2*eye(n+1);
D=C+[zeros(n,1)  A;zeros(1,n+1)]+[zeros(1,n+1);B  zeros(n,1)];
M=inv(D)*d';  %由式(8.74)求得M
%计算输入时间t所对应的路径段m
for i=1:n+1
    ti=sum(tl(1:i));
    if tl(i)>t
        break;
    end
end
m=i;  %得到路径段m
%计算输出时间t对应的输出值y,见式(8.70)
y=(tl(m)-t)^3/(6*h(m-1))*M(m-1)+(t-tl(m-1))^3/(6*h(m-1))*M(m)+(yl(m-1)-(M(m-1)...
*h(m-1)^2)/6)*(tl(m)-t)/h(m-1)+(yl(m)-(M(m)*h(m-1)^2)/6)*(t-tl(m-1))/h(m-1);
```

接下来使用 S_spline 函数进行轨迹规划,规划要求如下：

定义某一机器人,从点(4,7,8)经过点(7,10,2)和点(10,15,10)最终达到点(13,20,-2),

相邻两点的时间间隔都为 2 s,使用样条插补函数规划其运动轨迹。

```
tl=input('Enter the t:');    %路径点对应时刻
Pl=input('Enter the P:');    %路径点
dP0=input('Enter the dP0:');    %初始位置速度
dPn=input('Enert the dPn:');    %终止位置速度
t=0:0.01:tl(end);    %时间向量
n=length(t);
for i=1:n
    x(i)=S_spline(t(i),tl,Pl(1,:),dP0(1),dPn(1));    %求各时刻对应的位置X轴坐标值
    y(i)=S_spline(t(i),tl,Pl(2,:),dP0(2),dPn(2));    %求各时刻对应的位置Y轴坐标值
    z(i)=S_spline(t(i),tl,Pl(3,:),dP0(3),dPn(3));    %求各时刻对应的位置Z轴坐标值
end
P=[x;y;z];    %得出由各时刻位置向量组成的矩阵
figure('Name','三次样条轨迹');
plot3(Pl(1,:),Pl(2,:),Pl(3,:),'ro','MarkerFaceColor','r')    %给定路径点
hold on
plot3(P(1,:),P(2,:),P(3,:),'b.')    %轨迹
grid;
xlabel('X/m');ylabel('Y/m');zlabel('Z/m');
title('三次样条轨迹规划')
figure('Name','位置坐标随时间变化曲线');
subplot(1,3,1)    %X轴坐标
plot(t,x)
grid;
xlabel('时间/s');ylabel('Px/m');
title('X轴坐标轨迹规划')
subplot(1,3,2)    %Y轴坐标
plot(t,y)
grid;
xlabel('时间/s');ylabel('Py/m');
title('Y轴坐标轨迹规划')
subplot(1,3,3)    %Z轴坐标
plot(t,z)
grid;
xlabel('时间/s');ylabel('Pz/m');
title('Z轴坐标轨迹规划')
```

运行该程序,并按照命令窗口的提示依次输入:

```
Enter the  t: [0 2 4 6]
```

Enter the P:[4 7 8;7 10 2;10 15 10;13 20 -2]

Enter the dP0:[0 0 0]

Enert the dPn:[0 0 0]

则得到机器人在笛卡儿空间的圆弧轨迹,如图 8.16 所示。且机器人位置坐标的变化曲线如图 8.17 所示。

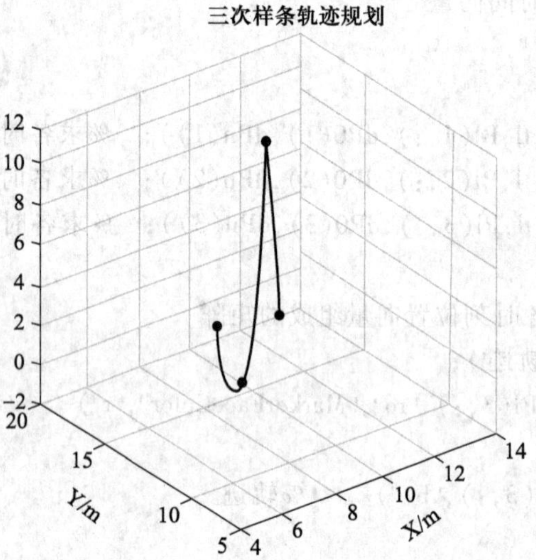

图 8.16 机器人在笛卡儿空间中的样条轨迹

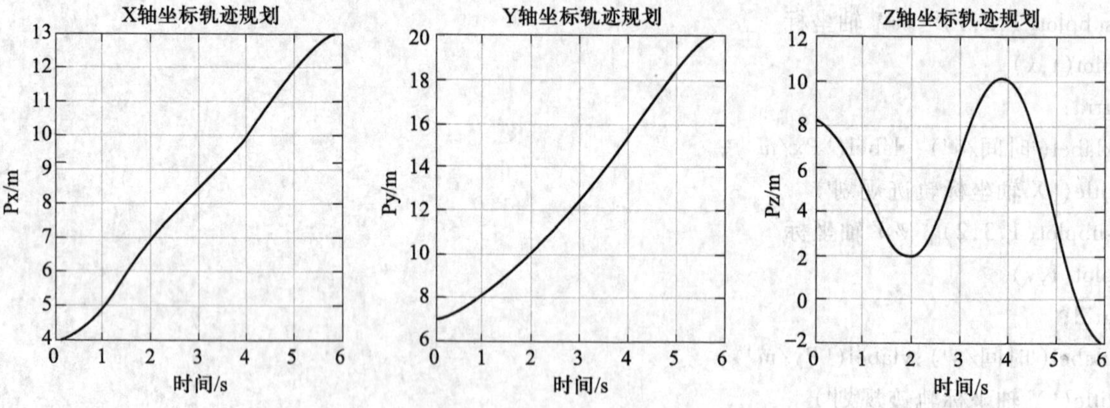

图 8.17 位置坐标变化曲线

8.9 笛卡儿路径规划的几何问题

因为笛卡儿空间中描述的路径形状与关节空间中的路径形状有连续的对应关系,所以笛卡儿空间中的路径容易出现与工作区间和奇异点有关的各种问题,常见的问题有以下几种。

8.9.1 规划的轨迹无法到达中间点

尽管机器人的起始点和终止点都在其工作区间内,但是很有可能在连接这两点的直线上有某些点不在工作区间中。例如图 8.18 所示的平面两杆机器人及其工作区间。在此例中,连杆 2 比连杆 1 短,所以在工作区间的中间存在一个孔,其半径为两连杆长度之差。起始点 A 和终止点 B 被画在工作区间中。在关节空间中规划轨迹从点 A 运动到点 B 没有问题,但是如果试图在笛卡儿空间中沿直线运动,将无法到达路径上的某些中间点。该例表明了在某些情况下,关节空间中的路径容易实现,而笛卡儿空间中的直线路径将无法实现。

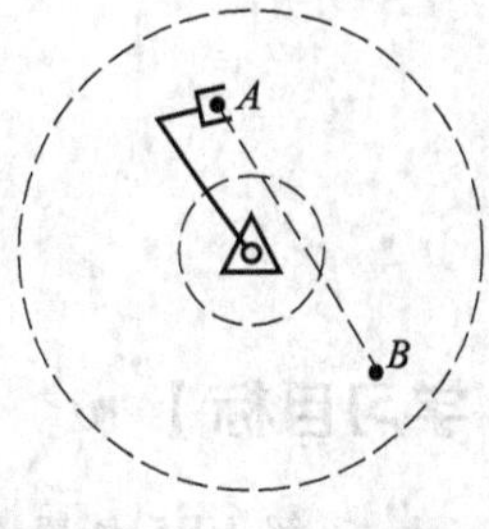

图 8.18 无法到达中间点

8.9.2 规划的轨迹在奇异点附近关节速度增大

在机器人的工作区间中存在着某些位置,在这些位置处无法用有限的关节速度来实现末端执行器在笛卡儿空间中的期望速度。因此,有某些路径(在笛卡儿空间中描述)是机器人所无法执行的,这一点并不奇怪。例如,如果一个机器人沿笛卡儿直线路径接近机构的某个奇异型位时,则机器人的一个或多个关节速度可能激增至无穷大。由于机构所容许的轨迹速度是有上限的,因此这通常将导致机器人偏离期望的路径。

例如,图 8.19 给出了一个平面两杆(两杆长相同)机器人,从点 A 沿着路径运动到点 B。期望的轨迹是使机器人末端以恒定的速度作直线运动。图中画出了机器人在运动过程中的多个中间位置以便于观察其运动。可见,路径上的所有点都可以到达。但是当机器人经过路径的中间部分时,关节 1 的速度非常高。路径越接近关节 1 的轴线,关节 1 的速度就变得越大。一个解决办法是:降低路径的整体运动速度,以保证所有关节的速度不超出其容许范围。这样做可能会使路径的运动速度不再是匀速,但是路径仍然保持为直线。

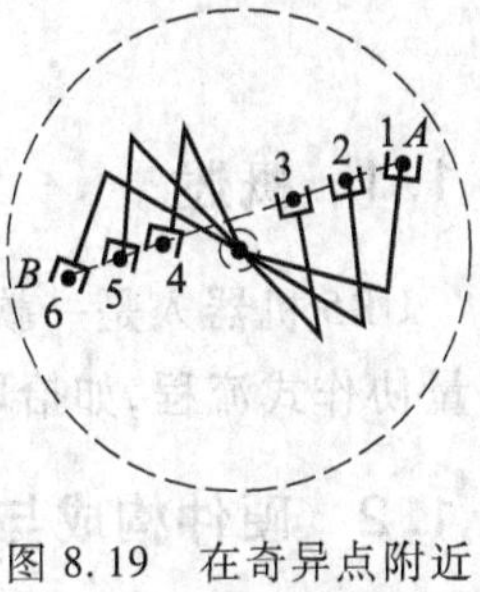

图 8.19 在奇异点附近关节速度增大

8.9.3 规划的轨迹起始点和终止点有不同的解

使用图 8.20 可以说明这个问题。在这里,平面两杆机器人的两个杆长相等,但是关节存在约束,这使机器人到达空间给定点的解的数量减少。尤其是当机器人的终止点不能使用与起始点相同的解到达时,就会出现问题。如图 8.20 所示,机器人可以使用某些解到达所有的路径点,但并非任何解都可以到达,为此,机器人的路径规划系统无须使机器人沿路径运动就应该检测到这种问题,并向用户报错。

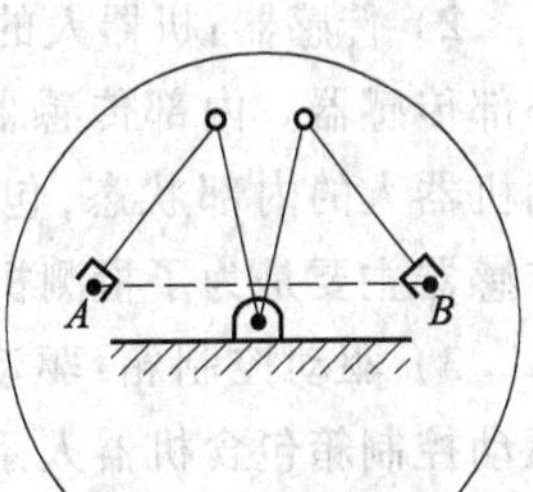

图 8.20 轨迹起始点和终止点有不同的解

第九章　UR5 机器人

【学习目标】

1. 了解 UR5 机器人的硬件构成和基本参数；
2. 了解 PolyScope 的界面功能；
3. 掌握 UR5 机器人的基本编程操作。

9.1　UR5 机器人简介

9.1.1　概述

UR5 机器人是一款轻巧灵活的协作式工业机器人，有效载荷达 5 千克。UR5 机器人适合于轻量协作式流程，如拾取、放置和测试等应用。UR5 机器人如图 9.1 所示。

9.1.2　硬件构成与基本参数

1. 硬件构成

UR5 机器人的整体构成主要有机器人本体、传感器、驱动控制箱和示教器四部分。

1）机器人本体：机器人本体是机器人系统的执行机构，负责执行控制箱的运动命令，主要包括机身、机械臂、末端执行器等部分。

2）传感器：机器人的传感器按用途可分为内部传感器和外部传感器。内部传感器安装在机器人本体上，主要用于检测机器人的内部状态，包括位置、速度、加速度等信息。外部传感器主要是为了检测机器人与环境之间的联系。

3）驱动控制箱：驱动控制箱是机器人系统的核心机构。驱动控制箱包含机器人系统的控制系统和驱动系统。控制系统是机器人的指挥系统，控制驱动系统，让执行机构按照要求工作。驱动系统通常由电力驱动，向执行系统提供动力。控制箱如图 9.2 所示。

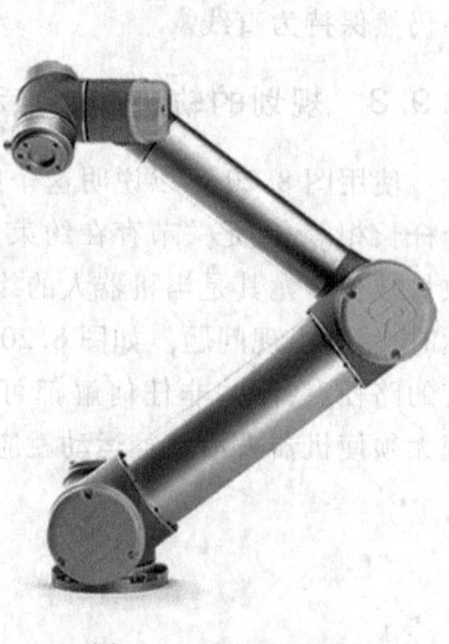

图 9.1　UR5 机器人

4）示教器：示教器是机器人系统的人机交互界面，将机器人、用户、外部环境联系起来并相互协调，主要用于显示机器人的工作轨迹和参数设定，以及所有人机交互操作。示教器如图 9.3 所示。

图 9.2　驱动控制箱

图 9.3　示教器

2. 基本参数

UR5 机器人的基本参数见表 9.1。

表 9.1　UR5 机器人的基本参数表

有效负载质量/kg	5
工作半径/mm	850
关节运动范围/(°)	±360
重复定位精度/mm	± 0.03
关节最大速度/(°/s)	180
工具端额定速度/(mm/s)	3 000
自重/kg	18.4
IP 等级	IP54
工作温度范围/℃	0~50
工作电压	100~240 V AC,50~60 Hz
工作功率/W	150
预计寿命/h	35 000

9.1.3　使用中的一些注意事项

1）非专业人员不可进行设备安装、接线、保养维护、检查或部件更换。

2）操作或将要操作机器人前,确保无人处于机器人可触及的范围之内。

3）机器人运行程序时,任何人员都不允许进入其运动区域内。

4）不允许在不确定机器人状态的情况下进入机器人运动区域。进入机器人运动区域之前,必须确保机器人处于急停状态,否则可能造成严重的安全问题。

5）手腕部位及机器人本体上的负荷必须控制在允许范围内。如果违反,可能导致异常动作发生或机械构件损坏。

6）手动释放制动器可能导致机器人手臂由于重力掉落,释放前需要支撑住机器人手臂、末端执行器和工件。

7）确保机器人的使用环境处于规定的规格范围内。

9.2　UR5 机器人图形用户界面

PolyScope 是 UR 机器人图形用户界面（GUI）。通过 PolyScope，用户可以完成对机器人的各种操作。主要包括以下操作：

1）机器人程序的编辑以及运行。

2）观察程序参数、接口状态、日志等各项数据。

3）进行机器人的相关参数设置，包括系统相关设置、机器人结构/运动参数设置等。

9.2.1　UR5 机器人图形用户界面简述

启动 PolyScope 后将显示欢迎界面，如图 9.4 所示。此界面提供了以下选项：

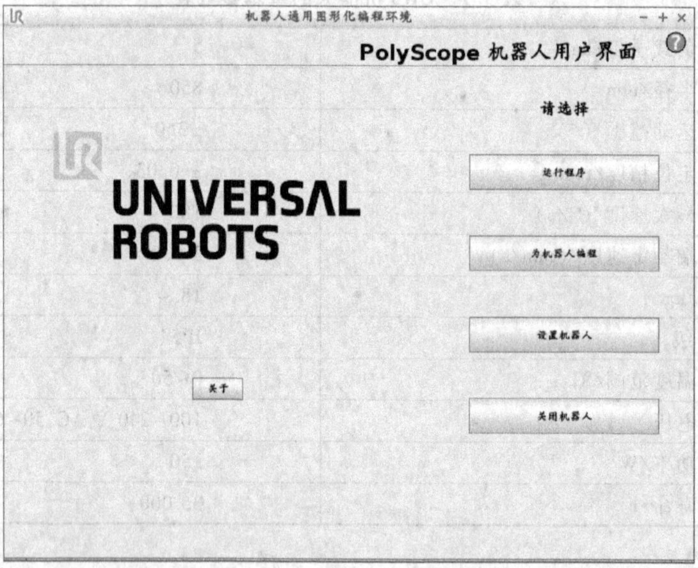

图 9.4　欢迎界面

1）运行程序：选择并运行现有程序。在运行界面共有四个选项卡，分别是“运行”选项卡、“移动”选项卡、“I/O”选项卡以及“日志”选项卡。

2）为机器人编程：更改程序或创建新程序。在此界面有“程序”选项卡、“安装设置”选项卡、“移动”选项卡、“I/O”选项卡以及“日志”选项卡。

3）设置机器人：更改显示语言，设置安全密码，升级 UR5 机器人软件等操作。

4）关闭机器人：关闭控制箱和 UR5 机器人的电源。

5）关于：提供 UR5 机器人软件版本、主机名、IP 地址、序列号和法律信息等相关信息。

UR5 机器人通用图形化编程环境下的各个界面见表 9.2。

表 9.2 UR5 机器人图形用户界面关系表

欢迎界面	一级选项卡	二级选项卡
运行程序	运行	/
	移动	/
	I/O	/
	日志	/
为机器人编程	程序	命令
		图形
		结构
		变量
	安装设置	TCP 配置
		安装
		I/O 设置
		安全
		变量
		MODBUS
		特征
		平顺过渡
		正在跟踪输送机
		Ethernet/IP
		PROFINET
		默认程序
		加载/保存
	移动	/
	I/O	/
	日志	/
设置机器人	初始化机器人	/
	校准屏幕	/
	URCap	/
	网络	/
	语言	/
	密码	/
	时间	/
	更新	/
关闭机器人	/	/

9.2.2　初始化设置

1. 初始化机器人界面

在欢迎界面上单击“设置机器人”按钮，然后选择“初始化机器人”选项卡，即可进入初始化机器人界面，如图 9.5 所示。在此界面中，可以进行机器人的初始化操作。

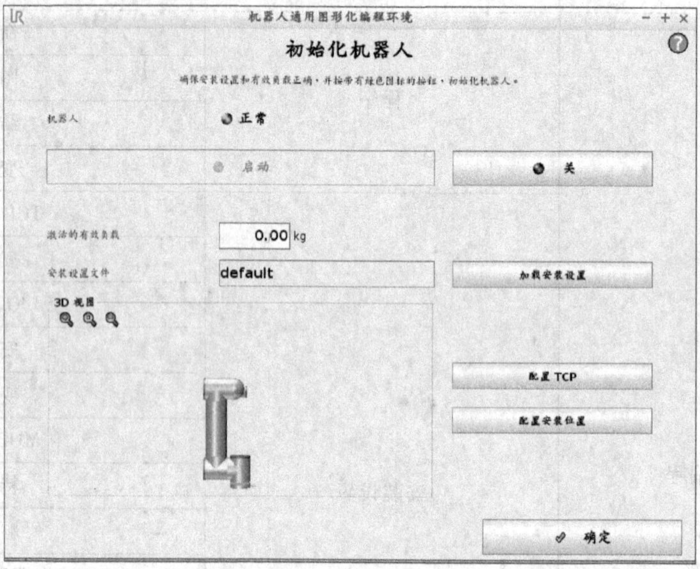

图 9.5　初始化机器人界面

（1）机器人状态显示

状态 LED 显示 UR5 机器人的运行状态。

1）红色高亮 LED 表示机器人目前处于停止状态。

2）黄色高亮 LED 表示机器人已经启动，但尚未准备好进行正常操作，且尚未释放各轴刹车。

3）绿色高亮 LED 表示机器人已经启动，释放了各轴刹车，且准备好进行正常操作。

（2）激活的有效载荷和安装设置

1）机器人启动时，机器人的有效载荷显示在“激活的有效负载”文本框中。可单击该文本框，并在文本框中输入新值来修改此值。但值得注意的是设置此值并不会修改安装设置中的有效载荷，只会设置控制器要使用的有效载荷质量。

2）当前加载的安装文件名称显示在“安装设置文件”灰色的文本框中，单击文本或该文本框右边的“加载安装设置”按钮可以加载不同的安装设置。除此之外，加载的安装设置可以通过界面下方的 3D 视图右侧的按钮进行设置。

3）机器人的实际状态与激活的有效载荷和安装设置应当相匹配。

（3）初始化机器人步骤

1）检查负载设置；

2）单击“开”按钮，给机器人上电；

3）单击“启动”按钮，释放刹车；

4）确认无误后，单击“确定”按钮。

2. 安装设置界面

在欢迎界面单击“为机器人编程”按钮，选择“安装设置”选项卡，即可进入安装设置界面。机器人安装设置界面包括机器人在工作环境中需要设置的所有方面，例如机械安装、电气连接等。

（1）在“安装设置”选项卡中选择“TCP 配置”选项卡，弹出 TCP 配置的界面，如图 9.6 所示。工具中心点（Tool Center Point，TCP）是机器人工具上的一个点。如图 9.6 所示，位置“X”“Y”和“Z”决定了 TCP 的位置，而“RX”“RY”和“RZ”决定其方向。当这些值均为零时，TCP 与机器人法兰中心点重合，其坐标系如图 9.6 中右侧的坐标系。

TCP 是机器人在自动化应用中的常见内容，这是由机器人的工作性质决定的。在实际的自动化生产中，机器人需要装配机械装置（例如夹爪、焊枪等）来完成抓取、搬运、装配、打磨及焊接等工作。而在这些工作中，整个机器人系统有时是以机械装置为中心进行工作的，故而需要在机器人系统配置 TCP 来明确其在机器人本体末端坐标系下的位姿偏移。

1）添加、修改和删除、激活 TCP

要定义新的 TCP，单击“新建”按钮，将自动创建一个名称唯一的 TCP，并出现在下拉菜单中。

在下拉菜单选中想要进行修改的 TCP，单击相应的文本框并输入新值就可以修改 TCP 的转换和旋转。

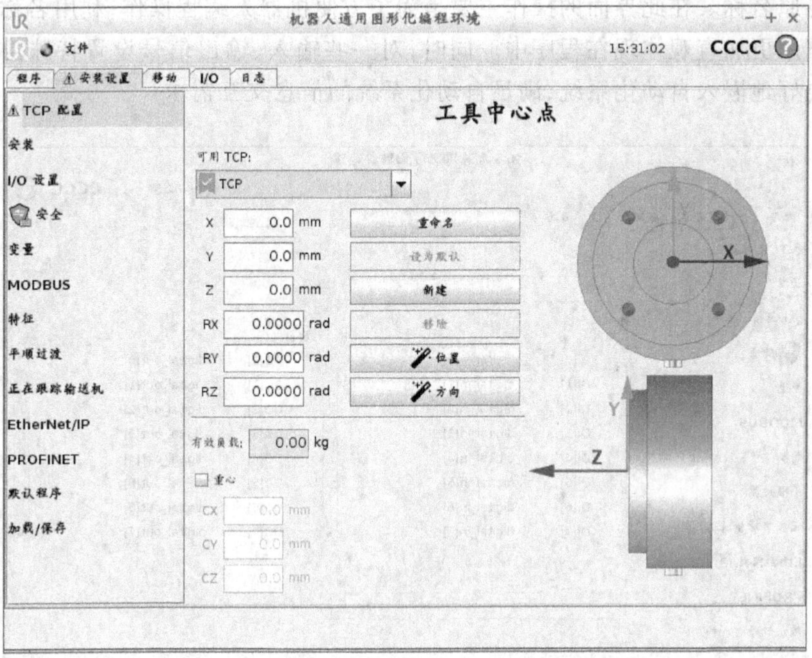

图 9.6 “安装设置”—“TCP 设置”界面

在下拉菜单中选中想要删除的 TCP，然后单击“移除”按钮，就可删除选中的 TCP。但是最后一个 TCP 无法删除。

在下拉菜单中选中想要激活的 TCP，然后单击“设为默认”按钮，就可将该选中的 TCP 设为默认 TCP。在程序启动和运行前,将会把默认 TCP 设为激活的 TCP。

2) TCP 位置坐标的自动计算步骤

① 单击“位置”按钮。

② 在机器人的工作范围内选择一个固定的点。

③ 将 TCP 从至少三个不同的角度移至所选的点上,并保存机器人的相应位置。

④ 验证计算所得的 TCP 坐标,并单击“设置”按钮将其设定至所选的 TCP 上。

通常只需要三个位置便足以计算出正确的 TCP,但仍需要使用第四个位置来进一步验证计算结果的正确性。每个用于计算 TCP 所保存的点的可用性通过相应按钮的颜色来指示。同时需要注意的是,取点的位置的角度最好间隔合适,以保证计算出的 TCP 的质量。

3) TCP 方向的自动计算步骤

① 单击“方向”按钮。

② 在下拉列表中选择一个特征。

③ 使用下面的按钮将 TCP 移至工具相对于 TCP 的方向与所选的特征的坐标系一致的点上。

④ 验证计算所得的 TCP 方向,并单击“设置”按钮将其设定到所选的 TCP 上。

(2) 在“安装设置”选项卡中选择“I/O 设置”选项卡,弹出 I/O 设置的界面,如图 9.7 所示。在 I/O 设置的界面上可以为输入和输出信号指定名称,最好设置为便于记住各个信号的作用的名称。单击选择相应的输入输出信号并使用屏幕键盘设置信号名称,也可以通过将名称设置为空字符串来还原名称。在此界面的操作主要是为了方便机器人编程操作,利用名称将各个输入、输出信号的作用更加直观体现在程序中。同时,对一些输入、输出信号设置特殊功能,也能使得机器人能够更好地嵌入自动化系统,满足自动化系统的信息交互需求。

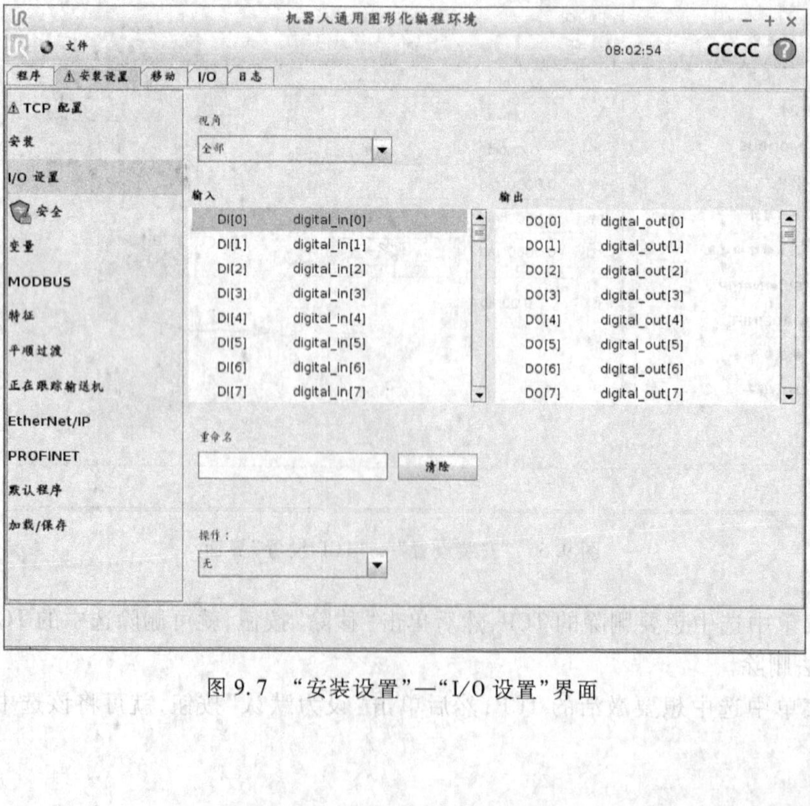

图 9.7 “安装设置”—“I/O 设置”界面

同时也可以对选定的 I/O 配置动作,在“操作”的下拉菜单中提供给输入信号的动作除了“无”以外,有以下四种:

1) 启动程序　在输入信号的上升沿启动当前程序。

2) 停止程序　在输入信号的上升沿停止当前程序。

3) 暂停程序　在输入信号的上升沿暂停当前程序。

4) 自由驱动　在输入信号的高/低电平时进入/离开自由驱动模式。

对于输出信号,提供了以下四种动作:

1) 未运行时低电平　在程序没有运行时,该输出信号输出低电平信号。

2) 未运行时高电平　在程序没有运行时,该输出信号输出高电平信号。

3) 运行时高电平-停止时低电平　在程序运行时,该输出信号输出高电平信号;在程序停止时,该输出信号输出低电平信号。

4) 运行时的连续脉冲　在程序运行时,该输出信号输出连续脉冲信号。

(3) 在“安装设置”选项卡中选择“安全”选项卡,弹出“安全配置”界面,如图 9.8 所示。在此界面中可以设置机器人的一些安全相关的参数,但一般情况下不做变动。如果需要进行变动,应该评估其风险后进行设置,且应在机器人第一次通电前进行。为了保证机器人的使用安全,对安全配置界面的参数进行更改必须得到授权,使用密码进行解锁后才能进行相应更改。安全设置界面包含一般限制、关节限制、边界、安全 I/O 四个子选项卡。

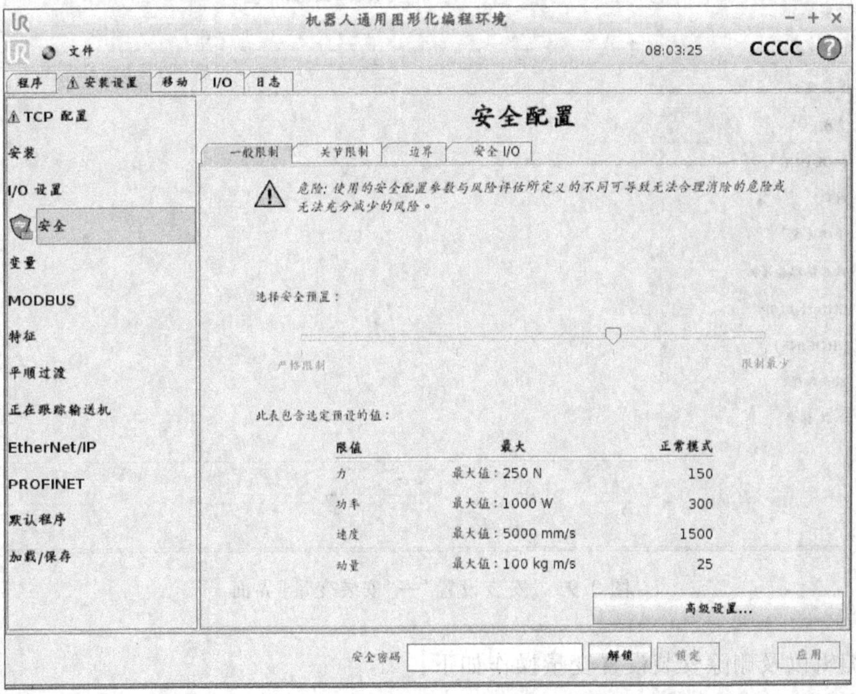

图 9.8　“安装设置”—“安全配置”界面

1) 一般限制　定义了机器人的最大力、功率、速度以及动量。当机器人存在比较大的撞击风险,为了保护机器人以及人员,这些参数应该被设置在较低水平。反之则可以将参数设置得更高以达到更快的速度和更高的出力水平。

2）关节限制　包括关节速度限制和关节范围限制。关节速度限制是指对每个关节的最大角速度的限制，进一步限制机器人的速度。关节位置限制是指对各个关节允许的转动角度范围的限制。

3）边界　指机器人 TCP 的安全平面和工具方向边界。安全平面既可以作为对 TCP 位置的硬限制，使得机器人只在一定空间范围内运动，也可以配置为激活缩减模式安全限制的触发器，在机器人位置超出安全平面后激活缩减模式。工具方向边界可以对机器人 TCP 的方向设定一个硬限制来保护机器人。

4）安全 I/O　可配置输入和输出的安全功能，将 I/O 信号与机器人的某些功能关联起来。

（4）在“安装设置”选项卡中选择“变量”选项卡，弹出“安装变量”界面，如图 9.9 所示。在“安装变量”界面上可以创建安装设置变量，该变量可以像一般的程序变量一样使用，但是安装设置变量具有断电保护功能，即使程序中断后又重新启动，或者机器人断电后重新上电启动，其值依然保留。此外，安装设置变量的名称和值都存储于安装设置变量中，因此其作用域不局限于单个文件，而是可以为所有程序文件共用。

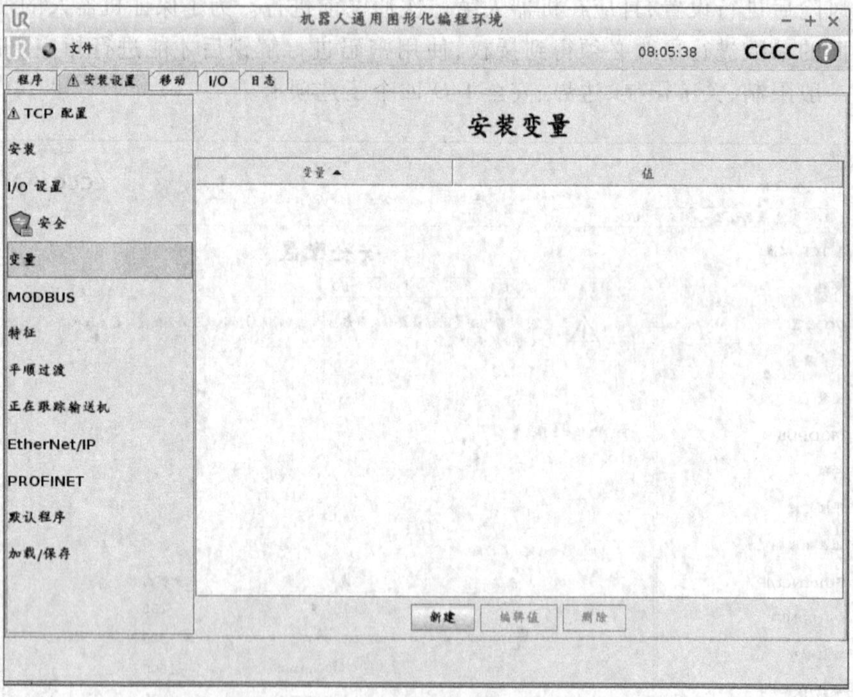

图 9.9　“安装设置”—“安装变量”界面

创建、编辑以及删除安装设置变量操作如下：

1）创建安装设置变量。单击“新建”按钮，将弹出含有新变量建议的名称。该变量名称可以更改，变量值可以通过单击文本框输入。值得注意的是，变量的名称必须唯一。

2）编辑安装设置变量。选择列表中需要编辑的变量，然后单击“编辑值”按钮，然后更改安装设置变量值。

3）删除安装设置变量。在列表中选中需要删除的变量，然后单击“删除”按钮。

（5）在“安装设置”选项卡中选择“MODBUS”选项卡，弹出“MODBUS 客户端 IO 设置”界面，如图 9.10 所示。在此界面上可以设置 MODBUS 客户端或主机信号。每个信号的名称唯一存在，因此可以在程序中使用。在此界面上的设置内容主要是对机器人与其他设备的 MODBUS 通信进行配置，使机器人能够与其他设备进行信息交互，保证自动化运行工作的有序进行。

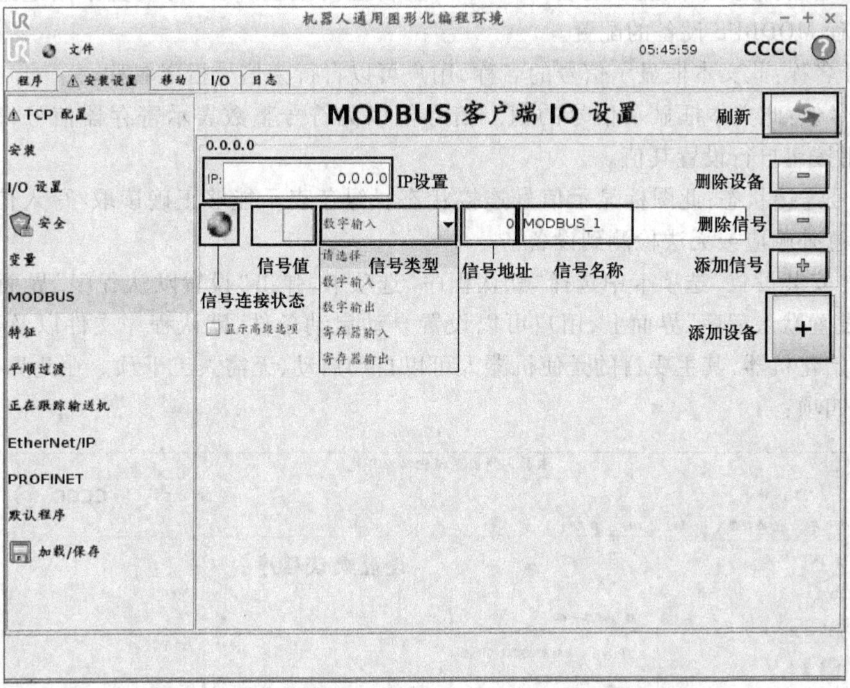

图 9.10 “安装设置”—“MODBUS 客户端 IO 设置”界面

“MODBUS 客户端 IO 设置”界面上的各选项说明如下：

1）刷新。单击此按钮可刷新所有 MODBUS 连接，即与所有的 MODBUS 设备重新连接。

2）添加设备。单击此按钮可添加新的远程 MODBUS 设备。

3）删除设备。单击此按钮可删除远程 MODBUS 设备和已添加到该远程 MODBUS 设备中的所有信号。

4）IP 设置。此文本框显示远程 MODBUS 设备的 IP 地址，单击此文本框可更改远程 MODBUS 设备 IP 地址。

5）添加信号。单击此按钮可添加信号到相应的 MODBUS 设备上。

6）删除信号。单击此按钮可从相应的远程 MODBUS 设备上删除选定的信号。

7）信号类型。在此下拉列表中可选择信号类型，对远程 MODBUS 设备的信号类型进行选择。其中包括数字输入、数字输出、寄存器输入和寄存器输出四种信号类型。

数字输入：数字输入信号是只有 1 bit 长度的信号，读取远程 MODBUS 设备的信号地址域中的指定线圈信号。

数字输出：数字输出信号同样是只有 1 bit 长度的信号，可将其值写入远程 MODBUS 设备的信号地址域中的指定线圈中。

寄存器输入:寄存器输入信号是读取远程 MODBUS 设备地址域中指定地址上 16 位长度的信号。

寄存器输出:寄存器输出信号是将用户自行设置的 16 位长度信号写入远程 MODBUS 设备地址域的指定地址中。

8）信号地址:该文本框显示远程 MODBUS 设备上的地址,用户可设置不同地址,其有效地址取决于远程 MODBUS 设备的配置。

9）信号名称:此文本框显示信号的名称,用户可以自行为信号指定名称。

10）信号值:此文本框显示信号的值。信号值以无符号整数表示寄存器信号;对于输出信号,可以使用按钮自行设置其值。

11）信号连接状态:此图标显示信号连接状态。绿色表示能够正确读取/写入信号,灰色表示设备做出意外响应或无法检测到设备。

(6) 在“安装设置”选项卡中选择“默认程序”选项卡,弹出“设置默认程序”界面,如图 9.11 所示。在“设置默认程序”界面上,用户可以设置自动启动条件、默认程序文件以及数字输入信号来自动初始化机器,其主要目的是使机器人可以自动启动,无需人工干预。在此界面的主要操作包括以下四项:

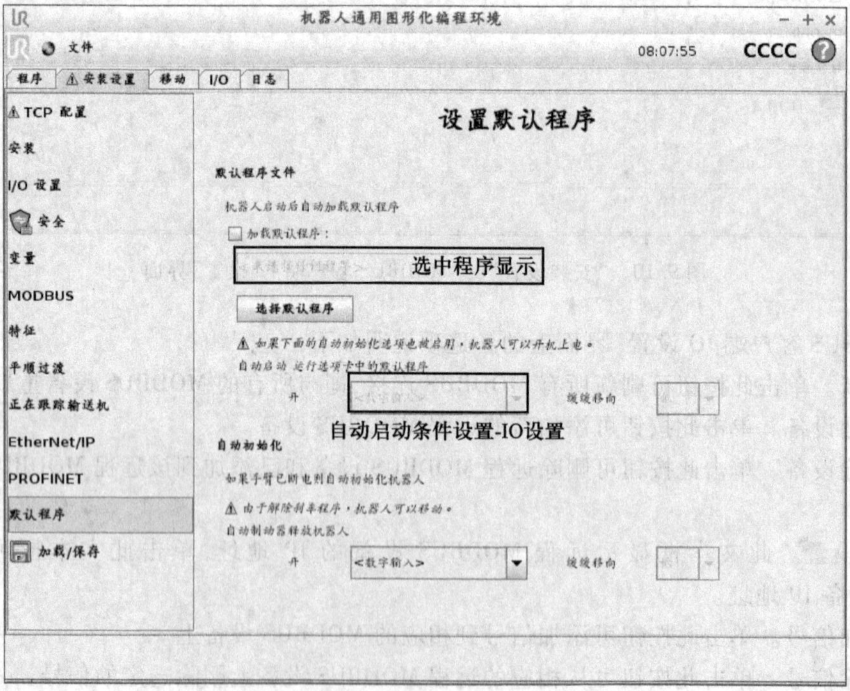

图 9.11 “安装设置”—“设置默认程序”界面

1）选择默认程序。单击“选择默认程序”按钮,即可进入文件管理界面,在此界面中找到希望加载的默认程序。选择好程序后,选中的程序名称将在“选中程序显示”文本框中显示。在选择默认程序后,进入运行程序界面,机器人系统将自动加载默认程序。

2）加载默认程序。选中“加载默认程序”复选框后，默认程序可以在运行程序界面自动启动。可在自动启动条件设置-IO 设置的下拉菜单中选择一个输入信号来作为启动条件。

（7）在“安装设置”选项卡中选择“加载/保存”选项卡，弹出“加载/保存机器人安装设置至文件”界面，如图 9.12 所示。此界面的主要操作是对安装设置的配置文件进行新建和加载。通过对安装设置文件的保存和加载，一个 UR 机器人的参数配置可以迅速批量复制到其他 UR 机器人上，减少调试工作的重复性内容。另一方面，加载/保存机器人安装设置文件，也有利于机器人在不同的运行环境下进行快速切换。

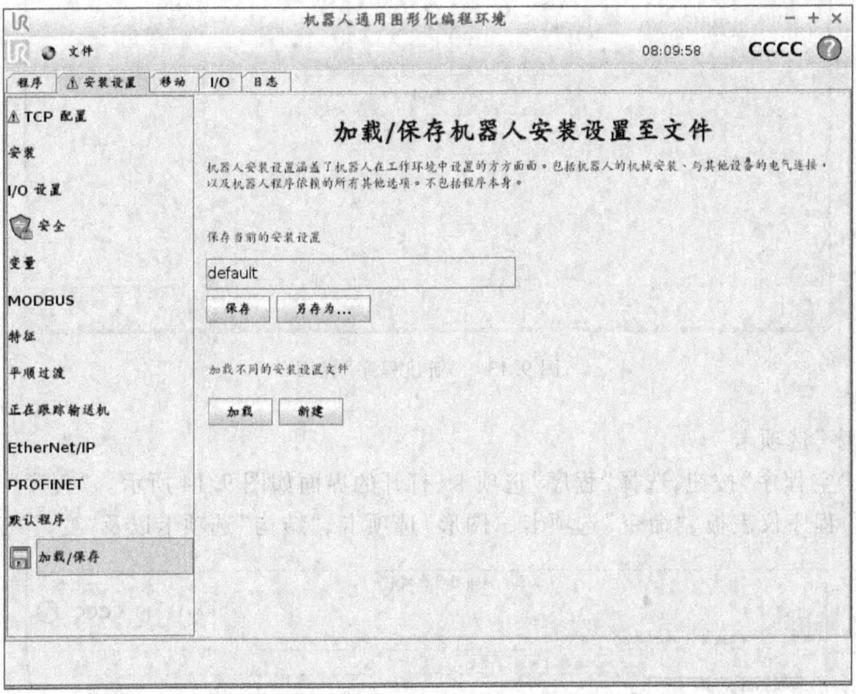

图 9.12 “安装设置”—“加载/保存机器人安装设置至文件”界面

9.2.3 基本编程界面

1. 新建程序界面

在欢迎界面上单击“为机器人编程”按钮，进入“新建程序”界面，如图 9.13 所示。可以根据需要选择各按钮。

（1）加载程序：从现有的程序文件中选择一个进行加载。

（2）拾取和放置：使用模板来新建一个程序。拾取和放置是机器人的常用应用范围，其程序的基本内容基本是移动和 I/O 操作。由于其程序内容简单，所以当机器人的应用主要是拾取和放置时，可以使用该模板来新建程序，以减少开发时间。

（3）空程序：新建一个空白程序文件。

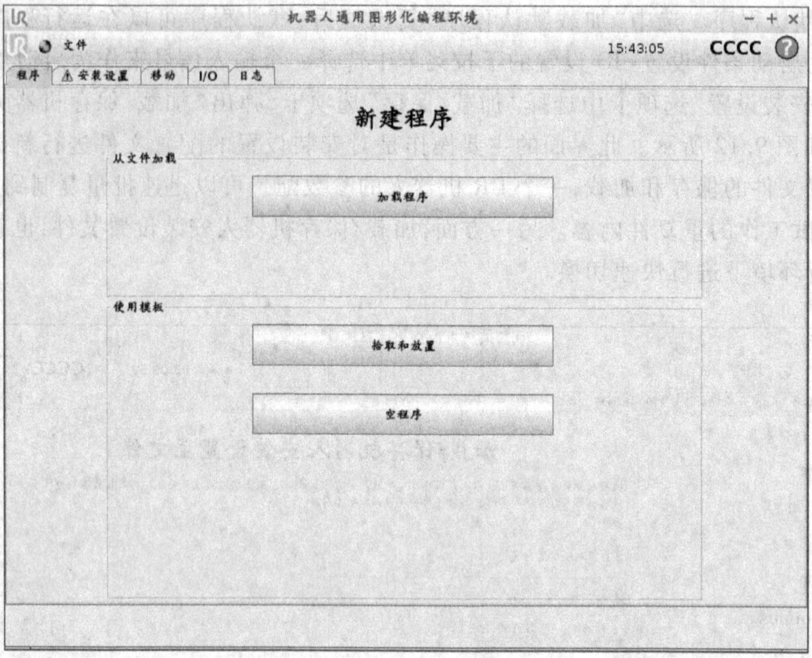

图 9.13 “新建程序”界面

2.“程序”选项卡

当单击“空程序”按钮，选择“程序”选项卡，打开的界面如图 9.14 所示。“程序”选项卡主要包括程序树、程序仪表板、“命令”选项卡、“图形”选项卡、“结构”选项卡以及“变量”选项卡。

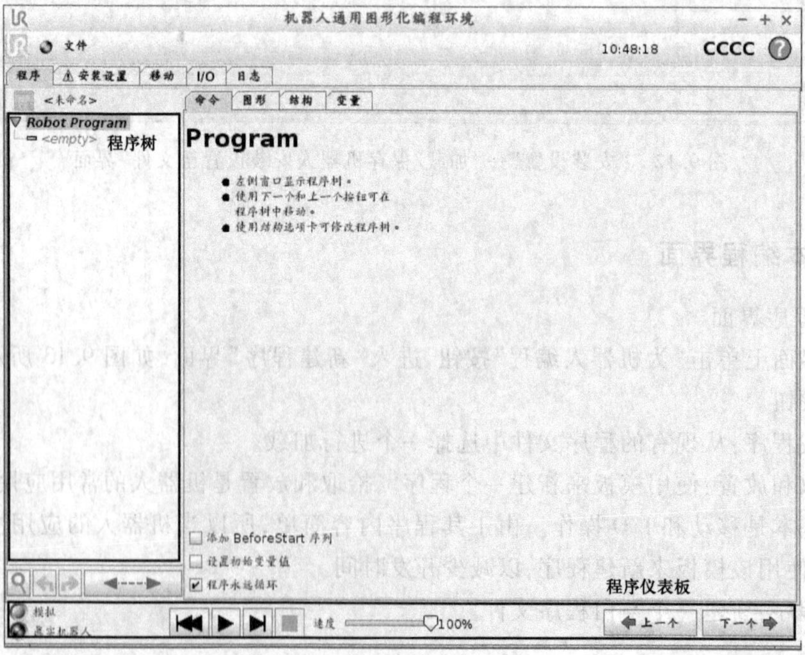

图 9.14 “程序”选项卡

（1）程序树

1）“程序”选项卡左侧的程序树以命令列表形式显示程序的具体内容。

2）程序树中，程序名称显示于命令列表上方，单击其名称旁的磁盘图标可快速保存程序。

3）程序树中，当前正在执行的命令高亮显示。

（2）程序仪表板

1）单击其中的按钮可以启动、停止、单步调试和重新启动程序，还可以通过滑块来调节程序速度。

2）仪表板左侧的“模拟”和“真实机器人”按钮可以切换程序运行的方式，以模拟形式运行时，机器人不会动作。

（3）“命令”选项卡

1）命令列表中的每条指令的具体参数可在“命令”选项卡中进行编辑和设定。

2）不同指令在“命令”选项卡中的参数界面是不一样的，可以将“命令”选项卡认为是指令的具体编写界面。

（4）“图形”选项卡

1）“图形”选项卡是当前机器人程序的图形化表现形式，显示机器的具体运动路径。

2）此选项卡以3D视角显示TCP的路径，各路点之间的运动路径显示为黑色线段，其交融部分显示为绿色线段。

（5）“程序”选项卡

在“程序”选项卡上可以进行插入、移动、复制和移除各种操作。

（6）“变量”选项卡

1）“变量”选项卡显示程序运行中的实时变量值，并在运行的程序之间保存传递变量和变量值列表。

2）变量按名称的字母顺序进行排列。

3）变量名称最多显示50个字符，变量值最多显示500个字符。

3. “移动”选项卡

“移动”选项卡如图9.15所示，可以控制机器人在笛卡儿坐标系下进行移动，或者控制机器人的各个关节来移动机器人。该界面的主要选项区域包括TCP位置、TCP方向、机器人、移动关节、TCP等。

TCP位置：在此选项区域中可以控制机器人TCP位置的平移。按住相应按钮可以控制机器人TCP在相应方向上进行平移，放开则停止运动。

TCP方向：在此选项区域中可以控制机器人TCP方向的旋转。按住相应按钮可以控制机器人TCP在相应方向上进行旋转，放开则停止运动。

机器人：此选项区域中以3D视角形式显示机器人的当前位置，按放大镜可缩放视角，拖动手指可更改视角。

移动关节：此选项区域中允许用户直接控制各个关节，按下相应按钮可以控制机器人关节进行旋转，放开则停止运动。右侧文本框中显示各个关节的当前位置，也可以单击文本框手动编辑关节值。按住“自由驱动”按钮，可手动移动机器人至所需要的位置，释放按钮则无法手动移动机器人。但需要注意的是，如果机器人的参数设置有误或机器人承受重载，按住按钮时,机器人可能会由于重力而下坠。单击“回零”按钮,会进入位姿编辑器,然后可以令各关节回到初始位置。

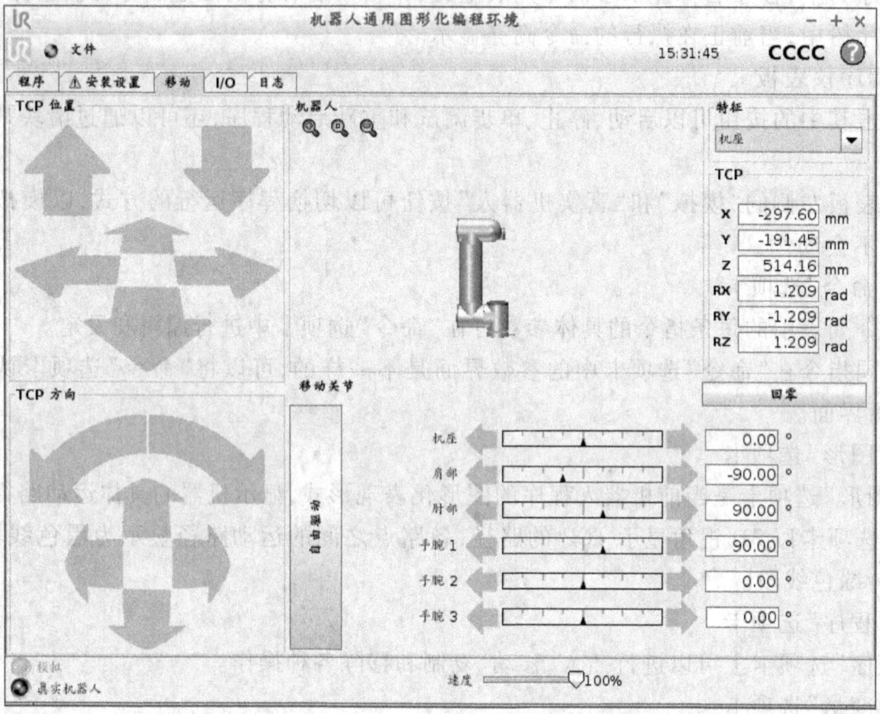

图 9.15 “移动”选项卡

TCP:在此选项区域中,文本框中显示当前坐标系下机器人的位姿。可以单击文本框来手动编辑坐标值。

4. “I/O”选项卡

“I/O”选项卡如图 9.16 所示。此选项卡包括“机器人”选项卡和“MODBUS”选项卡。

“机器人”选项卡:可以监控并设置机器人控制箱的实时 I/O 信号。值得注意的是,程序运行期间对 I/O 的更改将会使得机器人程序停止运行。另外,该界面的更新频率为 10 Hz,过快的信号可能无法正确显示。

“MODBUS”选项卡:可以查看 MODBUS 客户端数字输入状态,查看和切换 MODBUS 客户端数字输出的状态。

5. “日志”选项卡

“日志”选项卡如图 9.17 所示。此选项卡主要包括机器人状况和机器人日志两部分。通过这两部分,用户可以清楚了解机器人的运行状态。

机器人状态:屏幕上半部显示机器人和控制箱的状况。左侧显示控制箱的相关信息,右侧显示机器人各关节的相关信息。

机器人日志:屏幕下半部的列表框显示日志消息。第一列显示日志记录的严重性分类,第二列显示消息出现时间,第三列显示消息发送者,最后一列显示具体消息。

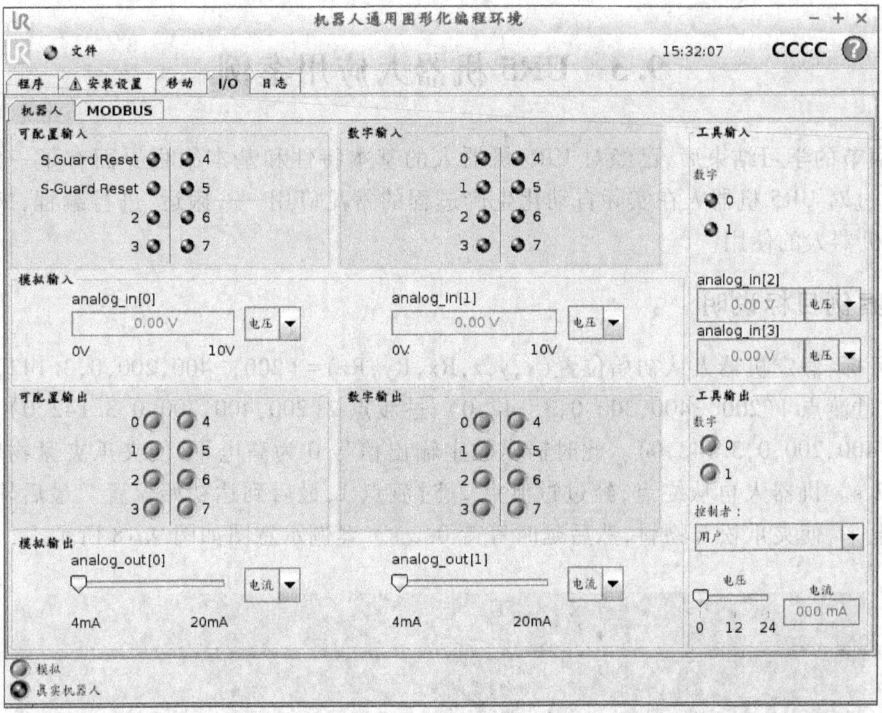

图 9.16 “I/O”选项卡

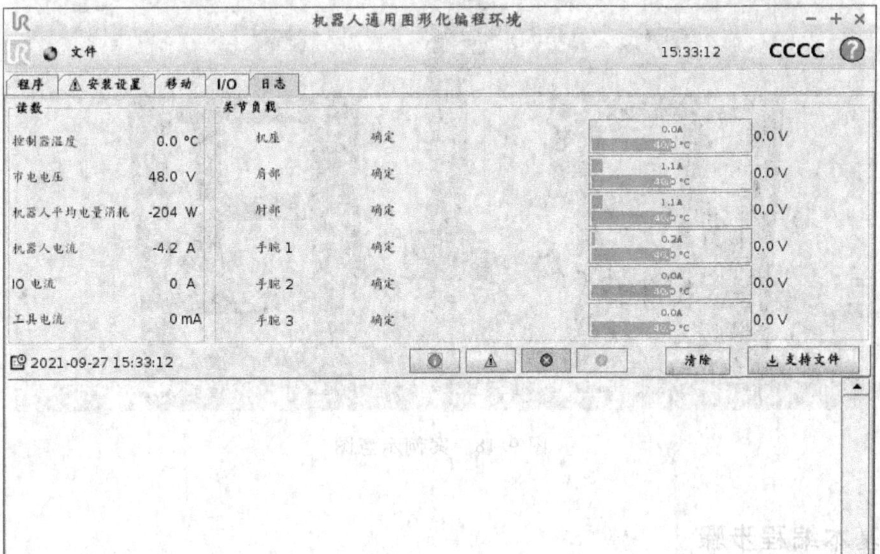

图 9.17 “日志”选项卡

9.3 UR5 机器人应用案例

在前两节的学习结束后，已经对 UR5 机器人的基本特性和基本编程界面有了一定的了解。在本节，通过对 UR5 机器人在实际自动化生产过程的常见应用——搬运，进行编程，来更进一步学习 UR5 机器人的使用。

9.3.1 案例目标说明

案例目标：假定机器人从初始位置(x,y,z,Rx,Ry,Rz)=(200,-400,200,0,3.142,0)处开始运动，经过过渡点 1(200,-400,300,0,3.142,0)、过渡点 2(200,400,300,0,3.142,0)，最后停在终点(200,400,200,0,3.142,0)。此时输出数字输出信号 0 为高电平，使夹爪夹紧物料，而后延时等待 0.2 s。机器人再从终点，经过过渡点 2、过渡点 1，最后到达初始位置。最后输出数字信号 0 为低电平，使夹爪松开物料，然后延时等待 0.2 s。案例示意图如图 9.18 所示。

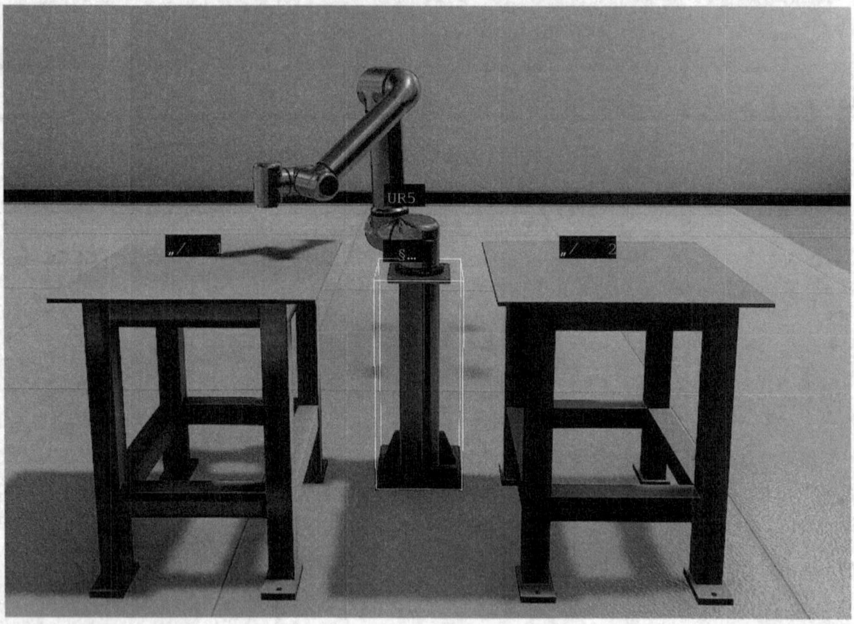

图 9.18 案例示意图

9.3.2 基本编程步骤

为了完成本案例的编程目标，首先需要做的是将机器人的整体运动轨迹和点位进行编程。主要步骤如下：

步骤 1 新建一个空程序，这部分操作在上一节中已经有所说明，这里不再赘述。新建空程序后，选择“结构”选项卡，弹出“程序结构编辑器”界面，如图 9.19 所示。在“结构”选项卡中，可以找到各种可选用的程序指令。指令可分为基本、高级以及向导三种。

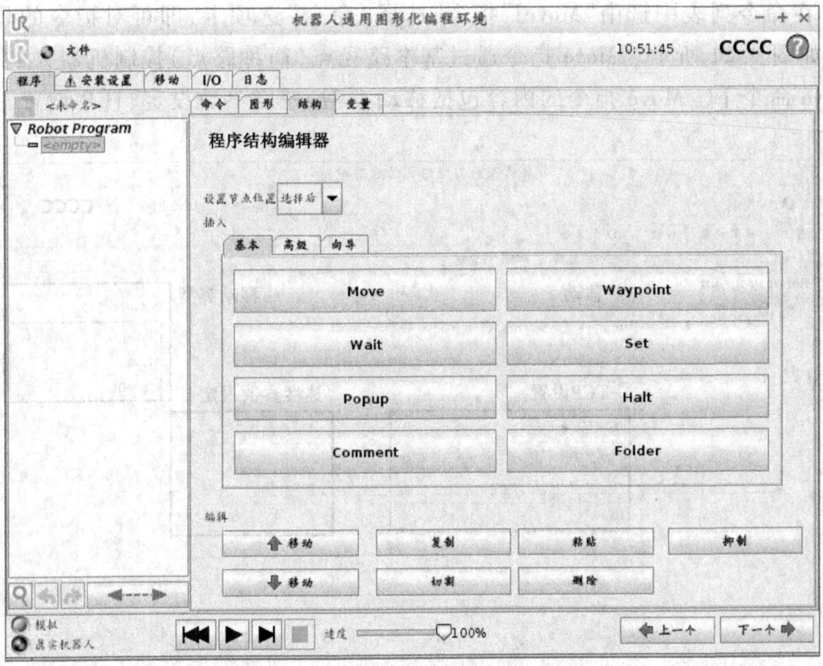

图 9.19 编程步骤 1

步骤 2 在左侧命令列表中选择“〈empty〉”(空指令),然后选择右侧基本指令中的 Move 指令,此时界面如图 9.20 所示。命令列表中出现了“MoveJ”—“Waypoint_1”。

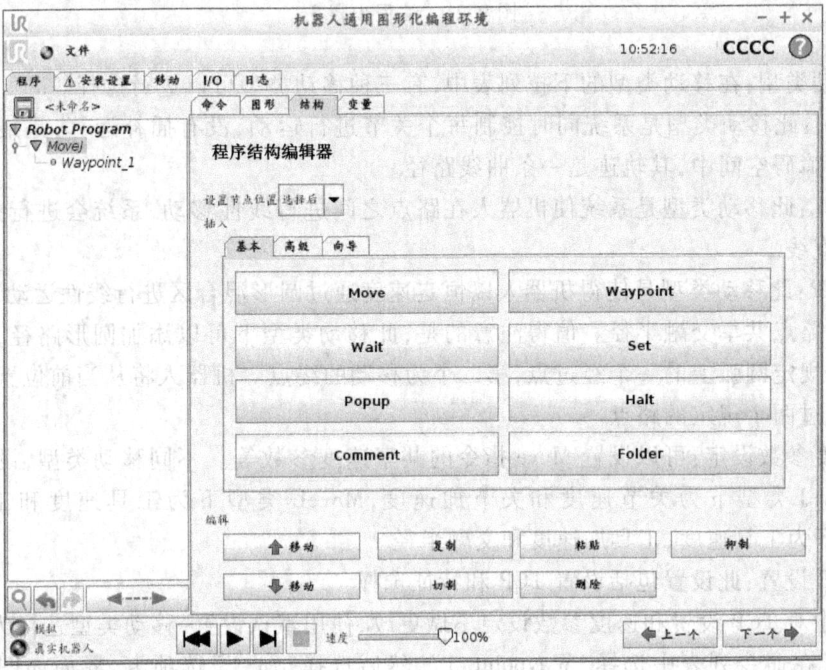

图 9.20 编程步骤 2

步骤3 在命令列表中选中"MoveJ"指令,选择"命令"选项卡,即可对指令的具体内容进行设定,其界面如图9.21所示。Move指令通过基本路径点(简称路点)控制机器人的运动,且路点必须置于Move命令下。Move指令的内容包括移动类型、速度参数设定、TCP设置三个部分。

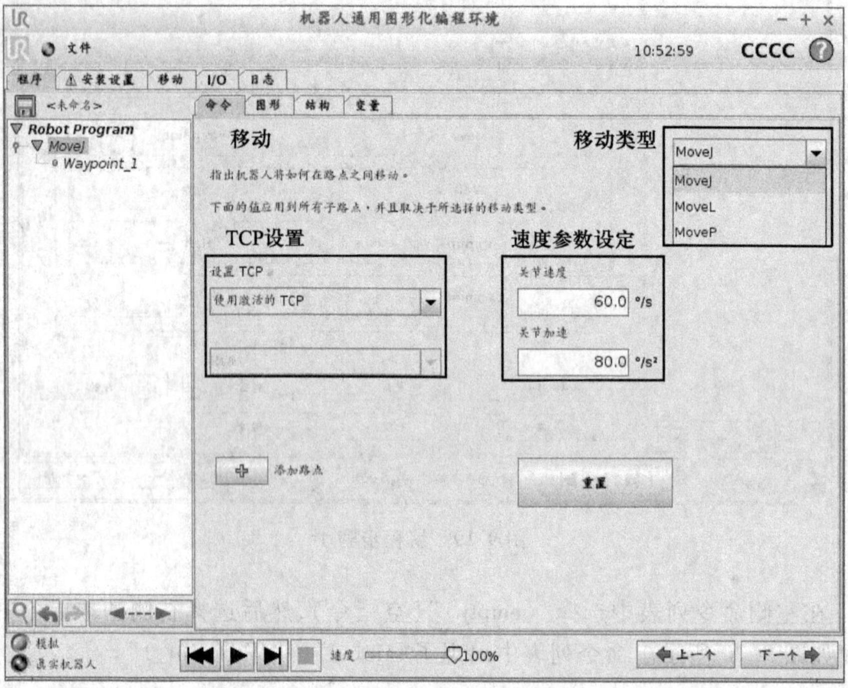

图9.21 编程步骤3

(1) 移动类型:在移动类型的下拉列表中,有三种移动类型可以进行选择。

1) MoveJ:此移动类型是系统同时控制每个关节进行运动,没有插补运算,是最快的运动方式,常用于无障碍空间中,其轨迹是一条曲线路径。

2) MoveL:此移动类型是系统使机器人在路点之间进行线性移动,系统会进行插补运算,其轨迹是一条直线。

3) MoveP:此移动类型是使得机器人以恒定速度通过圆形混合区进行线性运动,适用于一些工艺应用,各路点共享交融半径。值得注意的是,此移动类型下可以添加圆形路径,其包含两个路点:第一个规定圆弧上的一个经过点,第二个为移动的终点。机器人将从当前位置开始作圆弧运动,然后通过两个规定的路点。

(2) 速度参数设定:可以设置Move指令的共享速度参数等。不同移动类型,设定的参数有所不同。MoveJ类型下为关节速度和关节加速度,MoveL类型下为工具速度和工具加速度,MoveP类型下为工具速度、工具加速度和交融半径。

(3) TCP设置:此设置包括设置TCP和特征选择。

此案例中对TCP设置和速度参数设定不做更改,使用默认设置,移动类型选择为"MoveJ"。

步骤4 在命令列表中选择"Waypoint_1",然后选择"命令"选项卡,界面如图9.22所示。路点是机器人路径上的点,是机器人程序中最核心的部分。在此界面上可以对路点的具体参数进行设定，主要包括路点类型、路点名称、设置路点、交融设置、路点增删、高级选项等。

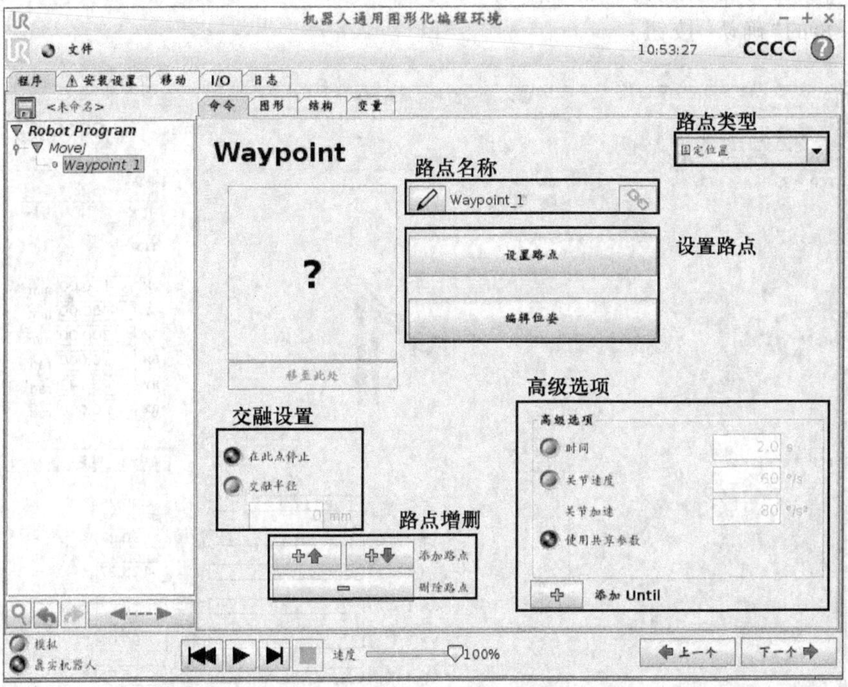

图 9.22 编程步骤 4

（1）路点类型：路点类型有固定位置、相对位置、可变位置三种。不同的路点类型，其参数界面不同。

固定位置：固定位置是指路点的实际位置为机器人坐标系中一固定位置。

相对位置：相对位置是指该路点的位置是以机器人上一个位置的位置数据与位置偏差值的方式给出的。

可变位置：可变位置是指该路点的位置由变量给定。

（2）路点名称：路点会自动获得唯一的名称，用户可以更改此名称，使得路点的功能更加清晰明了。同时可通过右侧的锁链按钮，选择已经设置过的路点。

（3）设置路点：单击“设置路点”按钮进入“移动”界面，可在“移动”界面指定此路点对应的机器人位置。单击“编辑位姿”按钮进入位姿编辑界面，通过编辑位姿的数据来设定路点。

（4）交融设置：在此处可以设置机器人是否真正在路点停止。如果选择交融半径，则机器人在两个轨迹之间平顺过渡，而不会在它们之间的路点停止。

（5）路点增删：通过各按钮可以对路点进行增删。

（6）高级选项：可以进行与路点相关的高级选项设置，例如单独设置该轨迹的关节速度和关节加速度等。

此案例中，路点类型选择“固定位置”，路点名称不做改变，交融设置为“在此点停止”，高级选项不做变动。

步骤 5 单击“设置路点”按钮，进入“移动”选项卡界面，如图 9.23 所示。在此界面对机器人进行示教，将机器人移动至实际需要到达的位置。使用 TCP 位置和 TCP 方向的按钮将机器人在机座特征下移动至初始点位置(x,y,z,Rx,Ry,Rz)=(200,-400,200,0,3.142,0)，移动完成后，单击右下角的"确认"按钮。

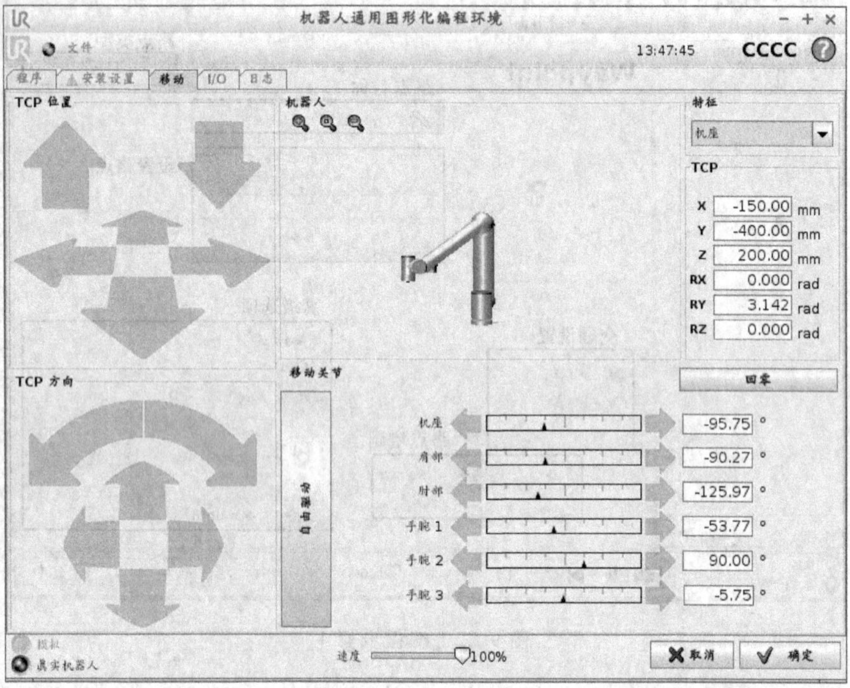

图 9.23 编程步骤 5

步骤 6 确定位置后，界面将跳转回"命令"选项卡，此时完成了一个路点的参数设置，左侧命令列表中路点右侧的圆点变成绿色。然后单击"添加路点"按钮，添加三个路点。Waypoint_2 和 Waypoint_3 的位置分别为(200,-400,300,0,3.142,0)、(200,400,300,0,3.142,0)，其交融半径设置为 10 mm。Waypoint_4 的位置为(200,400,200,0,3.142,0)，交融设置选择"在此点停止"。完成后界面如图 9.24 所示。

步骤 7 单击"结构"选项卡，单击"Set"按钮，再单击"命令"选项卡，界面如图 9.25 所示。Set 指令的功能十分多样，不仅可以设置数字输出或模拟输出为给定值，还能设置机器人的有效载荷。此案例中点选"设置数字输出"，在下拉列表中选择"digital_out[0]""高"电平。

步骤 8 单击"结构"选项卡，单击"Wait"按钮，再单击"命令"选项卡，界面如图 9.26 所示。Wait 指令的主要功能是等待直至检测到给定条件为真，可以设置时间、输入信号以及表达式为给定条件。此案例中设置等待时间为 0.2 s。

步骤 9 单击"结构"选项卡，单击"Move"按钮，再在命令列表中选择 Move 指令下自动生成的路点，最后单击"命令"选项卡。单击路点名称右侧的锁链按钮，将该路点链接为 Waypoint_3，交融设置选择"交融半径"，设交融半径为 10 mm。依次添加路点 Waypoint_2 和 Waypoint_1。其中，Waypoint_2 的交融设置选择"交融半径"，设交融半径为 10 mm，而 Waypoint_1 的交融设置选择"在此点停止"。完成后，界面如图 9.27 所示。

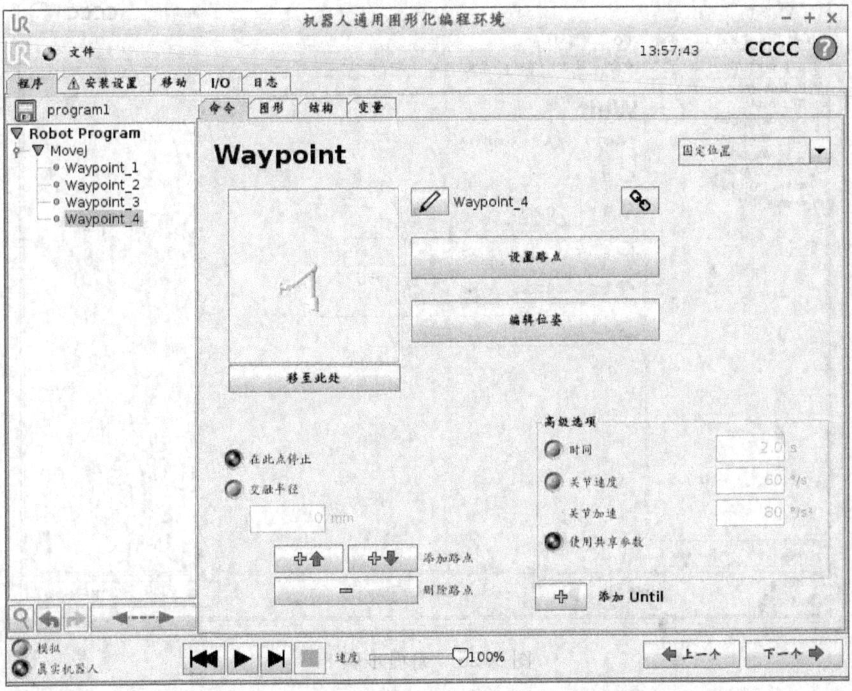

图 9.24 编程步骤 6

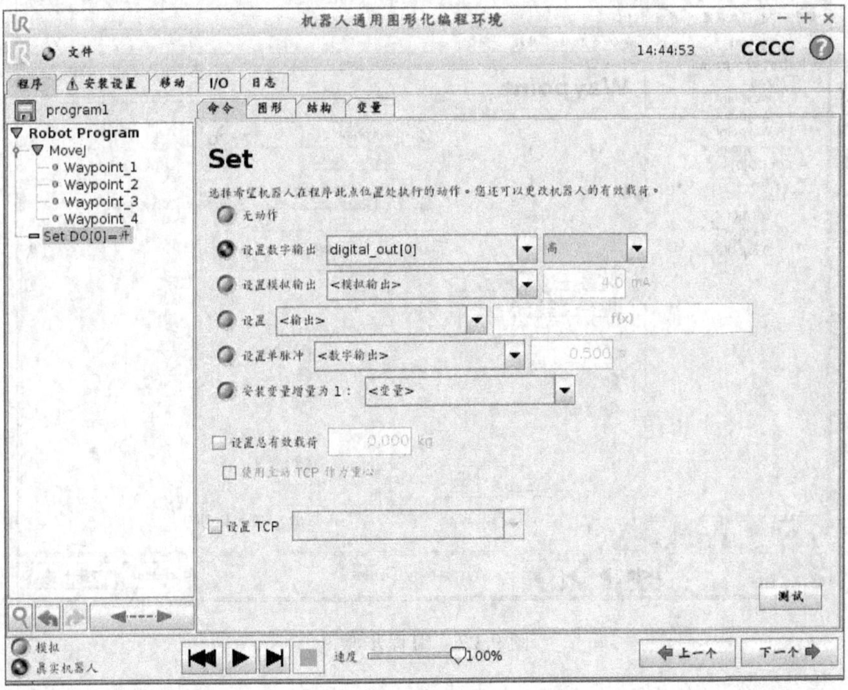

图 9.25 编程步骤 7

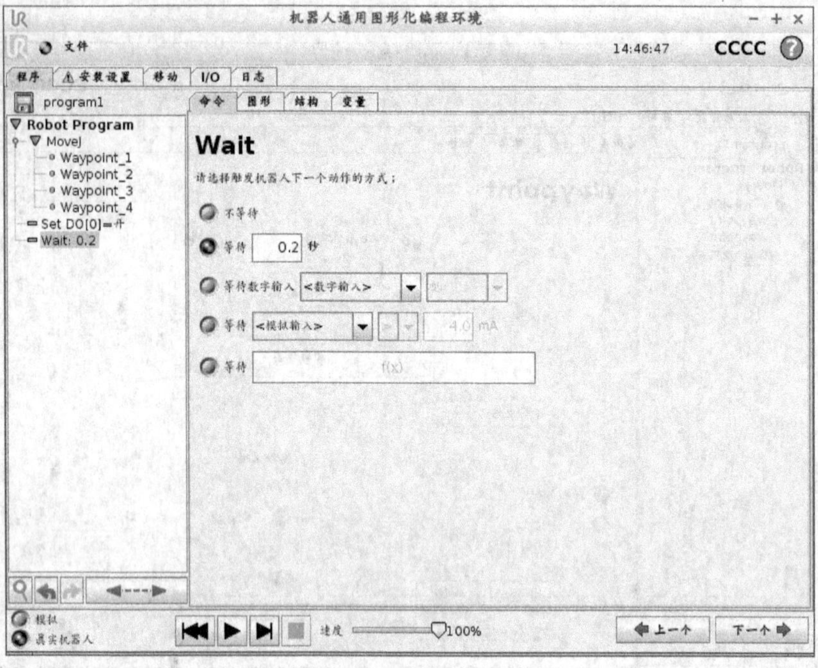

图 9.26　编程步骤 8

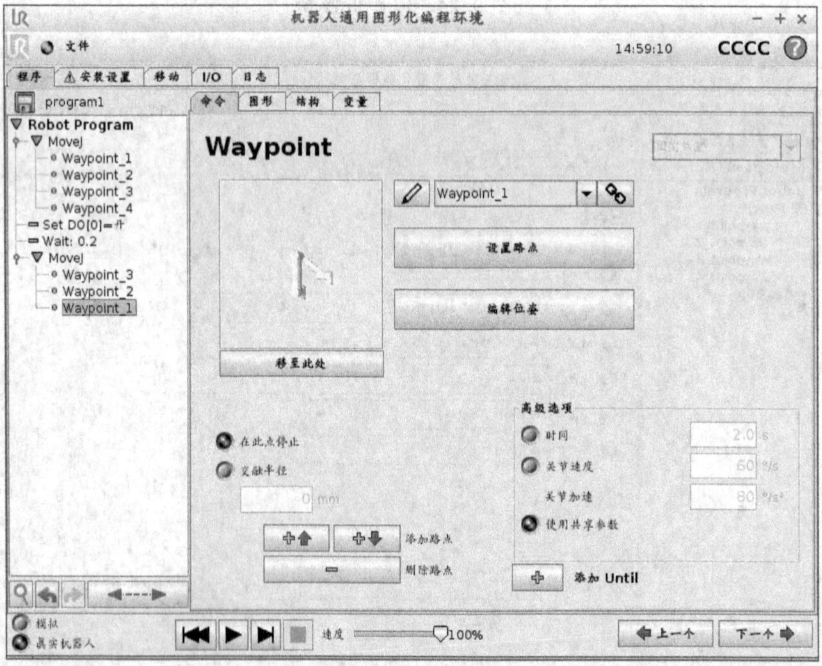

图 9.27　编程步骤 9

步骤 10　如同之前的操作，添加 Set 指令和 Wait 指令。Set 指令中设置“digital_out[0]”为“低”电平，Wait 指令中设置等待时间 0.2 s。最后程序如图 9.28 所示。

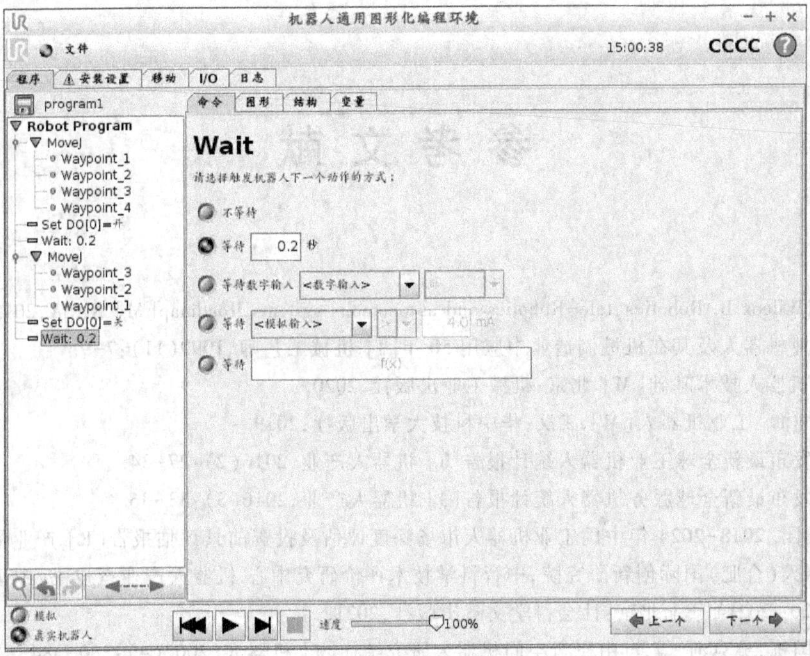

图 9.28　编程步骤 10

步骤 11　单击仪表盘中的运行按钮。如果机器人不在初始位置，将会弹出“自动移动”选项卡，可以自动或手动将机器人移动至初始位置，之后程序将开始运行。单击“图形”选项卡，将会显示机器人的运动轨迹、路点位置以及机器人的实时位置，如图 9.29 所示。

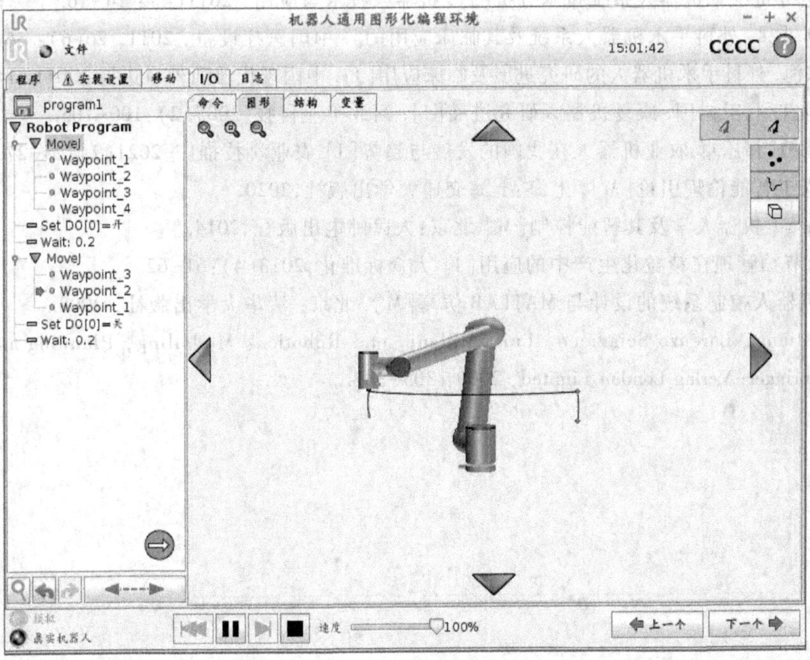

图 9.29　编程步骤 11

参考文献

[1] Ambrose R,Wilcox B. Robotics,tele-Robotics and autonomous systems Roadmap[M].NASA,2012.
[2] 陈佩云. 工业机器人及其在机械制造业中应用50年[J].机械工艺师,1999(11):7-9.
[3] 姚屏. 工业机器人技术基础[M].北京:机械工业出版社,2020.
[4] 吴昌林,韩建海. 工业机器人[M].武汉:华中科技大学出版社,2019.
[5] 陈亮. IFR发布最新全球工业机器人统计报告[J].机器人产业,2016(2):27-34.
[6] 陈亮. IFR发布最新全球服务机器人统计报告[J].机器人产业,2016(3):33-36.
[7] 智研咨询集团. 2018-2024年中国工业机器人市场深度评估及投资前景评估报告[R].产业信息网,2017.
[8] 哈工大机器人(合肥)国际创新研究院,中智科学技术评价研究中心.机器人产业蓝皮书:中国机器人产业发展报告(2020~2021)[R].北京:社会科学文献出版社,2021.
[9] 柳长安,李国栋,吴克河,等.自由飞行空间机器人研究综述[J].机器人,2002(4):380-384.
[10] 高晓雷,张宇,郭睿.核心舱机械臂托举航天员顺利完成出舱任务[J].国际太空,2021(7):12-13.
[11] 吕博瀚.空间机器人多自由度灵巧关键技术研究[D].北京:中国航天科技集团第一研究院,2018.
[12] 张俊帅.月面四足移动机器人系统力学建模及轨迹规划[D].哈尔滨:哈尔滨工业大学,2020.
[13] 龚朱,杨爱华,赵惠康. 外科手术机器人发展及其应用[J]. 中国医学教育技术, 2014, 28(3): 273-277.
[14] 鲁棒. 达芬奇机器人手术系统最新应用统计数据[J]. 机器人技术与应用,2013.
[15] 杜志江. 达芬奇手术机器人系统技术分析[J]. 机器人技术与应用, 2011(4): 14-16.
[16] 戚仕涛,刘铁兵. 外科手术机器人系统及其临床应用[J]. 中国医疗设备, 2011, 26(6): 56-59.
[17] 肖钟,黄宗海. 外科手术机器人的研究进展及临床应用[J]. 中国现代普通外科进展, 2011, 14(11): 880-884.
[18] 张付祥,付宜利,王树国. 康复机器人研究进展[J]. 河北工业科技,2005(2):100-105.
[19] 侯方安,崔敏,祁压卓.农业机器人在我国的发展与趋势[J].农业科技推广,2021(2):25-27,33.
[20] 杜严勇. 人工智能伦理引论[M]. 上海:上海交通大学出版社,2020.
[21] 郭彤颖,安冬. 机器人学及其智能控制[M].北京:人民邮电出版社,2014.
[22] 邓永军.论节拍管理在精益化生产中的应用[J].大众标准化,2013(4):61-62.
[23] 刘金琨. 机器人控制系统的设计与MATLAB仿真[M]. 北京: 清华大学出版社, 2008.
[24] Bruno Siciliano, Lorenzo Sciavicco, Luigi Villani, etc. Robotics: Modelling, Planning and Control[M]. London: Springer-Verlag London Limited, 2009: 305-332.